"十四五"高等职业教育新形态一体化教材
浙江省高职院校"十四五"重点立项建设教材

信息技术课程系列

信息技术基础
（微课版）（第二版）

孙　霞　吴海燕◎主　编
周叶华　龚志城　刘　会　韩春玲◎副主编
郑晓琼◎主　审

中国铁道出版社有限公司
CHINA RAILWAY PUBLISHING HOUSE CO., LTD.

内容简介

本书按照教育部《高等职业教育专科信息技术课程标准》(2021 年版)(基础模块)的要求编写。全书分为文档处理、数据处理、演示文稿制作、信息检索、信息新技术、信息素养与社会责任六个项目。全书采用任务驱动方式进行编写,内容符合高等职业院校学生的认知特点,是集教、学、练于一体的活页式微课版教材。

本书适合作为高等职业院校各专业"现代信息技术""信息技术基础""计算机基础""计算机文化基础"等课程教材,也可作为社会人员学习信息技术的参考书。

图书在版编目（CIP）数据

信息技术基础：微课版 / 孙霞，吴海燕主编. -- 2版.
北京 ：中国铁道出版社有限公司，2025. 1. --（"十四五"
高等职业教育新形态一体化教材）（浙江省高职院校"十四五"
重点立项建设教材）. -- ISBN 978-7-113-31961-8

Ⅰ. TP3
中国国家版本馆 CIP 数据核字第 2025A06Q19 号

书　　名：	信息技术基础（微课版）
作　　者：	孙　霞　吴海燕

策　　划：	侯　伟	编辑部电话：（010）63560043
责任编辑：	何红艳　包　宁	
封面设计：	尚明龙	
封面制作：	刘　颖	
责任校对：	刘　畅	
责任印制：	赵星辰	

出版发行：中国铁道出版社有限公司（100054，北京市西城区右安门西街 8 号）
网　　址：https://www.tdpress.com/51eds
印　　刷：北京联兴盛业印刷股份有限公司
版　　次：2022 年 9 月第 1 版　2025 年 1 月第 2 版　2025 年 1 月第 1 次印刷
开　　本：850 mm×1 168 mm　1/16　印张：20.25　字数：531 千
书　　号：ISBN 978-7-113-31961-8
定　　价：78.00 元

版权所有　侵权必究

凡购买铁道版图书，如有印制质量问题，请与本社教材图书营销部联系调换。电话：（010）63550836
打击盗版举报电话：（010）63549461

"十四五"高等职业教育新形态一体化教材
编审委员会

总顾问：谭浩强（清华大学）　　　　　　黄心渊（中国传媒大学）

主　任：高　林（北京联合大学）

副主任：鲍　洁（北京联合大学）　　　　眭碧霞（常州信息职业技术学院）

　　　　孙仲山（宁波职业技术学院）　　秦绪好（中国铁道出版社有限公司）

委　员：（按姓氏笔画排序）

　　　　于　京（北京电子科技职业学院）　　于　鹏（新华三技术有限公司）

　　　　于大为（苏州信息职业技术学院）　　万　冬（北京信息职业学院）

　　　　万　斌（珠海金山办公软件有限公司）王　芳（浙江机电职业技术学院）

　　　　王　坤（陕西工业职业技术学院）　　王　忠（海南经贸职业技术学院）

　　　　方风波（荆州职业技术学院）　　　　方水平（北京工业职业技术学院）

　　　　左晓英（黑龙江交通职业技术学院）　龙　翔（湖北生物科技职业学院）

　　　　史宝会（北京信息职业技术学院）　　乐　璐（南京城市职业学院）

　　　　吕坤颐（重庆城市管理职业学院）　　朱伟华（吉林电子信息职业技术学院）

　　　　朱震忠（西门子（中国）有限公司）　邬厚民（广州科技贸易职业学院）

　　　　刘　松（天津电子信息职业技术学院）汤　徽（新华三技术有限公司）

　　　　许建豪（南宁职业技术学院）　　　　阮进军（安徽商贸职业技术学院）

　　　　孙　刚（南京信息职业技术学院）　　孙　霞（嘉兴职业技术学院）

　　　　芦　星（北京久其软件有限公司）　　杜　辉（北京电子科技职业学院）

　　　　李军旺（岳阳职业技术学院）　　　　杨文虎（山东职业学院）

　　　　杨龙平（柳州铁道职业技术学院）　　杨国华（无锡商业职业技术学院）

吴　俊（义乌工商职业技术学院）	吴和群（呼和浩特职业学院）
汪晓璐（江苏经贸职业技术学院）	张　伟（浙江求是科教设备有限公司）
张明白（百科荣创（北京）科技发展有限公司）	陈小中（常州工程职业技术学院）
陈子珍（宁波职业技术学院）	陈云志（杭州职业技术学院）
陈晓男（无锡科技职业学院）	陈祥章（徐州工业职业技术学院）
邵　瑛（上海电子信息职业技术学院）	武春岭（重庆电子工程职业学院）
苗春雨（杭州安恒信息技术股份有限公司）	罗保山（武汉软件职业技术学院）
周连兵（东营职业学院）	郑剑海（北京杰创科技有限公司）
胡大威（武汉职业技术学院）	胡光永（南京工业职业技术大学）
姜大庆（南通科技职业学院）	聂　哲（深圳职业技术学院）
贾树生（天津商务职业学院）	倪　勇（浙江机电职业技术学院）
徐守政（杭州朗迅科技有限公司）	盛鸿宇（北京联合大学）
崔英敏（私立华联学院）	葛　鹏（随机数（浙江）智能科技有限公司）
焦　战（辽宁轻工职业学院）	曾文权（广东科学技术职业学院）
温常青（江西环境工程职业学院）	赫　亮（北京金芥子国际教育咨询有限公司）
蔡　铁（深圳信息职业技术学院）	谭方勇（苏州职业大学）
翟玉锋（烟台职业技术学院）	樊　睿（杭州安恒信息技术股份有限公司）

秘　书：翟玉峰（中国铁道出版社有限公司）

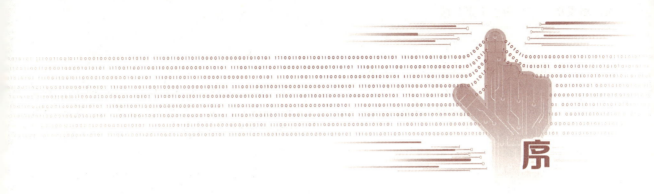

序

　　2021年十三届全国人大四次会议表决通过的《中华人民共和国国民经济和社会发展第十四个五年规划和2035年远景目标纲要》，对我国社会主义现代化建设进行了全面部署。"十四五"时期对教育的定位是建立高质量的教育体系，对职业教育的定位是增强职业教育的适应性。当前，在百年未有之大变局下，在"十四五"开局之年，如何切实推动落实《国家职业教育改革实施方案》《职业教育提质培优行动计划（2020—2023年）》等文件要求，是新时代职业教育适应国家高质量发展的核心任务。随着新科技和新工业化发展阶段的到来和我国产业高端化转型，必然引发企业用人需求和聘用标准发生新的变化，以人才需求为起点的高职人才培养理念使创新中国特色人才培养模式成为高职战线的核心任务，为此国务院和教育部制定和发布了包括"1+X"职业技能等级证书制度、专业群建设、"双高计划"、专业教学标准、信息技术课程标准、实训基地建设标准等一系列的文件，为探索新时代中国特色高职人才培养指明了方向。

　　要落实国家职业教育改革一系列文件精神，培养高质量人才，就必须解决"教什么"的问题，必须解决课程教学内容适应产业新业态、行业新工艺、新标准要求等难题，教材建设改革创新就显得尤为重要。国家这几年对于职业教育教材建设加大了力度，2019年，教育部发布了《职业院校教材管理办法》（教材〔2019〕3号）、《关于组织开展"十三五"职业教育国家规划教材建设工作的通知》（教职成司函〔2019〕94号），在2020年又启动了《首届全国教材建设奖全国优秀教材（职业教育与继续教育类）》评选活动，这些都旨在选出具有职业教育特色的优秀教材，并对下一步如何建设好教材进一步明确了方向。在这种背景下，中国铁道出版社有限公司邀请我与鲍洁教授共同策划组织了"'十四五'高等职业教育新形态一体化教材"，并邀请我国知名计算机教育专家谭浩强教授、全国高等院校计算机基础教育研究会会长黄心渊教授对课程建设和教材编写提出重要的指导意见。这套教材在设计上把握了如下几个原则：

　　1. 价值引领、育人为本。牢牢把握教材建设的政治方向和价值导向，充分体现党和国家的意志，体现鲜明的专业领域指向性，发挥教材的铸魂育人、关键支撑、固本培元、文化交流等功能和作用，培养适应创新型国家、制造强国、网络强国、数字中国、智慧社会需要的不可或缺的高层次、高素质技术技能型人才。

　　2. 内容先进、突出特性。充分发挥高等职业教育服务行业产业优势，及时将行业、产业的新技术、新工艺、新规范作为内容模块，融入教材中去。并且，为强化学生职业素养养成和专业技术积累，将专业精神、职业精神和工匠精神融入教材内容，满足职业教育的需求。此外，为适应项目学习、案例学习、模块化学习等不同学习方式要求，注重以真实生产项目、典型工作任务、案例等为载体组织教学单元的教材、新型活页式、工作手册式等教材，力求教材反映人才培养模式和教学改革方向，有效激发学生学

I

习兴趣和创新潜能。

3. 改革创新、融合发展。遵循教育规律和人才成长规律，结合新一代信息技术发展和产业变革对人才的需求，加强校企合作、深化产教融合，深入推进教材建设改革。加强教材与教学、教材与课程、教材与教法、线上与线下的紧密结合，信息技术与教育教学的深度融合，通过配套数字化教学资源，打造满足教学需求和符合学生特点的新形态一体化教材。

4. 加强协同、锤炼精品。准确把握新时代方位，深刻认识新形势新任务，激发教师、企业人员内在动力。组建学术造诣高、教学经验丰富、熟悉教材工作的专家队伍，支持科教协同、校企协同、校际协同开展教材编写，全面提升教材建设的科学化水平，打造一批满足学科专业建设要求、能支撑人才成长需要、经得起实践检验的精品教材。

按照教育部关于职业院校教材的相关要求，为了充分体现工业和信息化领域相关行业特色，我们以高职专业和课程改革为基础，展开了信息技术课程、专业群平台课程、专业核心课程等所需教材的编写工作。本套教材计划出版 4 个系列，具体为：

1. 信息技术课程系列。教育部发布的《高等职业教育专科信息技术课程标准（2021 年版）》给出了高职计算机公共课程新标准，新标准由必修的基础模块和由 12 项内容组成的拓展模块两部分构成。拓展模块反映了新一代信息技术对高职学生的新要求，各地区、各学校可根据国家有关规定，结合地方资源、学校特色、专业需要和学生实际情况，自主确定拓展模块教学内容。在这种新标准、新模式、新要求下构建了该系列教材。

2. 电子信息大类专业群平台课程系列。高等职业教育大力推进专业群建设，基于产业需求的专业结构，使人才培养更适应现代产业的发展和职业岗位的变化。构建具有引领作用的专业群平台课程和开发相关教材，彰显专业群的特色优势地位，提升电子信息大类专业群平台课程在高职教育中的影响力。

3. 新一代信息技术类典型专业课程系列。以人工智能、大数据、云计算、移动通信、物联网、区块链等为代表的新一代信息技术，是信息技术的纵向升级，也是信息技术之间及其与相关产业的横向融合。在此技术背景下，围绕新一代信息技术专业群（专业）建设需要，重点聚焦这些专业群（专业）缺乏教材或者没有高水平教材的专业核心课程，完善专业教材体系，支撑新专业加快发展建设。

4. 本科专业课程系列。在厘清应用型本科、高职本科、高职专科关系，明确高职本科服务目标，准确定位高职本科基础上，研究高职本科电子信息类典型专业人才培养方案和课程体系，在培养高层次技术技能型人才方面，组织编写该系列教材。

新时代，职业教育正在步入创新发展的关键期，与之配合的教育模式以及相关的诸多建设都在深入探索，本套教材建设按照"选优、选精、选特、选新"的原则，发挥高等职业教育领域的院校、企业的特色和优势，调动高水平教师、企业专家参与，整合学校、行业、产业、教育教学资源，充分认识到教材建设在提高人才培养质量中的基础性作用，集中力量打造与我国高等职业教育高质量发展需求相匹配、内容和形式创新、教学效果好的课程教材体系，努力培养德智体美劳全面发展的高层次、高素质技术技能人才。

本套教材内容前瞻、体系灵活、资源丰富，是值得关注的一套好教材。

国家职业教育指导咨询委员会委员
北京高等学校高等教育学会计算机分会理事长
全国高等院校计算机基础教育研究会荣誉副会长

2021 年 8 月

前言

党的二十大报告指出："教育、科技、人才是全面建设社会主义现代化国家的基础性、战略性支撑。"信息技术作为教育和科技创新的重要领域，正以前所未有的更新迭代速度引领和推动社会各领域的发展和进步，成为推动新一轮产业变革、促进新质生产力发展的核心动力引擎。"信息技术基础"作为高职院校通识教育核心课程，应紧跟人工智能、区块链等新一代信息技术的演进步伐。

本教材第一版于 2022 年出版，被嘉兴职业技术学院、绍兴职业技术学院等院校选作"现代信息技术""计算机基础"等课程的配套教材。同时，教材作为浙江省职业教育在线精品课程"现代信息技术"的配套教材，共有 4 523 人次完成学习，共享高校 102 所。

教材第一版全面贯彻教育部《高等职业教育专科信息技术课程标准》（2021 年版）（基础模块）文件精神，由长期从事信息技术基础教学一线的教师编写，北京金山办公软件股份有限公司审核并推荐。教材实施"红船精神"引领的思政融入策略，以践行红船精神的显性表达激发学生数字化学习与实践的创新精神和建设数字强国的使命担当，强调科学性和思想性的统一。教材针对高职学生"重实践、轻理论""善模仿、缺创新"的特点，以"模块化组织、任务式驱动"的方式设计编写体例，突出信息技术综合应用能力培养和创新意识培养。教材同步建设微课、动画、虚拟仿真等线上资源，通过课程网站、教材内嵌二维码等信息化手段，实现线上、线下资源贯通，满足学生个性化学习需求。采用"活页式"的装订方式，便于不同院校、不同专业对教学内容进行组合和更新。

第一版教材在使用过程中，广受师生好评，2024 年列入浙江省高职院校"十四五"第二批重点教材建设项目。基于教材内容设计的"红船精神"引领的"现代信息技术"课程思政案例入选浙江省高等学校"红船精神+"课程思政典型案例，主编孙霞在浙江省高等学校"红船精神+"课程思政教学研讨会做重要报告。学生制作的以红色文化为主题的短视频作品获得省"挑战杯"红色赛道银奖、省多媒体大赛二等奖，课程被评定为浙江省职业教育在线精品课程，全国电子信息类专业课程思政示范课。

2022 年以来，随着生成式人工智能的迅猛发展，金山办公的智能办公助手 WPS AI、百度的"文心一言"等大语言模型纷纷上线。与此同时，大数据、云计算、物联网、5G/6G 通信技术等方面，技术迭代更新呈现出日新月异的特点。《职业院校教材管理办法》规定："专业课程教材要充分反映产业发展最新进展，对接科技发展趋势和市场需求，及时吸收比较成熟的新技术、新工艺、新规范等。"为深入贯彻教育部的文件精神，教材编写组完成本教材第二版的修订工作。

第二版教材在保留原教材核心内容和主要特色的基础上，从如下五个方面进行修订：

1. **思政领航,优化"育人为先"课程思政内容供给**

   落实《习近平新时代中国特色社会主义思想进课程教材指南》文件精神,每个项目增加"强国视界"环节,有机融入我国信息技术领域发展历程、发展战略、国产软件品牌培育脉络等内容,引导学生在学思践悟中坚定理想信念,在奋发有为中践行初心使命。进一步突出专业内容与思政内容无缝对接,同时推进思政育人主线和技能培养主线,系统化构建以"红船精神"为底色的教材思政改革模式,将价值引领、能力提升、知识传递融于一体,将立德树人贯穿教材始终。

2. **AIGC 引领,回应"数智时代"教材建设新需求**

   教材增加 WPS AI、文心一言大模型工具的应用讲解,着力培养学生应用 AI 解决复杂问题的能力、数字化学习能力和创新意识。"信息新技术"项目,通过讲解人工智能、量子信息等新兴技术,让学生了解新一代信息技术对其他产业和日常生活的影响,激发学生建设数字强国的使命与担当,培养"数智时代"的先行者和生力军。

3. **任务驱动,匹配"行动导向"高职课堂教学过程**

   教材第一版采用模块化的方式组织教学内容,改版后教材采用"项目引领、任务驱动"的方式组织教材内容。教材分为六个项目,每个项目选取与学生学习、生活密切相关的 3~6 个工作任务为载体组织教学单元,采用"任务描述→知识准备→任务实现→测评→拓展训练→技巧与提高"六步教学法呈现教学内容,形成"启发→准备→实施→反馈→拓展→提高"螺旋上升式学习闭环,主动匹配信息技术基础类课堂基于行动导向的教学需要。

4. **双元开发,探索"书证融通"教材建设新范式**

   组建由高职高专院校长期从事信息技术基础教学一线的教师和北京金山办公软件股份有限公司工程师组成的教材编写团队,融入 1+X "WPS 办公应用"职业技能等级证书(中级)认证单元内容与技能要求,形成书证一体化的教材内容,力求做到能力培养和考级考证相结合。

5. **一体设计,建设"多元交互"教材配套内容**

   围绕教材内容,增加动画、虚拟仿真、微课视频、习题等教学资源,通过课程网站、二维码等方式,构建数字化学习环境,为学生开展自主学习、协作学习和探究学习提供交互式多元学习路径,满足学生个性化学习需要和线上线下混合式教学需要,培养学生数字化学习能力和创新意识。

   第二版教材由孙霞、吴海燕任主编,周叶华、龚志城、刘会、韩春玲任副主编。具体编写分工如下:项目 1、2 由嘉兴职业技术学院孙霞编写,项目 3 由嘉兴职业技术学院孙霞、刘会编写,项目 4 由嘉兴职业技术学院周叶华、绍兴职业技术学院韩春玲共同编写,项目 5 由嘉兴职业技术学院龚志城、吴海燕编写,项目 6 由嘉兴职业技术学院吴海燕编写,全书由孙霞和吴海燕统稿。全书由北京金山办公软件股份有限公司郑晓琼主审。

   由于时间仓促,书中难免有疏漏之处,期待读者和同行不吝赐教。

编 者
2024 年 10 月

目 录

项目1 文档处理 1-1
- 任务1 通知类短文档制作——WPS文字基础应用 1-3
- 任务2 宣传海报制作——WPS文字图文混排 1-18
- 任务3 成绩单批量文档制作——WPS文字邮件合并 1-38
- 任务4 毕业论文排版——WPS文字长文档排版 1-47

项目2 数据处理 2-1
- 任务1 房产销售基础数据表制作——WPS表格数据输入与格式设置 2-3
- 任务2 房产销售扩展数据表制作——WPS表格公式与函数 2-21
- 任务3 房产销售汇总数据表制作——WPS表格数据分析与统计 2-51

项目3 演示文稿制作 3-1
- 任务1 演示文稿框架搭建——首页、目录页、主题页制作 3-2
- 任务2 演示文稿内容页制作——WPS演示进阶应用 3-20
- 任务3 演示文稿放映设置——WPS演示动画设计与放映设置 3-36

项目4 信息检索 4-1
- 任务1 笔记本计算机配置清单检索 4-2
- 任务2 专利检索 4-10
- 任务3 论文检索 4-15
- 任务4 商标检索 4-23

项目5 信息新技术 5-1
- 任务1 信息技术发展史——推动人类文明进步的信息技术 5-2
- 任务2 寻找生活中的移动通信——改变生活的移动通信 5-8
- 任务3 寻找生活中的区块链技术——打造信任共同体的区块链技术 5-15
- 任务4 寻找生活中的人工智能——引领未来的人工智能 5-21
- 任务5 寻找生活中的量子科技——改变世界的量子科技 5-28
- 任务6 寻找生活中的物联网技术——万物相联的物联网 5-33

项目 6　信息素养与社会责任 6-1
　　任务 1　"我身边的信息新技术"主题短视频素材收集——信息素养 6-2
　　任务 2　"我身边的信息新技术"主题短视频内容制作——视频剪辑工具应用 6-7
　　任务 3　"我身边的信息新技术"主题短视频成果发布——信息社会责任 6-18

知识测评参考答案 A-1

参考文献 A-4

项目 1 文档处理

文档处理是信息化办公的重要组成部分，广泛应用于人们日常生活、学习和工作的方方面面。本项目包含文档的基本编辑、图片的插入和编辑、表格的插入和编辑、样式与模板的创建和使用、多人协同编辑文档等内容。我们将通过四个由浅入深的任务，介绍国产办公软件 WPS Office 以及 WPS AI 在文字处理和内容生成方面的应用技术。读者通过本项目的学习，可以掌握 WPS 文字处理和 WPS AI 的基本功能，提升软件的应用能力，提高信息化办公的应用水平。

知识目标

1. 掌握文档的基本操作；
2. 掌握文本编辑、查找与替换、段落格式设置的方法；
3. 掌握图片、图形、艺术字等对象的插入、编辑和美化等操作；
4. 掌握在文档中插入和编辑表格、对表格进行美化、灵活应用公式对表格中数据进行处理等操作；
5. 熟悉分页符和分节符的插入，掌握页眉、页脚、页码的插入和编辑等操作；
6. 掌握样式与模板的创建和使用，掌握目录的制作和编辑操作；
7. 熟悉文档不同视图和导航任务窗格的使用，掌握页面设置操作；
8. 掌握打印预览和打印操作的相关设置；
9. 掌握多人协同编辑文档的方法和技巧；
10. 掌握 WPS AI 在内容生成、润色、阅读、排版等方面的方法与技巧。

能力目标

1. 能够进行简单文档的文本编辑与格式设置；
2. 能够使用图片、图形、艺术字、智能图形等对数据进行可视化处理；
3. 能够使用表格等进行简单数据处理；
4. 能够使用分页符、分栏符、分节符等对文档内容进行管理；
5. 能够使用样式和模板提高排版的效率以及规范程度；
6. 能够完成目录的生成与编辑；
7. 能够根据需要进行页面设置；
8. 能够根据不同的需要进行视图选择；
9. 能够借助 WPS AI 生成内容、阅读文档、编辑排版。

素质目标

1. 具备基本的信息意识，自觉地充分利用信息解决生活、学习和工作中的文档处理问题；
2. 具有团队协作精神，善于与他人合作、共享信息，实现信息的更大价值；
3. 具备数字化创新与发展意识，能够用 WPS 文字处理技术与 WPS AI 解决工作、学习、生活中的实际问题。

4. 在现实世界和网络空间中都能遵守相关法律法规，信守信息社会的道德与伦理准则；
5. 树立建设创新型国家、制造强国、网络强国、数字中国、智慧社会的理想和信念。

【强国视界】　　　　　　　　国产办公软件崛起之路

　　鲜有民族软件的故事像 WPS 这般跌宕起伏。20 世纪 80 年代末横空出世就霸榜中国办公软件市场，随后惨遭微软和盗版双重夹击走投无路，又几度自我重塑挽狂澜于既倒，先后抓住移动互联网、云计算、智能化与协作办公的机会上演绝地反击。

　　如今，WPS 是苹果 Mac 应用市场总排行榜的常年榜首，是 iOS 端效率榜、安卓端办公软件下载排行的常胜将军。

　　回首来时路，WPS 曾横空出世阅尽顶峰春色，也曾濒临绝境又力挽狂澜，它用 30 多年的坚持，书写出一个民族通用软件的韧性。

　　回溯到 20 世纪 80 年代，当时国内尚无像样的文字编辑软件，文字处理过程极为烦琐。为了攻克这一难题，求伯君在老式 386 计算机上孤身奋战 400 余天，敲下 10 万余行代码，废寝忘食，甚至因过度劳累而病倒。幸运的是，他的努力终于换来了 WPS 的诞生，填补了国内市场文字编辑软件的空白。

　　1994 年，微软伸出友好之手，主动请求与 WPS 彼此兼容，时任金山软件总经理的雷军欣然应允，同意与微软办公软件签订文档格式互通协议。兼容，就像一座桥梁，将金山 WPS 的老用户无缝衔接到微软 Word 上。恰值中国 PC 与软件市场风云变幻，主流系统从 DOS 转向 Windows，DOS 版 WPS 逐渐面临生存危机，Office 产品则凭借"所见即所得"和系统捆绑安装策略扶摇直上。真正将 WPS 逼至穷途的，不是微软，而是盗版。光驱的流行提速了软件的传播，也带来了长期笼罩在正版软件业上空的阴影——日渐猖獗的盗版软件。这场不见硝烟的办公软件之战后，微软 Office 成为新的规则制定者，曾风靡全国的 WPS 却沦落至无人问津的萧条境地。

　　1998 年，联想集团注资入股，成为金山单一最大股东，而后金山进行重组，求伯君邀请雷军掌舵新金山。为了让公司长期生存下去，雷军通过连推多款工具软件、网络游戏产品的"游击战"赚钱和积累经验，来维系 WPS 的"持久战"。

　　进入世纪之交，WPS 在 1999 年先于微软 Office 2000 发布 WPS 2000，随后拿下北京市政府首批大规模软件采购项目中最大的办公软件订单。

　　2002 年，雷军做出了一个破釜沉舟的非商业决定——放弃以前 14 年的技术积累，投入百名研发精英、3 500 万元，重写 500 万行代码，深度兼容 Office。三年之后，WPS 2005 正式发布，这款完全革新的金山卧薪尝胆之作，做到从界面菜单到操作方式都深度兼容 Office，凭借"轻量""对个人用户免费"等口碑，WPS 2005 个人版下载量突破 3 800 万次。

　　2011 年，金山率先推出安卓版 WPS，次年开发出 iOS 产品。而微软 iOS 版本 Office 365 在 2012 年才推出，安卓版更是迟至 2015 年。WPS 在移动办公赛道成功占据先手。2013 年，金山办公正式迈入云端移动办公时代。随后 2018 年金山文档的问世，又将金山办公带入了云端协作办公时代。

　　2017 年开始，金山办公着手组建 AI 产品研发团队并成立 AI 中台，为 WPS 研发多样的智能化功能。2023 年 7 月 6 日，金山办公正式推出基于大语言模型的智能办公助手 WPS AI，官网同步上线。2024 年 7 月 5 日，金山办公发布 WPS AI 2.0。

在国产化替代势不可挡的时代背景下，那些或许曾经被轻视、被质疑过的坚持研发通用软件的信仰，如今看起来弥足珍贵。望向前路，有理想、有雄心的新一代中国软件产业技术人才们正在成长起来，担起传承民族软件薪火的大梁。

笔记栏

任务 1　通知类短文档制作——WPS 文字基础应用

任务描述

类似通知、计划等，是在办公中经常需要处理的文档。这类文档的特点是内容与格式都有一定的要求。通过制作会议通知，完成对 WPS 文字窗口的认识、文档建立及保存，字体格式、段落格式、页面布局等基础知识的学习。

本任务将完成“关于举办《大学生网络行为规范》制定方案研讨会议的通知”文档的排版，文档排版后的效果图如图 1-1 所示。

微课

认识WPS文字窗口功能

关于举办《大学生网络行为规范》制定方案研讨会议的通知

各班级学习委员：

高等院校是为国家培养人才的场所，是建设社会主义精神文明的阵地，应当成为全社会讲文明、讲礼貌的楷模。随着互联网技术的发展，网络已成为大学生学习、休闲和娱乐的重要场所，制定《大学生网络行为规范》不仅有助于促进网络良好风气的形成，而且有利于青年学生的优良品德的培养。为更好地推动《大学生网络行为规范》方案的制定，我院将组织由教师代表、学生代表共同参与的《大学生网络行为规范》制定方案研讨会议。

现将有关内容通知如下：

一、时间及地点

时间：2025年6月28日14：00。

地点：学院会议室。

二、会议内容

- 《大学生网络行为规范》发布；
- 教师代表发表意见；
- 学生代表发表意见；
- 专家点评与总结。

三、参加人员

学院教师代表、各班级学习委员、项目专家。

四、有关注意事项

本次会议内容重要，希相关人员充分重视。如不能参加，请务必联系学院办公室办理请假事宜。

互联网学院

2025年6月27日

图 1-1　任务效果图

知识准备

一、认识 WPS 文字窗口

启动 WPS 文字窗口，界面如图 1-2 所示。

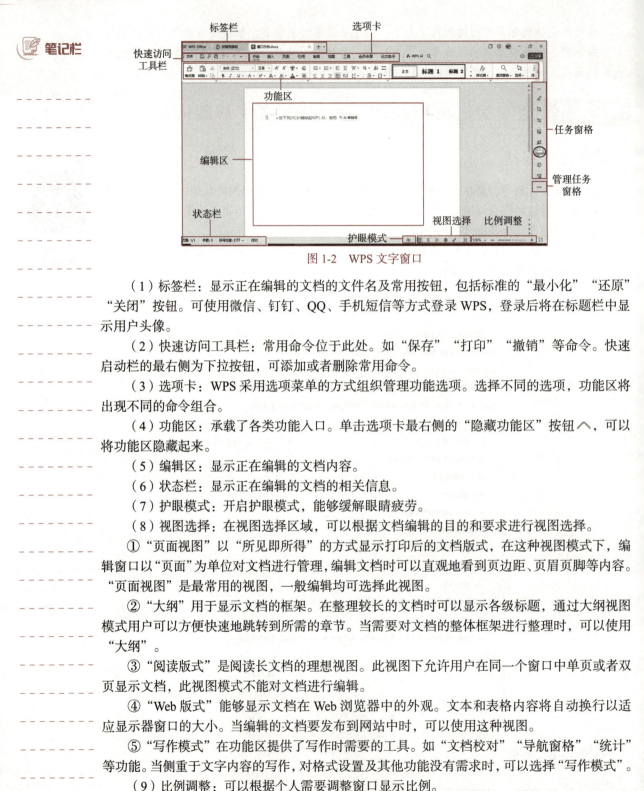

图 1-2　WPS 文字窗口

（1）标签栏：显示正在编辑的文档的文件名及常用按钮，包括标准的"最小化""还原""关闭"按钮。可使用微信、钉钉、QQ、手机短信等方式登录 WPS，登录后将在标题栏中显示用户头像。

（2）快速访问工具栏：常用命令位于此处。如"保存""打印""撤销"等命令。快速启动栏的最右侧为下拉按钮，可添加或者删除常用命令。

（3）选项卡：WPS 采用选项菜单的方式组织管理功能选项。选择不同的选项，功能区将出现不同的命令组合。

（4）功能区：承载了各类功能入口。单击选项卡最右侧的"隐藏功能区"按钮︿，可以将功能区隐藏起来。

（5）编辑区：显示正在编辑的文档内容。

（6）状态栏：显示正在编辑的文档的相关信息。

（7）护眼模式：开启护眼模式，能够缓解眼睛疲劳。

（8）视图选择：在视图选择区域，可以根据文档编辑的目的和要求进行视图选择。

①"页面视图"以"所见即所得"的方式显示打印后的文档版式，在这种视图模式下，编辑窗口以"页面"为单位对文档进行管理，编辑文档时可以直观地看到页边距、页眉页脚等内容。"页面视图"是最常用的视图，一般编辑均可选择此视图。

②"大纲"用于显示文档的框架。在整理较长的文档时可以显示各级标题，通过大纲视图模式用户可以方便快速地跳转到所需的章节。当需要对文档的整体框架进行整理时，可以使用"大纲"。

③"阅读版式"是阅读长文档的理想视图。此视图下允许用户在同一个窗口中单页或者双页显示文档，此视图模式不能对文档进行编辑。

④"Web 版式"能够显示文档在 Web 浏览器中的外观。文本和表格内容将自动换行以适应显示器窗口的大小。当编辑的文档要发布到网站中时，可以使用这种视图。

⑤"写作模式"在功能区提供了写作时需要的工具。如"文档校对""导航窗格""统计"等功能。当侧重于文字内容的写作，对格式设置及其他功能没有需求时，可以选择"写作模式"。

（9）比例调整：可以根据个人需要调整窗口显示比例。

（10）任务窗格：任务窗格提供了常用的浮动面板选项。默认的浮动面板有"快捷""样式和格式""选择窗格""属性""帮助中心""稻壳资源"等。单击某个按钮，将显示相应的浮动面板。

（11）管理任务窗格：单击"管理任务窗格"按钮，弹出"任务窗格设置中心"对话框，可以选择在任务窗格中出现的浮动面板图标。

二、新建文档

启动 WPS Office 之后，单击标签栏中的"新建"按钮或 WPS 首页导航栏中的"新建"按钮，进入"新建"窗口，如图 1-3 所示。在该窗口中可以完成文字文档、表格、演示文稿、PDF、流程图、思维导图、表单的创建。

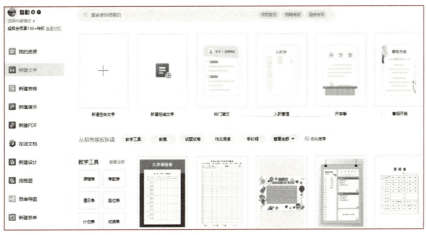

图 1-3 "新建"窗口

在创建文字文档时，可以选择空白版式，也可以选择 WPS 文字提供的各种类型的模板。有些模板可以免费使用，有些模板需要付费使用。

三、保存文档

文档编辑和录入完成以后，一定要保存文档。WPS 文字文档默认的文件类型为 .docx，同时，还可以保存为 .wps 文件格式、模板文件、PDF 文件等。

单击"文件"→"选项"按钮，弹出"选项"对话框，选择"常规与保存"选项卡，如图 1-4 所示，完成对"文件保存默认格式"及其他选项的设置。

图 1-4 修改文件默认保存类型

四、打开文件

如果文件默认打开程序是 WPS Office 软件，可以直接双击文件打开，也可以通过 WPS 首页导航栏的"打开"按钮进入"打开文件"对话框，如图 1-5 所示。在左侧"打开文件"列表中列出了最近常用的文件夹及"我的电脑""我的桌面"等，同时，还可以选择"我的云文档"打开云端文件，通过"共享文件夹"打开与其他成员协同编辑的文件。

图 1-5 "打开文件"对话框

"打开文件"不仅可以打开文字文件，也可以打开表格、演示、PDF、OFD 等格式的文件，在默认的文件类型中列出了默认打开的文件类型。

五、多人协同编辑文件

WPS Office 提供免费的协同编辑文档功能，可实现多人在线同时协同编辑共享文档，实现数据的实时更新与共享。

选择选项卡行右侧的"协作"→"发送至共享文件夹"命令，如图 1-6 所示，将文件发送至共享文件夹。

图 1-6 发送至共享文件夹

上传至共享文件夹或者云端的文件在编辑时，单击选项卡右侧的"分享"按钮，即可进入分享界面，如图 1-7 所示。分享的方式有三种：①任何人可查看：适用于文件公开分享；②任何人可编辑：适用于多人协作，编辑内容实时更新；③仅指定人可查看/编辑：适用于隐私文件，可指定查看/编辑权限。单击"复制链接"按钮，发给 WPS 联系人，对方收到链接之后，可以直接在线编辑。

图 1-7　分享对话框

六．格式刷应用

选中需要复制格式的内容，单击"开始"选项卡中的"格式刷"按钮，然后选中目标内容，按住鼠标左键拖动，以复制格式。如果双击"格式刷"按钮，可以多次使用格式刷功能。

七、文本选择

WPS 文字中，可以通过鼠标与键盘的组合，完成不同范围文本的选择。表 1-1 中列出了常用的几种方式。

表 1-1　文本选择

功　　能	操作方法	效果示意图
选定任意长度的文本	在要选定的文本开始处单击，然后按住【Shift】键，在要选定的文本末尾处单击	高等院校是为国家培养人才的场所，
选定一个段落	在需要选择的段落任意位置，连续单击三次鼠标左键	时间：2025 年 6 月 28 日 14：00。
选定一个词	在需要选择的词汇处，连续单击两次鼠标	学生代表共同参与的《大学生网络行为规范》
选定一个矩形框	按下【Alt】键不放，拖动鼠标	各班级学习委员： 高等院校是为国家培养人才的场所，是建设社会主义精神文明的阵地，会讲文明、讲礼貌的楷模。随着互联网技术的发展，网络已成为大学生学习
选定不连续区域	选定第一段文本，按下【Ctrl】键的同时，选择其他文本	重要场所，制定《大学生网络行为规范》不仅有助于促进网络良好风气的形成，

八、常用快捷键的使用

表 1-2 列出了常用的快捷键及其作用。

表 1-2 常用快捷键及其作用

快 捷 键	作　　用
Ctrl+A	选择本文档所有内容
Ctrl+N	创建新文档
Ctrl+B	使字符变为粗体
Ctrl+I	使字符变为斜体
Ctrl+U	为字符添加下划线
Ctrl+Shift+<	缩小字号
Ctrl+Shift+>	增大字号
Ctrl+C	复制所选文本或对象
Ctrl+X	剪切所选文本或对象
Ctrl+V	粘贴文本或对象
Ctrl+Z	撤销上一操作
Ctrl+S	保存文件

任务实现

子任务一：文本内容输入

打开 WPS Office，新建空白文档，输入图 1-1 所示的通知内容。

注　意：

当输入汉字时，必须先切换到中文输入法，可按【Ctrl+Space】组合键完成中/英文输入法之间的切换，按【Ctrl+Shift】组合键可以在各种输入法之间切换，也可以单击任务栏输入法图标进行切换。

子任务二：文件保存

按【Ctrl+S】组合键、单击"快速访问工具栏"中的"保存"按钮或选择"文件"→"保存"命令保存新建文档，第一次保存文件时，弹出"另存文件"对话框，如图 1-8 所示。

通知类短文档排版

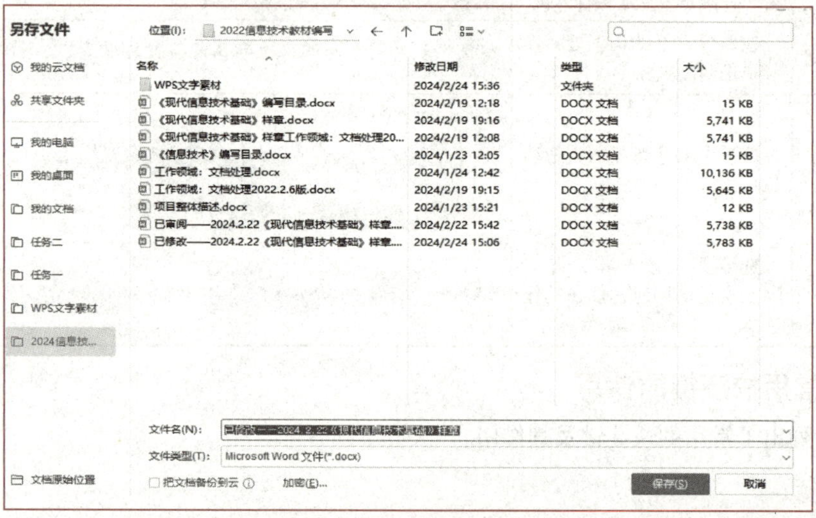

图 1-8 "另存文件"对话框

可以选择将文件保存至本地硬盘，也可选择将文件保存至"WPS 网盘"。WPS 文本文件默认的文件类型为"Microsoft Word 文件（.docx）"，也可将文件保存为 .wps、.pdf 等类型的文件。

子任务三：设置字体格式

设置正文字体为"华文楷体"，字号为"小四"，字体颜色为"黑色"。将标题"关于举办《大学生网络行为规范》制定方案研讨会议的通知"设置为"黑体"、字号设置为"小三"。选中标题内容，在"开始"选项卡中的"字体"下拉菜单中选择"黑体"；"字号"下拉菜单中选择"小三"。具体操作步骤如图 1-9 所示。

若要对某一选定文本段统一进行字体设置，可以打开"字体"对话框，即选择文本后，单击"开始"选项卡中的"字体对话框"按钮 ⌐，弹出"字体"对话框，如图 1-10 所示，可以对所选文本设置中文、西文字体，如字体、字形、字号、文字效果、文字颜色等。

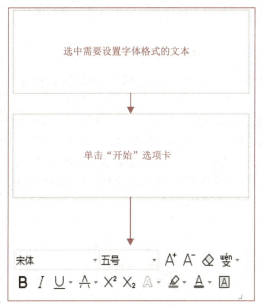

图 1-9　设置字体格式

图 1-10　"字体"对话框

图 1-11 所示"字体"组中的命令均为快速命令，即选择需要设置的文字后，单击"字体"组中的按钮即可设置成功。"字体"即所选文字的字形；"字号"即所选文字的大小；"字号放大""字号缩小"按钮，每一次单击可放大或缩小 0.5 磅；"清除格式"按钮可将所选定的文字应用的字体或段落格式清除，不会清除文字；"拼音指南"按钮可以对选定对象给出拼音指南；单击下拉按钮，还可以实现"更改大小写""带圈字符""字符边框"等功能；单击"加粗"按钮可以实现或去除字体**加粗**效果；单击"倾斜"按钮可以实现或去除字体*倾斜*效果；单击"下划线"按钮可设置选定文字的下划线，可以是直线、波浪线、短横线等；单击"删除线"按钮可以设置选定文字的删除线效果；单击"删除线"右侧下拉按钮，还可以设置着重号。"上标、下标"常用于数学或论文引用时的编号标示，如 $y=x^2+z^3$；"文字效果"按钮，用来设置选定文字的文字效果；"突出显示"按钮类似于荧光笔，可先单击"突出显示"按钮，再应用到需要高亮显示的文字上（即用鼠标选择需要高亮显示的文字）；"字体颜色"按钮可以实现字体颜色设置；"字符底纹"按钮可为选中内容添加 底纹 。每个按钮的名称如图 1-11 所示。

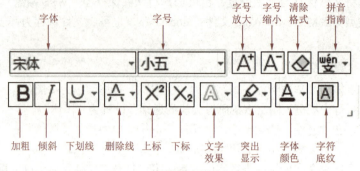

图 1-11 字体组中的按钮

子任务四：设置段落格式

"开始"选项卡"段落"组中所有按钮的功能主要是对文档的一段或多段进行格式设置。如段与段之间的距离，项目符号与编号、缩进等。

1. 段落项目符号

一般用于多个并列段落，但不需要使用数字进行编号，如在"会议通知"中描述会议内容，如图 1-12 所示。

使用方法：先选择需要设置项目符号的各段落，然后单击"开始"选项卡中的"项目符号"下拉按钮，展开项目符号列表，选择一种项目符号，若没有喜欢的项目符号，可在"项目符号"列表中选择"自定义项目符号"命令，打开"自定义项目符号列表"对话框（见图 1-13），在其中可以选择"项目符号字符"列表中的某个字符作为项目符号，如果是会员，还可以选择"稻壳项目符号"作为项目符号，或者用特殊的字体作为项目符号。

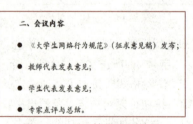

图 1-12 项目符号应用效果

图 1-13 "自定义项目符号列表"对话框

2. 编号

一般用于列出有条理的条目，如在说明某一问题的要点时有"（1）、（2）、（3）"或者在写论文时列出参考文献，如"[1]、[2]、[3]"。一般情况下输入一个有序编号后，按【Enter】键则会出现自动编号，如在第一段中输入"1. 重点问题解说"后按【Enter】键，则自动出现"2. "，并且"编号"按钮会自动高亮显示，若不需要自动编辑，按【Ctrl+Z】组合键撤销即可。

设置编号的一般方法：先输入一段文字，并选择该段文字，单击"开始"选项卡中的"编号"下拉按钮，展开编号库，如图 1-14 所示。

若编号库中没有合适的编号,可选择"自定义编号"命令,弹出"项目符号和编号"对话框,显示"自定义列表"选项卡,如图1-15所示。单击"编号"选项卡,选中一种编号后,单击"自定义"按钮,进入图1-16所示的"自定义编号列表"对话框,对编号格式进行自定义。

图1-14 编号库

图1-15 "项目符号和编号"对话框

在"项目符号和编号"对话框中,也可以对"项目符号""多级编号""自定义列表"进行定义。"多级编号"多应用于有关联关系的不同级别文本编号设置,对于"多级编号"的定义和应用,将在任务4中进行详细介绍。

3. 减少或增大缩进量

单击"减少缩进量"按钮 可使所选中的段落整体向左边距靠近1字符;单击"增加缩进量"按钮 可使所选中的段落整体远离左边距1字符。

4. 中文版式

常用于公文或报纸排版中,包含了"合并字符""双行合一""调整宽度""字符缩放"等。如要将图1-17中文字改成图1-18所示文字,可选中文字"制定方案研讨会议",选择"开始"选项卡中的"中文版式" →"双行合一"命令,弹出"双行合一"对话框,还可以根据需要加括号,单击"确定"按钮即可,如图1-19所示。

图1-16 "自定义编号列表"对话框

图1-17 普通文本效果   图1-18 双行合一效果   图1-19 "双行合一"对话框

5. 文本对齐

左对齐即该段中文字不够一行，则先靠左；居中对齐常用于标题段；右对齐常用于文件签名及日期；两端对齐指同时将文字左右两端对齐，并根据需要增加字间距，但如果文字不够一行，则类似于左对齐，如图 1-20 所示；分散对齐指使段落两端同时对齐，并根据需要增加字符间距，即使该段中最后一行只有 2 个字，则会将这 2 个字左右各放 1 个，如图 1-21 所示。

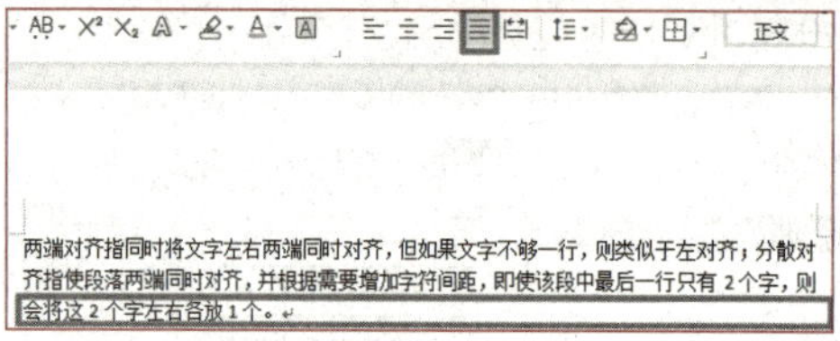

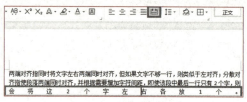

图 1-20　两端对齐效果　　　　　　　图 1-21　分散对齐效果

6. 排序

可以按字母顺序和数字顺序对所选内容进行排序，对表格中的数字尤其有用。

7. 显示/隐藏段落标记

单击"显示/隐藏段落标记"按钮，可以选择显示或隐藏段落标记。

8. 制表

单击"制表位"按钮，弹出"制表位"对话框，对文本输入的位置进行定位。

9. 行间距

单击"行距"按钮，可设置所选段落的行距。行距以"N 倍行距"计，若设置的行距单位为磅，则在行距列表中选择"其他"选项，弹出"段落"对话框，在其中进行设置。

10. 底纹

"字体"组和"段落"组中有两个类似的"底纹"功能。"字体"组中的"字符底纹"命令是为选定的字符添加底纹，"段落"组中"底纹颜色"命令是对选定的段落添加底纹。

图 1-22 展示的是一段文字选中后添加字符底纹的效果，可以看出，只有字符部分添加了底纹。图 1-23 展示的是同一段类似文字选中后添加底纹颜色的效果，除了字符部分添加了底纹，此段落的其余空白部分也添加了底纹。

这是字符底纹的效果（只对选中的字符加底纹）

图 1-22　字符底纹效果

这是底纹颜色的效果（对所选中的段落加底纹）

图 1-23　底纹颜色的效果

11. 边框

单击"边框"按钮，可对所选段落添加边框。单击"边框"下拉按钮，可以看到 WPS 文字提供了非常丰富多元的边框选项，如果边框不能满足需要，可选择"边框和底纹"选项，弹出图 1-24 所示的"边框和底纹"对话框。

12. "段落"对话框

除"段落"组命令外,还可通过"段落"对话框设置段落格式,单击"段落对话框"按钮 ⌐,弹出"段落"对话框,进行"缩进和间距""换行和分页"设置,如图1-25所示。

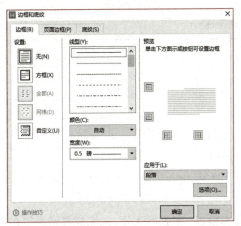

图1-24 "边框和底纹"对话框

图1-25 "段落"对话框

子任务五:页面布局

文件打印之前应该对文件进行页面设置和纸张设置。本任务中,将通知文档的页边距设置为"上、下、右各为2厘米,左为2.5厘米",纸张大小设置为A4纸。

单击"页面布局"选项卡中的"页边距"右侧的微调按钮,可直接设置上、下、左、右边距的值,如图1-26所示。

也可单击"页边距"下拉按钮,进行默认规格的选择。或者选择"自定义页边距"命令,弹出"页面设置"对话框,在其中进行设置,如图1-27所示。

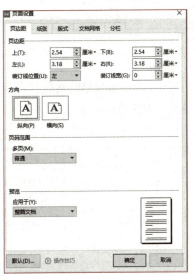

图1-26 页边距设置

图1-27 "页面设置"对话框

"页面设置"对话框中包含了页面设置的所有功能选项。此处不再一一介绍。

测 评

1. 知识测评

确定任务的关键词，以重要程度进行关键词排序，见表1-3，每一关键词得分10分，总分100分。

表1-3 知识测评表

序 号	关 键 词	序 号	关 键 词
1		6	
2		7	
3		8	
4		9	
5		10	
总 分			

2. 能力测评

按表1-4中所列操作要求，对自己完成的文档进行检查，完成得满分，未完成或错误得0分。

表1-4 能力测评表

序 号	操作要求	分 值	完成情况	自 评 分
1	标题设置居中、黑体、字号二号，部分内容双行合一	20		
2	正文部分段落设置：首行缩进2字符，行距1.5倍，字体设置为楷体，4号	20		
3	序号使用自动编号	20		
4	页面设置：纸张大小A4，页边距上、下、左边距各2厘米，右边距3厘米	20		
5	文件命名为学号+姓名.docx，并上传	20		
总 分				

3. 素质测评

针对表1-5中所列出的素质与素养观察点，反思任务实现的过程，思考总结相关项目，做到即得分，未做到得0分。

表1-5 素质测评表

序 号	素质与素养	分 值	总结与反思	得 分
1	信息意识——自觉使用WPS文字解决生活、学习和工作中的文档编辑与排版问题。具有团队协作精神，善于使用WPS文字与他人合作、共享信息，实现信息的更大价值	25		
2	数字化创新与发展——具备使用WPS文字对文档进行处理的能力，能根据本专业领域的具体任务需求，具备创新意识和实践能力，能创造性地运用WPS文字支持专业任务的完成	25		

续表

序号	素质与素养	分值	总结与反思	得分
3	计算思维——通过WPS文字创建、保存文件的过程，理解计算机系统软件和应用软件的运行过程，能够清晰界定使用WPS文字解决问题的场景	25		
4	信息社会责任——能够思考大学生网络行为规范	25		
总分				

拓展训练

以寝室为单位进行分组，在接下来的课程任务中，围绕"我身边的信息新技术"主题短视频设计与制作，完成系列课程任务。

本阶段的任务是完成"我身边的信息新技术"主题短视频设计与制作项目启动的通知。

任务要求：

1. 内容要求

（1）明确会议主题。
（2）明确会议时间、地点、参加人员。
（3）明确会议注意事项。

2. 格式要求（具体参数不做要求）

（1）对通知正文进行字体格式设置。
（2）对通知正文进行段落格式设置。
（3）对通知正文进行页面布局设置。

3. 建议与提示

（1）遵循先输入文字，再进行格式设置的基本顺序。
（2）对于相对正规的文档，建议不要设置不必要的格式。形式上的过度设置，往往会影响内容表达的客观性和庄重性。
（3）在对文档进行打印之前，建议先打印预览。根据预览效果调整文档的内容和格式，再对终稿进行打印。不要过于匆忙，以免浪费纸张。

技巧与提高

WPS AI 内容生成

"WPS AI"是金山办公旗下具备了大语言模型能力的一款生成式人工智能应用，也是中国协同办公赛道首个类ChatGPT式应用。

WPS AI 对于个人用户，提供了智能内容生成、智能数据处理、智能演示文稿制作等领域的生成式人工智能应用，极大地提高了用户的办公效率，丰富了用户的办公体验。

WPS AI-简介

1. WPS AI 功能入口

要唤醒 WPS AI，有如下三种方法：

方法一：新建空白文档时，双击【Ctrl】键，弹出 WPS AI 快捷菜单，如图 1-28 所示，WPS AI 即被唤醒。

方法二：编辑文档时，单击选项卡中的 WPS AI 按钮，弹出 WPS AI 功能菜单，如图 1-29 所示。

图 1-28 WPS AI 快捷菜单

图 1-29 WPS AI 功能菜单

方法三：编辑文档时，选中并右击需要使用 WPS AI 优化的内容，在弹出的工具栏中单击"唤起 WPS AI"按钮，即可唤醒 WPS AI，如图 1-30 所示。

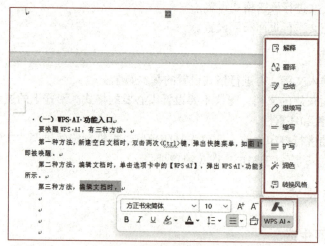

图 1-30 WPS AI 快捷菜单

2. WPS AI "帮我写"

WPS AI 能够帮助用户快速高效地完成文档写作。假定我们需要完成一份 WPS AI 培训的通知，可以采用如下步骤快速完成：

（1）打开 WPS Office，新建空白文档。连续按下两次【Ctrl】键，或者单击 WPS AI 按钮，在弹出的菜单中选择"AI 帮我写"命令，唤醒 WPS AI。

（2）在 WPS AI 提供的快捷菜单中选择"通知"→"培训通知"命令，弹出图 1-31 所示的对话框。

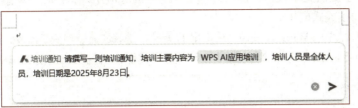

图 1-31　WPS AI 生成式对话框

（3）修改培训内容、培训人员及培训日期等内容后，单击右下角的紫色按钮➤。

（4）系统将自动生成文档，如对生成内容不满意，可按【Esc】键退出。

（5）自动生成文档后，弹出图 1-32 所示对话框，单击"换一换"按钮，WPS AI 将重新生成内容。单击"调整"按钮，弹出图 1-33 所示菜单，对内容进行缩写、扩写、润色、风格调整等。单击"保留"按钮，则保存生成内容。

（6）生成内容之后，如需修改，可在选中内容的前提下右击，在弹出的快捷菜单中选择 WPS AI 命令，此时 WPS AI 重新被唤醒，如图 1-30 所示，在菜单中选择润色、扩写等命令，直到满意为止。

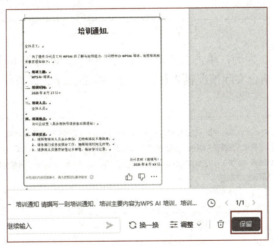

图 1-32　结果处理对话框

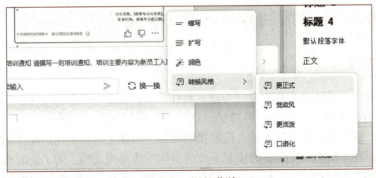

图 1-33　调整菜单

（7）如图 1-32 所示，WPS AI 生成的文档，在内容生成的同时，还进行了排版和格式设置。

3. WPS AI 灵感市集

WPS AI 除了提供文章大纲、讲话稿等常用的生成式应用外，还在"灵感市集"中提供了大量办公场景的生成式应用。

单击选项卡栏中的 WPS AI 按钮，在弹出的菜单中选择"灵感市集"命令，进入"灵感市集"对话框，如图 1-34 所示，对话框左侧列出应用场景类别，右侧列出当前类别中的常用场景。

图 1-34　灵感市集

以"员工培训计划"为例，单击左下角"使用"按钮，即可打开图 1-35 所示的生成式应用对话框。在对话框中结合实际情况输入相关内容，按照提示，即可快速完成一份员工培训计划的制作。

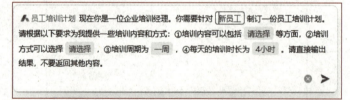

图 1-35　生成式应用对话框

WPS AI 在其他方面的功能，将在接下来的"技巧与提高"栏目中继续介绍。

任务 2　宣传海报制作——WPS 文字图文混排

任务描述

本任务将制作一份法制宣传教育的海报。制作宣传海报，可以使用 Photoshop 等图像处理软件，很多网站如爱设计、FotoJet 等都提供在线宣传海报制作，如果用户是金山公司的超级会员，也可以下载稻壳儿提供的各种宣传海报的模板，快速生成符合用户需求的宣传海报。

本任务介绍在不使用稻壳素材的情况下如何制作宣传海报文档。为了让海报重点突出，图文并茂，文档内容中不仅包含文字，还包括图片、艺术字、形状、智能图形、功能图等多种素材。这类文档的制作大致遵循以下几个步骤：

（1）版面布局：本文档要宣传有关法律知识、预防诈骗等多项内容，既要做到图文并茂，又要做到别出心裁。既然要用到多张图片，多段文字，就需要先对版面进行布局，可以使用WPS表格对版面进行布局。

（2）插入图片、文本、二维码、智能图形、艺术字等，并按照版面要求对各元素进行属性设置。宣传海报的最终效果如图1-36所示。

图1-36　任务2效果图

知识准备

一、表格应用

1. 插入表格

WPS文字提供了方便、快捷的创建和编辑表格的功能，同时还能够利用表格工具和表格样式，对表格进行美化和数据处理。当需要在文档中用表格对数据进行表达或者简单运算，或者需要对文档版面进行布局时，就可以使用WPS文字中的表格功能。

单击"插入"选项卡中的"表格"下拉按钮，可以看到WPS提供了5种插入表格的方法，分别是拖动鼠标插入表格、插入表格、绘制表格、文本转换成表格、插入稻壳内容型表格。

（1）拖动鼠标插入表格。这种方式可以通过拖动鼠标来确定行数与列数，快速直观地在当前鼠标位置处插入表格。

（2）插入表格。选择下拉列表中的"插入表格"命令，弹出图1-37所示的"插入表格"对话框，输入表格的行数与列数，对列宽进行选择即可完成表格插入。

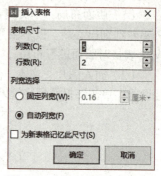

图1-37 "插入表格"对话框

（3）绘制表格。选择下拉列表中的"绘制表格"命令，鼠标指针变成笔状，拖动鼠标可以绘制多行多列表格、单行单列表格。可以根据需要，用笔自由地在表格上绘制表格线。退出绘制时需单击功能区的"绘制表格"按钮。

（4）文本转换成表格。将具有特定格式的多行多列文本转换成一个表格。这些文本中的各行之间用段落标记符换行，各列之间用逗号、空格、制表符等分隔符隔开。转换的方法是：选中需转换成表格的文本，如选中图1-38中的"姓名、性别、年龄"三行文本，单击"表格"下拉按钮，选择"文本转换成表格"命令，弹出图1-39所示的"将文字转换成表格"对话框，确定表格行数与列数，文字分隔位置为"空格"，即可将内容生成表。转换前与转换后对比如图1-38所示。反之，表格也可以转换成文本，选中表格，单击"表格"下拉按钮，选择"表格转换成文本"命令，弹出"表格转成文本"对话框，选择好文字分隔符后，单击"确定"按钮完成转换。

图1-38 文字转换成表格示例

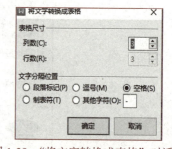

图1-39 "将文字转换成表格"对话框

（5）插入稻壳内容型表格。WPS文字提供了免费和付费两种类型的表格模板，可以利用表格模板生成表格。

2. 编辑表格

表格插入之后，可以在表格中输入数据，对表格、单元格进行属性设置。将插入点定位到表格中的任意单元格或者选中整个表格，WPS文字将自动显示"表格工具"和"表格样式"选项卡，如图1-40和图1-41所示。

图1-40 "表格工具"选项卡

图1-41 "表格样式"选项卡

"表格工具"选项卡提供了对表格单元格、行、列及整个表格的编辑命令。主要包括表格的单元格、行、列的插入、删除，行高、列宽调整，表格中数据的字符格式、段落格式设置，数据排序与计算等方面的操作。

"表格样式"选项卡提供了对表格样式进行调整的功能。主要包括表格的边框和底纹，表格样式等方面的操作。

1）单元格的合并与拆分

除了常规的单元格合并与拆分方法外，还可以通过"表格样式"选项卡中的"擦除"和"绘制表格"按钮实现。单击功能区中的"擦除"按钮，鼠标指针变成橡皮擦状，在要擦除的边框线上单击，可删除表格线，实现两个相邻单元格的合并。单击功能区中的"绘制表格"按钮，鼠标指针变成铅笔状，在单元格内按住鼠标左键并拖动，此时会出现一条虚线，松开鼠标可插入一条表格线，实现单元格的拆分。

2）表格的跨页

如果表格放置的位置正好处于两页交界处，称为表格跨页。有两种处理方法：一种方法是允许表格跨页断行，即表格的一部分位于上一页，另一部分位于下一页，但只有一个标题（适用于较小的表格）；另一种处理方法是在每页的表格上提供一个相同的标题，使之看起来仍然是一个表格（适用于较大的表格）。第二种方法的操作步骤为：选中要设置的表格标题（可以是多行），单击"表格工具"选项卡中的"标题行重复"按钮，系统会自动在因为分页而拆分的表格中重复标题行。

3）设置表格样式

WPS 文字自带丰富的表格样式，表格样式中包含了预先设置好的表格字体、边框和底纹格式等信息。设置方法：将插入点定位到表格中任意单元格，单击"表格样式"选项卡"预设样式"库中的某个表格样式即可。如果"预设样式"库中的表格样式不符合要求，单击"预设样式"库右侧的下拉按钮，在下拉列表中选择稻壳表格样式即可。

4）"表格属性"对话框与"边框和底纹"对话框

除了可以利用"表格工具"和"表格样式"选项卡实现表格的多种编辑外，还可以打开"表格属性"对话框与"边框与底纹"对话框实现相应的操作。单击"表格工具"选项卡中的"表格属性"按钮，也可以选中整张表格或右击表格中的任意单元格，在弹出的快捷菜单中选择"表格属性"命令，弹出"表格属性"对话框，如图 1-42 所示。在其中可以完成表格、行、列、单元格等属性的相关设置。

"边框和底纹"对话框的打开方法有多种。在"表格属性"对话框的"表格"选项卡中单击"边框和底纹"按钮可以打开该对话框，如图 1-43 所示。在"边框和底纹"对话框中，可以完成边框、页面边框、底纹的设置。

图 1-42　"表格属性"对话框

图 1-43　"边框和底纹"对话框

5）表格数据处理

除了前面介绍的表格基本功能以外，WPS 文字还提供了表格的其他功能，如表格的排序和公式计算。

（1）表格排序。在 WPS 文字中，可以按照递增或递减的顺序把表格中每行的数据按照某一列的值以笔画、数字、日期及拼音等方式进行排序，而且可以根据表格多列的值进行复杂排序。表格排序的操作步骤如下：

① 将插入点定位到表格的任意单元格，单击"表格工具"选项卡功能区中的"排序"按钮。

② 整个表格自动被全部选择，同时弹出"排序"对话框，如图 1-44 所示。

③ 在"排序"对话框中，在"主要关键字"区域的下拉列表框中选择用于排序的字段（列号），在"类型"下拉列表中选择用于排序的值的类型，如笔画、数字、日期或拼音等。"升序"或"降序"单选按钮用于选择排序的顺序，默认为升序。

图 1-44 "排序"对话框

④ 若需要多字段排序，可在"次要关键字""第三关键字"等下拉列表框中指定字段、类型及顺序。

注 意：

要进行排序的数据中不能有合并或拆分过的单元格，否则无法进行排序。同时，在"排序"对话框中，选择"无标题行"单选按钮，排序时标题行不参与排序，否则，标题行将参与排序。

（2）表格计算。利用 WPS 文字提供的公式与函数，可以对表格中的数据进行简单计算，下面以表 1-6 中的数据为例，介绍 WPS 文字利用公式进行计算的方法。

表 1-6 学生成绩表

姓名	大学英语	计算机基础	大学物理	政治	总分	平均分
杨郭	89	90	76	89	344	86.00
王超	78	68	75	86	307	76.75
黄婷	64	90	68	89	311	77.75

① 总分计算：鼠标定位于"杨郭"行的总分单元格，单击"表格工具"选项卡中的"公式"按钮，弹出图 1-45 所示的"公式"对话框。默认公式为 SUM(LEFT)，即左侧数据求和公式。SUM 是求和函数名，LEFT 为求和参数，其他参数有："右侧（RIGHT）\ 上侧（ABOVE）\ 下侧（BELOW）"，"数字格式"可对数字的格式进行选择，"粘贴函数"选择 WPS 文字提供的函数，"表格范围"可对函数参数进行范围选择。本例中公式为 SUM(LEFT)，数据格式选择两位小数，使用同样的方法计算其余行。

图 1-45 "公式"对话框

② 平均分计算：平均分的计算方法类似，单击"表格工具"选项卡中的"公式"按钮，弹出"公式"对话框，先删除公式文件框中的默认公式，在"粘贴函数"下拉列表中选

AVERAGE，参数输入 b2:e2，数字格式选择两位小数，单击"确定"按钮可得到平均分。其他行计算方法类似。

③ 快速计算：WPS 文字提供了表格内数据快速计算功能。其功能是对所选择的行或列的数据自动实现求和、平均值、最大值或最小值的计算。计算结果位于所选择行或列后面的一个单元格中。如果该行或者列不存在，或者该行或者列中已有数据存在，WPS 文字自动创建一行或者一列，用来存放结果。

④ 更新计算结果：表格中的运算结果是以域的形式插入表格中的，当参与运算的单元格数据发生变化时，可以通过更新域对计算结果进行更新。按【F9】键即可更新计算结果。也可以选中并右击结果单元格中有灰色底纹的数据，在弹出的快捷菜单中选择"更新域"命令。

二、图文混排

WPS 文字在处理".docx"和".wps"两种不同类型的文件时，"插入"选项卡中的"图片"功能组图标排列是不一样的，如图 1-46 和图 1-47 所示。虽然排列不同，但是基本功能都是一样的。

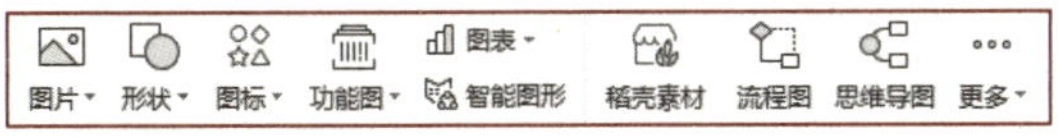

图 1-46 ".docx"文件的"图片"功能组 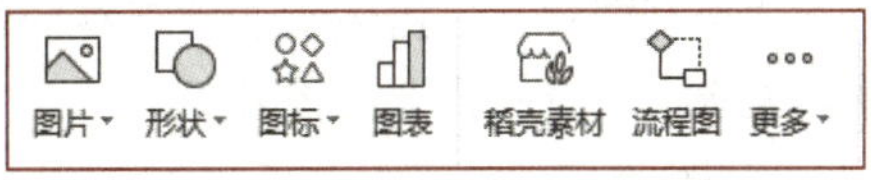　　图 1-47 ".wps"文件的"图片"功能组

下面以".docx"文件格式为例介绍相关内容。

- 图片：用于插入来自文件、扫描仪、手机以及网络的图片，选择不同的对象会弹出对应的对话框，用来确定插入图片的来源、位置、文件名。
- 形状：用于插入 WPS 文字预设的各种形状，有线条、矩形、基本形状、箭头汇总、公式形状、流程图、星和旗帜、标注等形状。
- 图标：用来插入稻壳儿网站提供的各种付费或者免费的图标。
- 功能图：WPS 文字提供了三种类型的功能图，分别是：二维码、条形码、化学绘图。
- 图表：用于插入图表，用来演示和比较数据，包括柱形图、折线图、饼图、条形图、面积图等。
- 智能图形：智能图形是一组专业的图形工具，可以形象直观地表达内容之间的各种关系。
- 稻壳素材：稻壳儿网站向付费用户提供了大量的图标、模板、字体、艺术字、关系图等资源。
- 流程图：用于插入或制作流程图，是嵌入 WPS 文字中的一款专门制作流程图的工具。
- 思维导图：嵌入 WPS 文字中的一款专门制作思维导图的工具。
- 更多：WPS 还提供了更多的制图工具。

1. 插入图片

WPS 文字提供了各种类型的图片插入、编辑方法。

1）图片

将插入点定位在文档中需要插入图片的位置，单击"插入"选项卡中的"图片"按钮，弹出图 1-48 所示窗口，可以根据实际情况插入想要的图片。

"本地图片"：单击"本地图片"按钮，弹出"插入图片"对话框，确定图片所在的位置及文件名。

"来自扫描仪"：确保扫描仪已正确连接计算机，单击"来自扫描仪"按钮，按照提示步骤完成文件插入。

图 1-48　插入图片

"稻壳图片": 提供了非常丰富的付费图片。可以单击某张图片插入，也可以通过搜索框输入关键词，查找需要的图片。

2）图形

插入图形的操作方法是：选择某类形状后，在文档中拖动鼠标确定其大小，该形状会自动生成。用户一般需要通过插入若干个形状，并通过它们之间的连接实现某项功能。

3）图标

WPS 提供了丰富的图标，既有收费图标，也有免费图标。这些图标分成很多类，如各种形状、人物、节日图标，用户可以直接选择使用，或者通过搜索功能查找需要的图标。

4）图表

WPS 文字提供的图表分为图表和在线图表。图表是按系统给定的图表样式生成，在线图表则提供了更为丰富的图表样式，需要付费才能使用，两者的操作方法类似。图表插入的具体操作步骤如下：

（1）将插入点定位在文档中需要插入图表的位置，单击"插入"选项卡中的"图表"按钮，打开图 1-49 所示的"图表"对话框。

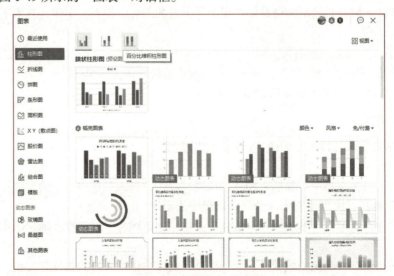

图 1-49　"图表"对话框

（2）根据数据类型的特征以及使用图表的用意，选择符合要求的图表，单击即可在当前位置插入图表。接下来以基本簇状柱形图为例，介绍图表插入、数据编辑、数据选择的过程。

（3）选择簇状柱形图，在光标当前位置，将会插入初始图表，如图1-50（a）所示。右击图表任一位置，在弹出的快捷菜单中选择"编辑数据"命令，系统将自动打开WPS文字中的图表窗口，在图表窗口中，完成数据的输入。示例中输入了手机、平板、电脑、打印机四种商品四个季度的销售数据，如图1-50（b）所示。输入数据的同时，图表的数据也随之更新，如图1-50（c）所示。观察图表会发现，图表中仅有默认的前三个季度的数据，第四季度的数据未呈现，此时需要对数据进行重新选择。在图表任意位置右击，在弹出的快捷菜单中选择"选择数据"命令，弹出图1-50（d）所示的"编辑数据源"对话框。单击"图表数据区域"文本框右侧的"折叠"按钮，选中表格中所有数据；图例项系列单击，添加"4季度"图例项。在图表的标题部分，修改图表标题为"销售数据"，完成四种商品四个季度的簇状柱形图，如图1-50（e）所示。

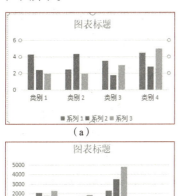

（a）

（c）

（e）

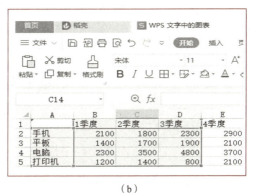

（b）

（d）

图1-50　图表插入、数据编辑及选择

5）智能图形

WPS文字提供了丰富的智能图形，包括列表、流程、循环、层次结构、关系、矩阵、对比、时间轴等多种类型。智能图形的意义在于可以帮助用户快速地建立内容的可视化表达。

（1）创建智能图形。将插入点定位在文档中需要插入智能图形的位置，单击"插入"选项卡中的"智能图形"按钮，弹出图1-51所示的"智能图形"对话框，接下来以公司组织结构图来说明智能图形的应用。选择层次结构，自动插入组织结构图。在文本框中输入相应的文本内容，完成智能图形的初始创建，如图1-52所示。

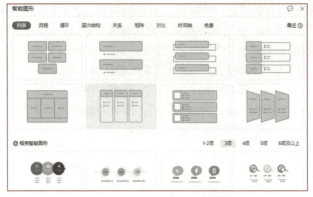

图 1-51 "智能图形"对话框

图 1-52 公司组织结构图

（2）智能图形的"设计"和"格式"选项卡。当插入一个智能图形后，系统将自动显示"设计"和"格式"选项卡，并自动切换到"设计"选项卡，如图 1-53 所示，"格式"选项卡如图 1-54 所示。

图 1-53 智能图形"设计"选项卡

图 1-54 智能图形"格式"选项卡

"设计"选项卡包括添加项目、升级、降级、更改颜色、样式选择等命令。"格式"选项卡包括设置文本格式、项目边框及填充设置等命令。

通过智能图形的"设计"和"格式"选项卡，可以对创建的基本智能图形进行各种编辑操作。同时，WPS 还提供了一种简洁的智能图形项目的操作方法，当选择了智能图形当中的某个项目时，在其右侧将自动出现 5 个快捷图标，可以帮助用户快速完成相关操作。 用来添加项目， 用来更改布局， 用来更改位置， 用来添加项目符号， 用来调整形状样式。

6）流程图和思维导图

流程图和思维导图是 WPS 文字独具特色的制图工具。流程图用来表达解决问题的方法和思路，而思维导图可以表达非线性的思维模式，用于记忆、学习、思考等的思维"地图"的构建。

7）截屏

（1）截屏功能。WPS 文字提供了矩形、椭圆形、圆角矩形、自定义区域截图等多种截屏方式。截屏时，WPS 文字编辑窗口默认为当前窗口，如要截取其他窗口内容，需要单击"截屏"下拉按钮，选择"截屏时隐藏当前窗口"选项。各种截图效果如图 1-55 所示。

（2）录屏。在截屏功能区，WPS 文字还为付费会员提供"录屏"功能。单击"截屏"下拉按钮，选择"录屏"选项，进入图 1-56 所示的"屏幕录制"窗口。在屏幕录制窗口中，"区域"选项可以选择"全屏"（可录制计算机屏幕的所有信息）、"选择区域"

(a) 原图　　　　(b) 矩形截图

(c) 椭圆截图　　(d) 自定义区域截屏

图 1-55 不同类型的截图效果

（可通过拖动鼠标确定即将录制的屏幕范围）、"固定区域"（可选择固定大小范围的区域）、"历史区域"等；"麦克风"选项可选择录制系统声音、麦克风声音、系统和麦克风声音、不录制声音等；"摄像头"选项可选择打开或关闭计算机视频；"视频列表"将显示用户录制的视频列表；"自动停止"可以设置录制时长，录制时间到后自动停止录制；"自动分割"可以选择当录制时间达到多少分钟，或者录制视频达到多少容量时，自动对视频进行分割；在"计划任务"中，可以预先设定录制任务开始的时间、时长、录制参数等。单击"开始录制"按钮，系统将按照录制参数的要求对计算机操作及声音进行录制。

图 1-56 "屏幕录制"窗口

录制完成后，视频自动保存至 C:\Users\admin\Documents\Apowersoft\ApowerREC 文件夹中，并自动加入"视频列表"，如图 1-57 所示。

图 1-57 视频列表

在视频列表中，单击"播放"按钮▶可以查看视频录制效果；单击"压缩"按钮可以实现视频的压缩，单击"打开文件"按钮可以打开视频存放的默认文件夹；单击"删除"按钮可将当前视频删除，单击"编辑"按钮进入"编辑"窗口，如图 1-58 所示。

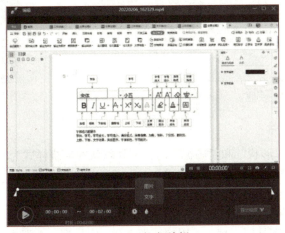

图 1-58 视频编辑

在"编辑"窗口中，可以给视频添加图片或文字作为水印，调整视频播放的速度等，编辑完毕之后，单击"导出"按钮可以完成视频导出。WPS 录屏视频默认的文件格式为 .mp4，也可以将视频导出为 .wmv、.mov、.avi 等文件格式。

8）功能图

WPS 文字"功能图"选项，可以生成条形码、二维码及化学绘图。

（1）条形码插入。单击"功能图"下拉按钮，选择"条形码"选项，弹出"插入条形码"对话框，如图 1-59 所示。首先选择编码类型（默认为 Code 128），然后插入条形码对应的文字，最多为 64 字符，只能使用英文字母、数字及特定符号，输入"apple 2-38"后，单击"插入"按钮，图 1-60 将插入到当前鼠标所在的位置。

图 1-59 "插入条形码"对话框

图 1-60 条形码示例

（2）二维码插入。在移动通信时代，二维码技术应用越来越广泛，人们习惯于用手机扫二维码来获取网址、支付信息等内容。单击"功能图"下拉按钮，选择"二维码"选项，弹出"插入二维码"对话框，如图 1-61 所示。二维码扫描支持文字和网址链接。在对话框中输入"2024 年 6 月 25 日，嫦娥六号携带月壤抵达地球。"，即可插入相应的二维码，如图 1-62 所示。使用手机微信"扫一扫"功能，即可看到输入的文字。

图 1-61 "插入二维码"对话框

图 1-62 二维码示例

2. 编辑图形、图片

WPS 文字在插入"形状"和"图标"时，图片默认的环绕样式为"浮于文字上方"，其余的图片插入默认的环绕样式均为"嵌入型"。

1）环绕样式设置

文字环绕样式是指插入图形、图片后，图形、图片与文字的环绕关系。WPS 文字提供了 7 种文字环绕样式，分别是嵌入型、四周型、紧密型、穿越型、上下型、浮于文字上方及衬于文字下方，其设置步骤如下：

（1）选择图形或图片，单击"图片工具"选项卡中的"环绕"下拉按钮。

（2）在弹出的下拉列表中选择一种环绕方式即可。

设置文字环绕方式还有另外两种方法，操作步骤如下：

第一种方法：选择图形或图片后，在其右侧将产生一个浮动工具栏，单击浮动工具栏中的"布局选项"按钮，在弹出的列表中任选一种环绕方式。

第二种方法：右击需要设置环绕样式的图形或图片，在弹出的快捷菜单中选择"其他布局选项"命令，打开"布局"对话框，在"文字环绕"选项卡中对环绕样式进行选择。

2）设置大小

对于 WPS 文档中的图形和图片，可以手动使用鼠标拖动图形或图片四周的控制点来调整大小，但这种方法不能精确设置大小。可以在选中图片的情况下，在"图片工具"选项卡的宽度与高度微调框中直接调整高度与宽度的值（如果需要同时设置高度与宽度，需要取消勾选"锁定纵横比"复选框）。也可以右击选中的图片，在弹出的快捷菜单中选择"其他布局选项"命令，打开"布局"对话框，选择"大小"选项卡，对高度、宽度等属性进行修改。

3）抠除背景与裁剪

抠除背景是指将图片中的背景信息删除，以强调或突出图片的主题。裁剪是指仅取一幅图片的部分区域。

（1）抠除背景。选中需要进行背景抠除的图片，图 1-63 左侧为即将抠除背景的原图，单击"图片工具"选项卡中的"抠除背景"按钮，弹出图 1-63 所示的"智能抠图"对话框。WPS 文字提供了两类抠图方式，分别是"自动抠图"和"手动抠图"。插件打开后，系统将进入"自动抠图"，可选择一键抠图形、一键抠商品、一键抠人像、一键抠文档，系统将自动识别，对相应元素进行抠除。图 1-63 中所展示的是自动抠图中一键抠人像文档的效果图。在完成抠图以后，可以单击"换背景"按钮，系统将以纯色对背景进行填充。

图 1-63 "智能抠图"对话框

在自动抠图的基础上，如果选择手动抠图，可以手动选择保留和去除自动抠图以后保留的图像。单击"保留"按钮，可以用蓝色笔触圈出需要保留的图像；单击"去除"按钮，可以用红色笔触圈出需要去除的图像，去除后的效果如图 1-64 所示。如果标记错误，可以使用橡皮擦工具把标记去除。

图 1-64　手动抠图

（2）裁剪。裁剪在以 .wps 为扩展名和以 .docx 为扩展名的文档中是有所区别的。下面介绍以 .docx 为扩展名的文档中的裁剪操作，操作步骤如下：

① 选中需要剪裁的原图（见图 1-65），单击"图片工具"选项卡中的"剪裁"按钮，图片四周出现剪裁控制点，可以拖动剪裁控制点调整剪裁区域，使之包含希望保留的图片部分。

② 调整完成以后，单击图片以外的其他区域，图片即被剪裁成功。图 1-66 所示为剪裁后的结果。

图 1-65　裁剪前的原图

图 1-66　椭圆形裁剪后的效果

4）调整图片效果

WPS 文字可以调整图片亮度、色彩、效果、压缩图片、图片加边框等多种效果。这些功能均在"图片工具"选项卡中，此处不再一一赘述。

5）调整形状格式

可以设置插入形状的格式，但与插入的图片、屏幕截图有所区别。当插入形状后，WPS 将提供"绘图工具"选项卡，可以利用"绘图工具"选项卡中的按钮进行详细设置，主要包括形状线条、轮廓、填充、文本等格式的设置，设置方法与图片的相应操作类似。

三、文本框与艺术字

文本框作为存放文本或图形的独立形状，最大的优势在于可以存放至页面的任意位置。在 WPS 文字中，文本框是作为图形对象来处理的。艺术字是文档中具有特殊效果的文字，也是一种图形对象。WPS 文字中，插入的文本框及艺术字默认的环绕方式均为"浮于文字上方"。

1. 编辑文本框

文本框分为横向、竖向、多行文本、稻壳文本框四大类，可以根据需要进行选择。在文档中插入文本框的方法有直接插入空文本框和在已选择的文本中插入文本框两种。在文档中插入文本框的操作步骤如下：

（1）将插入点定位在文档中的任意位置，单击"插入"选项卡中的"文本框"下拉按钮，在弹出的下拉列表中选择一种文本框形式。

① "横向"表示文字从左到右，行按从上到下排列。

② "竖向"表示文字从上到下，行按从右到左排列。

③ "多行文字"表示文本框的大小随着文字的输入自动调整，而横向或竖向生成的文本框不会随着文本的输入自动变大，需要手动调整文本框的大小。

④ "稻壳文本框"是稻壳儿网站为会员提供的各种风格类型的文本框。

（2）指针变成十字形状，在文档中的适当位置拖动鼠标绘制所需大小的文本框。然后输入文本内容。

如需将文档中已有文本转换为"文本框"，可先选中文本，然后选择"文本框"下拉列表中的命令即可生成。新生成的文本框及其文本以默认格式显示其效果。

插入文本框后，可以根据需要修改文本框及文本的格式。选中要修改的文本框，自动出现"绘图工具"和"文本工具"，"绘图工具"中的按钮可以修改文本框的格式，"文本工具"中的按钮可以修改文本的格式。

2. 编辑艺术字

艺术字可以有多种颜色及字体，可以带阴影、倾斜、旋转和缩放，还可以更改为特殊的形状。在文档中插入艺术字的操作步骤如下：

（1）将插入点定位在文档中需要插入艺术字的位置，单击"插入"选项卡中的"艺术字"下拉按钮，在弹出的下拉列表中选择一种艺术字样式，在文档中将自动出现一个带有"请在此放置您的文字"字样的文本框。

（2）在文本框中直接输入艺术字内容，将会以默认的艺术字格式显示文本的效果。

插入艺术字后，将自动出现"绘图工具"和"文本工具"选项卡，可以根据需要修改艺术字的风格，例如艺术字的形状、样式、效果等，操作方法类似于文本框。

任务实现

子任务一：使用表格布局

本文档内容大致分为6个版块，可以先插入一张规则表格，再根据版块的需要，对单元格进行合并和拆分。

（1）创建WPS空白文档，并保存该文档。单击"插入"选项卡中的"表格"按钮，插入一个3行3列的表格。

（2）按照图1-67所示，对表格进行属性设置。第一步：调整行高。鼠标移至水平边框线，当鼠标指针变成双向箭头时，根据需要调整行高。第二步：单元格拆分与合并。选中第1行中的第2、3个单元格，右击，在弹出的快捷菜单中选择"合并单元格"命令。第三步：调整列宽。鼠标移至垂直边框线，当鼠标变成双向箭头时，根据需要调整列宽。第四步：将最后一行三个单元格合并。调整完毕后效果如图1-67所示。

法制宣传海报制作（上）

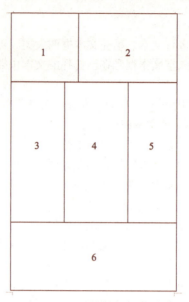

图 1-67　表格布局效果图

子任务二：版块 1 设计——图片插入

在版块 1 中插入素材中"法制宣传"的 logo 图片。单击"插入"选项卡中的"图片"→"本地图片"按钮，选择图片文件"法制教育宣传日 logo.jpeg"，单击该图片，在"图片工具"中对图片进行大小设置，设置图片高度为 3.40 厘米，宽度为 5.91 厘米。（设置时请取消勾选"锁定纵横比"复选框。）

子任务三：版块 2 设计——文本及艺术字插入

（1）文本插入及格式设置。在版块 2 中，输入效果图中所示的文字，设置字体大小为"小四"。为了让版块内容之间颜色取得相互呼应的效果，字体颜色使用"取色器"进行设置。单击"开始"选项卡中的"字体颜色"→"取色器"按钮，如图 1-68 所示，此时鼠标指针变成笔状，选取版块 1 中 logo 图片上"法"的颜色作为字体颜色。

（2）艺术字插入及格式设置。在版块 2 中单击"插入"选项卡中的"艺术字"按钮，选择第三种 A 艺术字样式，输入"法制宣传教育日"，并将字体大小设置为"一号"，环绕样式设置为"四周型环绕"。完成效果如图 1-69 所示。

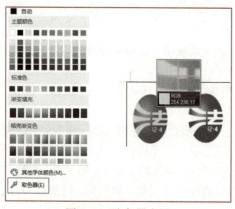

图 1-68　取色器应用

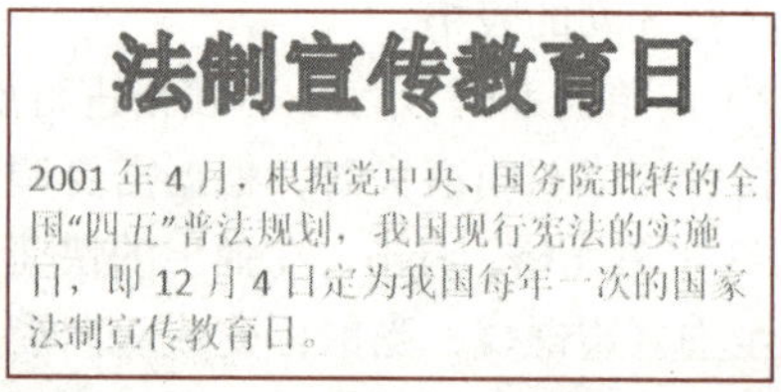

图 1-69　版块 2 效果

子任务四：版块 3 设计——形状插入

（1）在版块 3 中插入圆角矩形用来放置文本内容。单击"插入"选项卡中的"形状"按钮，选择圆角矩形 ▢，拖动鼠标，确定形状的位置和大小。"绘图工具"中填充色设置为"浅灰色"，轮廓设置为"橙色"，输入效果图 1-70 所示的文本内容，利用取色器将文本颜色设置为版块 1 中 logo 的背景色。

（2）在版块 3 中插入线条用来修饰圆角矩形。鼠标定位于圆角矩形左侧，单击"插入"选项卡中的"形状"按钮，选择"线条"中的"直线"，拖动鼠标，确定直线的起点和终点，在"绘图工具"选项卡中的"轮廓"→"虚线线型"中选择第 3 种线型；颜色选橙色。圆角矩形右侧插入同样格式的直线。版块 3 如图 1-70 所示。

子任务五：版块 4 设计——智能图形插入

（1）在版块 4 中插入智能图形来突出宣传标语。单击"插入"选项卡中的"智能图形"按钮，选择"关系"中的第一种类型。按照图 1-71 所示，输入文本内容。将周边四个圆中的文本字体大小设置为"10"。选中智能图形，单击"设计"选项卡中的"更改颜色"→"着色 4"中的第 2 种颜色，在"设计类型"中选择第 5 种类型。

（2）在版块 4 中输入效果图 1-71 所示的其他文本内容。

图 1-70　版块 3 效果图

图 1-71　版块 4 效果图

子任务六：版块 5 设计——艺术字、文本框插入

（1）在版块 5 中插入文本框，用以存放主体文本内容。单击"插入"选项卡中的"文本框"→"横向"按钮，输入图 1-72 所示的文字，字体颜色使用取色器取版块 4 中智能图形的颜色。由于插入文本框只是想方便文字定位与排版，文本框的边框可取消。选中文本框，单击"绘图工具"选项卡中的"轮廓"→"无边框颜色"按钮。

（2）在版块 5 中插入艺术字用于强调主题。为形成对比，"如何防范"使用艺术字的第 3 种预设样式，字体设置为"宋体""三号"；"别人对你的伤害"使用艺术字的第 2 种预设样式。

（3）调整文本框、艺术字的位置和大小，效果如图 1-72 所示。

子任务七：版块 6 设计——图片、文本、二维码插入

（1）在版块 6 中输入图 1-73 所示的文字。

（2）插入素材中的"警察.png"。调整图片大小：高为"5.86"厘米，宽为"2.35"厘米。设置环绕样式为"四周型环绕"。

（3）将"警方提示"四字加粗，使用取色器，设置字体颜色为左侧图片警帽部分的颜色，其他字体颜色为左侧图片警服部分的颜色。

（4）插入二维码。单击"插入"选项卡中的"更多"→"二维码"按钮，"输入内容"为国家反诈中心 App 地址，对话框右侧将形成二维码图形预览，单击"确定"按钮，插入二维码。

（5）设置二维码图片大小：高为 2.94 厘米，宽为 2.94 厘米，环绕样式设置为"四周型环绕"。调整图片位置，使其置于右下角，效果如图 1-73 所示。

图 1-72　版块 5 效果图

图 1-73　版块 6 效果图

子任务八：美化版面——去除表格边框线

如果表格仅仅用作布局，布局完成以后，可以取消表格的边框。右击表格任意位置，在弹出的快捷菜单中选择"边框和底纹"命令，弹出"边框和底纹"对话框，在"边框"选项卡中选择"无"选项，如图 1-74 所示。设置完成后，最终宣传海报效果图如任务描述中的图 1-36 所示。

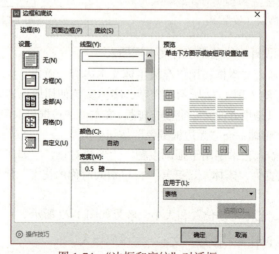

图 1-74　"边框和底纹"对话框

测 评

1. 知识测评

确定任务的关键词,以重要程度进行关键词排序,见表 1-7,每一关键词得分 10 分,总分 100 分。

表 1-7　知识测评表

序　号	关　键　词	序　号	关　键　词
1		6	
2		7	
3		8	
4		9	
5		10	
总　分			

2. 能力测评

按表 1-8 中所列的操作要求,对自己完成的文档进行检查,操作完成得满分,未完成或错误得 0 分。

表 1-8　能力测评表

序　号	操作要求	分　值	完成情况	自评分
1	插入表格,完成版面布局	10		
2	版块 1 完成图片插入及图片属性设置	10		
3	版块 2 完成文本及艺术字插入,属性设置	10		
4	版块 3 完成形状插入及属性设置	10		
5	版块 4 完成智能图形插入及文本插入	10		
6	版块 5 完成文本框、艺术字插入及属性设置	10		
7	版块 6 完成图片、文本、二维码插入及属性设置	10		
8	完成表格美化,表格未跨页	10		
9	整体版面重点突出,内容丰富,各版块色彩和谐	20		
总　分				

3. 素质测评

针对表 1-9 中所列出的素质与素养观察点,反思任务实现的过程,思考总结相关项目。

表 1-9　素质测评表

序　号	素质与素养	分　值	总结与反思	得　分
1	大局意识和规划意识——宣传海报制作要先通过表格进行版块设计与规划,每一个版块设计完成的同时,要兼顾其他版块及整个版面。要理解部分与整体的关系,理解个体与集体的关系,做事要有大局意识和规划意识	25		

续表

序号	素质与素养	分值	总结与反思	得分
2	信息社会责任——了解信息活动相关的法律法规、伦理道德准则，尊重知识产权，能遵纪守法、自我约束，识别和抵制不良行为	25		
3	计算思维——具备使用WPS文字中的表格、图片、图表、二维码等功能设计图文混排文档的意识和能力	25		
4	数字化创新与发展——具备使用WPS文字图文混排工具创造性地进行信息展示交流的意识和能力	25		
总分				

拓展训练

本阶段的任务仍然围绕"我身边的信息新技术"主题展开，本阶段需要以寝室为单位，完成"我身边的信息新技术"宣传海报制作。任务要求：

1. 内容要求

（1）信息新技术可从量子科技、5G移动技术、区块链、人工智能、物联网等5个领域任选一个。

（2）内容应主题突出、图文并茂。

（3）尽可能使用图片、形状、智能图形、图标、二维码等多种元素对内容进行设计。

2. 格式要求

（1）使用表格进行布局。

（2）版块与版块之间紧凑、和谐。

（3）各元素色彩和谐。

（4）可以一页，也可多页。

3. 建议与提示

（1）素材收集可自行采集或通过网络下载。

（2）信息新技术的介绍请参考本教材项目5——信息新技术。

4. 文件上交要求

（1）文件名以寝室号码命名，上传至指定文件夹。

（2）如有多版本，请以文件夹上传至指定文件夹，文件夹以寝室号码+日期命名。

微课
WPS AI-帮我改

技巧与提高

WPS AI 内容优化

WPS AI不仅可以快速高效地生成内容，而且可以根据场景、主题的不同需求，对内容进行续写、改写、缩写、扩写等，这些功能都可以通过"AI帮我改"实现。

1. 继续写

（1）选中正在编辑的内容，单击选项卡栏中的 WPS AI 按钮，在弹出的菜单中选择"AI 帮我改"→"继续写"命令，WPS AI 将在选中内容的基础上，自动生成与主题相近的内容，在生成过程中，如需退出可按【Esc】键。

（2）生成后将出现图 1-75 所示的对话框，系统提示需甄别信息准确性，单击"继续写"按钮，WPS AI 将继续生成文档；单击"换一换"按钮，将用新的内容替换原来的内容；单击"调整"下拉按钮，可以对内容进行缩写、扩写、润色或转换风格；单击"删除"按钮，刚刚生成的内容将被删除；单击"保留"按钮，内容将被保留。

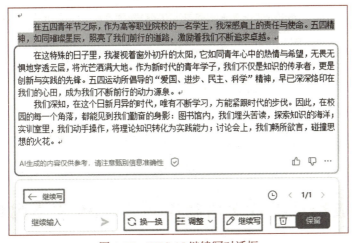

图 1-75　WPS AI 继续写对话框

（3）需要特别说明的是，AI 生成的内容仅供参考，要认真甄别信息真伪，根据主题和内容需要进行取舍。

2. 缩写和扩写

（1）选中正在编辑的内容，单击选项卡栏中的 WPS AI 按钮，在弹出的菜单中选择"AI 帮我改"→"缩写"命令，WPS AI 将在选中内容基础上进行缩写，在生成过程中，如需退出可按【Esc】键。

（2）缩写完成后的提示如图 1-76 所示，单击"替换"按钮，缩写后的内容将替换原内容。

（3）扩写的功能与缩写功能类似，此处不再赘述。

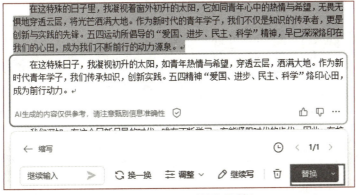

图 1-76　WPS AI 缩写对话框

笔记栏

3. 转换风格

WPS AI 的转换风格，可以改变原来的写作风格，能使文本更正式、党政风，更活泼、口语化。下面以“党政风”为例进行说明。

（1）选中正在编辑的内容，单击选项卡栏中的 WPS AI 按钮，在弹出的菜单中选择“AI 帮我改”→“转换风格”→“党政风”命令，WPS AI 将在选中内容基础上进行转换，在转换过程中，如需退出可按【Esc】键。

（2）风格转换完成后的提示如图 1-77 所示，单击“替换”按钮，转换风格后的内容将替换原内容。

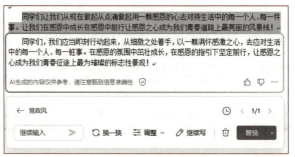

图 1-77　WPS AI 转换风格对话框

任务 3　成绩单批量文档制作——WPS 文字邮件合并

任务描述

期末考试之后，教务办要为学院每位同学发放成绩单。每份成绩单的格式、主体内容相同，但是每份成绩单的姓名、学号、各科成绩等却不一样。如果采用先制作一份成绩单进行复制粘贴，然后再修改姓名、学号的方法来处理，一是数据容易出错，二是效率太低。WPS 文字提供了邮件合并功能，可以使用这一功能迅速、准确地完成类似成绩单、邀请函、贺卡、奖状之类批量文档的制作。

本任务是使用邮件合并功能批量生成班级每位同学的成绩单。成绩单效果图如图 1-78 所示。

2025-1 学期期末考试成绩单

班级	软件技术241	学号	20270201	姓名	李宁海
科目	成绩	科目	成绩	科目	成绩
现代信息技术	90	英语	94	国家安全教育	93
高等数学	90	Python 程序设计基础	86	职业发展与就业指导 I	70
体育	74	思想道德与法治	72	认识实习	34
总分	703				

亲爱的同学：

2025 第一学期已经结束，现寄上本学期的成绩单。一分耕耘一分收获，每个人的成绩单都代表了我们对学习的态度和我们付出的汗水。如果成绩让我们满意，请继续百尺竿头更进一步！如果成绩让我们沮丧，请静下心来总结过去，计划未来！“宝剑锋从磨砺出，梅花香自苦寒来”,祝下学期你能取得更好的成绩！

嘉兴职业技术学院

2025.3

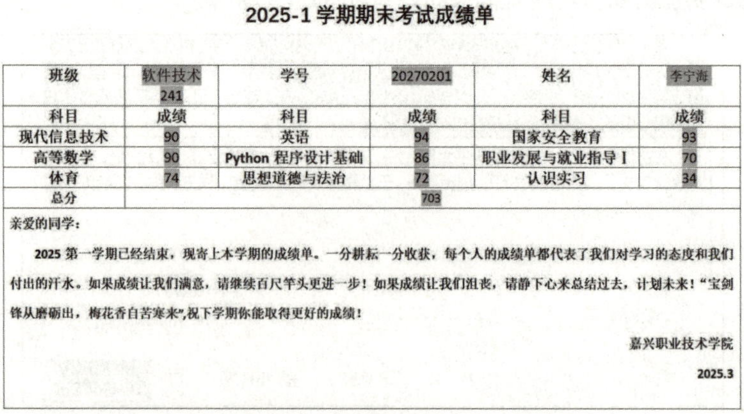

图 1-78　成绩单效果图

邮件合并一般应用于需要批量处理的信函，信函内容有固定不变的部分和变化的部分（比如打印信封，寄信人的信息是固定不变的，而收信人信息是变化的），变化的内容可来自数据表中有标题行的数据库表格。

邮件合并的原理是将发送的文档中相同的部分保存为一个文档，称为主文档；将不同的部分，如很多收件人的姓名、地址等保存成另一个文档，称为数据源；然后将主文档与数据源合并起来，形成用户需要的文档。

文档不相同的部分（如收件人的姓名、地址等）可以放在数据源表格中，数据源可看成是一张简单的二维表格。表格中的每一列对应一个信息类别，如姓名、学号、成绩等。各个数据域的名称由表格的第一行表示，这一行称为域名行，随后的每一行为一条数据记录。数据记录是一组完整的相关信息，如某个收件人的姓名、性别、职务、住址等。

邮件合并功能不仅用来处理邮件或信封，也可用来处理具有上述原理的文档。常见的邮件合并案例有成绩单、奖状、录取通知书、贺卡、邀请函等，这些案例有一个统一的特点：同样的内容要寄送给很多不同的人。

可以分成三个步骤完成成绩单的批量制作：
（1）生成成绩单主文档。
（2）设置数据源。
（3）将数据源合并到主文档——邮件合并。

知识准备

一、域

域是 WPS 文字中极具特色的工具之一，它的本质是一组程序代码，在文档中使用域可以实现数据的更新和文档自动化。在 WPS 文字中，可以通过域操作插入页码、时间或者某些特定的文字、图形等，也可以利用它完成一些复杂的工作，如自动插入目录、图目录、实现邮件合并并打印等，也可以利用域链接或交叉引用其他文档及项目，可以利用域实现计算功能等。

WPS域

1. 域格式

域是 WPS 文字中的一种特殊命令，它分为域代码和域结果。域代码是由域特征字符、域名、域参数和域开关组成的字符串；域结果是域代码执行的结果。域结果会根据文档的变动或相应因素变化而自动更新。

域的一般格式为：{ 域名 [域参数][域开关] }。

（1）域特征字符：即包含域代码的大括号"{}"，它不能使用键盘直接输入，而是要按【Ctrl+F9】组合键自动生成。

（2）域名：WPS 文字域代码的名称，必选项。例如，"Seq"就是一个域的名称，WPS 文字提供了多种域。

（3）域参数和域开关：设定域类型如何工作的参数和开关，包括域参数和域开关，两个都是可选项。域参数是对域名做进一步限定；域开关是特殊的指令，在域中可引发特定的操作，域通常有一个或多个可选的域开关，之间用空格进行分隔。

2. 常用域

在 WPS 文字中，域主要有公式、跳至文件、当前页码、书签页码等 23 个域名。

3. 域操作

域操作包括域的插入、编辑和删除、更新和锁定等。

1）插入域

（1）选项卡插入。单击"插入"选项卡中的"文档部件"→"域"按钮，弹出"域"对话框，如图1-79所示。在"域名"列表框中选择域名，此处以"当前页码"为例。在右侧"域代码"文本框中将显示域代码。在"应用举例"中，会显示域使用的参数设置提示，预览中将显示域结果。

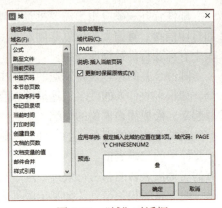

图1-79 "域"对话框

（2）键盘输入法。如果熟悉域代码或者需要引用他人设计的域代码，可以用键盘直接输入，操作步骤如下：

① 将插入点定位到需要插入域的位置，按【Ctrl+F9】组合键自动插入域特征字符"{ }"。

② 在大括号内从左到右依次输入域名、域参数、域开关等参数。按【F9】键更新域，或按【Shift+F9】组合键显示域结果。

（3）功能按钮操作法。在WPS文字中，高级的、复杂的域功能难以手工控制，如邮件合并、样式引用和目录等。这些域的参数和域开关参数非常多，采用上述两种方法难以控制和使用。因此，WPS文字经常用到的一些域操作以功能按钮的形式集成在系统中，通常放在功能区或对话框中，可以当作普通操作命令一样使用，非常方便。

邮件合并功能将在任务3的实现过程中重点介绍。

2）切换域结果和域代码

域结果和域代码是文档中域的两种显示方式。域结果是域的实际内容，即在文档中插入的内容或图形；域代码代表域的符号，是一种命令格式。对于插入到文档中的域，系统默认的显示方式为域结果，用户可以根据自己的需要在域结果和域代码之间切换。主要有以下三种切换方法。

（1）选择"文件"→"选项"命令，弹出"选项"对话框，选择"视图"选项卡，在右侧的"显示文档内容"区域选择"域代码"复选框，如图1-80所示。单击"确定"按钮完成域代码的设置，文档中的域会以域代码的形式进行显示。

图1-80 "选项"对话框

（2）可以使用快捷键实现域结果和域代码之间的切换。选择文档中的某个域，按【Shift+F9】组合键实现切换。按【Alt+F9】组合键可对文档中所有域进行域结果和域代码之间的切换。

（3）右击插入的域，在弹出的快捷菜单中选择"切换域代码"命令实现域结果和域代码之间的切换。

（4）虽然在文档中可以将域切换为域代码的形式进行查看或编辑，但是在打印时都打印域结果。在某些特殊情况下需要打印域代码时，则在"选项"对话框中选择"打印"选项卡，在"打印文档的附加信息"区域勾选"域代码"复选框。

3）编辑域

编辑域就是修改域。用于修改域的设置或修改域代码，可以在"域"对话框中操作，也可以在文档的域代码中直接进行修改。

（1）右击文档中的某个域，在弹出的快捷菜单中选择"编辑域"命令，弹出"域"对话框，根据需要修改域代码或域格式。

（2）将域切换到域代码显示方式下，直接对域代码进行修改，完成后按【Shift+F9】组合键查看域结果。

4）更新域

更新域就是将域结果根据参数的变化而自动更新，更新域的方法有两种：

（1）手动更新。右击要更新的域，在弹出的快捷菜单中选择"更新域"命令即可，也可以按【F9】键实现。

（2）打印时更新。选择"文件"→"选项"命令，弹出"选项"对话框，选择"打印"选项卡，在"打印选项"区域勾选"更新域"复选框，此后，在打印文档前将自动更新文档中所有域结果。

5）域的锁定和断开链接

虽然域的自动更新功能能给文档编辑带来方便，但是如果用户不希望域实时自动更新，可以暂时锁定域，在需要时再解除锁定。选择需要锁定的域，按【Ctrl+F11】组合键即可；若要解除域的锁定，按【Ctrl+Shift+F11】组合键实现。如果要将选择的域永久性地转换为普通的文字或图形，可以选择该域，按【Ctrl+Shift+F9】组合键实现，即断开域的链接。此过程是不可逆的，断开域链接后，不能再更新，除非重新插入域。

6）删除域

删除域的操作与删除文档中其他对象的操作方法相同。首先选择要删除的域，按【Delete】键或【Backspace】键进行删除。也可以一次性删除文档中的所有域，操作步骤如下：

（1）按【Alt+F9】组合键显示文档中所有域代码。如果域本来就是以域代码方式显示，此步骤可省略。

（2）单击"开始"选项卡中的"查找替换"→"替换"按钮，弹出"查找和替换"对话框。

（3）将光标定位在"查找内容"文本框中，单击"特殊格式"下拉按钮，在下拉列表中选择"域"命令，"查找内容"文本框中将自动出现"^d"。"替换为"文本框中不输入内容。

（4）单击"全部替换"按钮，然后在弹出的对话框中单击"确定"按钮，文档中的域将被全部删除。

二、页面背景

在 WPS 文字中，系统默认的页面底色为白色，用户可以将页面颜色设置为其他颜色，以增强文档的显示效果。其基本设置方法为，单击"页面布局"选项卡中的"背景"下拉按钮，可以在"主题颜色""标准色""渐变填充""稻壳渐变色"颜色板中选择一种颜色，文档背景将自动以该颜色进行填充,也可以通过其他方式进行填充,如调色板、图片背景、其他背景(渐变、纹理、图案)、水印等。

任务实现

本任务要使用邮件合并完成成绩单批量文档的制作,通过本任务的实现,了解邮件合并域的应用。

子任务一:创建主文档

所谓主文档,就是批量文档中相同的部分。

在任务描述中,给出了成绩单的效果图(见图1-78)。分析效果图可以看到,主文档需要输入相同部分的内容,也需要预留不相同部分的占位符。

(1)单击WPS首页导航栏中的"文件"→"新建"→"新建文字"按钮,选择"新建空白文字"。

(2)在"页面布局"选项卡中将"纸张大小"设置为"B5"、"纸张方向"设置为"横向"、"背景"设置为"主题颜色:灰色25%"。

(3)插入标题"2025-1学期期末考试成绩单",将"字号"设置为"三号","对齐方式"设置为"居中","段后距"为"1.5倍行距"。

(4)插入一个"7行6列"的表格,并按图1-81所示的效果完成单元格合并及行高调整。

(5)按照图1-81输入相关文本,并进行格式设置,文件保存为"成绩单主文档.docx"。

成绩单批量生成

2025-1学期期末考试成绩单

班级		学号		姓名	
科目	成绩	科目	成绩	科目	成绩
现代信息技术		英语		国家安全教育	
高等数学		Python程序设计基础		职业发展与就业指导Ⅰ	
体育		思想道德与法治		认识实习	
总分					

亲爱的同学:

　　2025第一学期已经结束,现寄上本学期的成绩单。一分耕耘一分收获,每个人的成绩单都代表了我们对学习的态度和我们付出的汗水。如果成绩让我们满意,请继续百尺竿头更进一步!如果成绩让我们沮丧,请静下心来总结过去,计划未来!"宝剑锋从磨砺出,梅花香自苦寒来",祝下学期你能取得更好的成绩!

嘉兴职业技术学院
2025.3

图1-81 主文档效果图

子任务二:创建数据源

数据源即批量成绩单中不相同的部分。

利用WPS表格创建数据源。需要注意,数据源必须是WPS规范表格,即第一行为标题行,其他行为数据行,本任务共输入了50位同学的数据,图1-82所示仅截取了部分数据。将其保存为"成绩单数据源.xlsx",保存至与成绩单主文档相同的文件夹中。

笔记栏

	A	B	C	D	E	F	G	H	I	J	K	L
1	学号	姓名	现代信息技术	英语	国家安全教育	高等数学	Python程序设计基础	职业发展与就业指导I	体育	思想道德与法治	认识实习	总分
2	20270201	李宁海	90	94	93	90	86	70	74	72	34	703
3	20270202	王迪	88	96	93	91	80	92	77	80	82	779
4	20270203	邓涵	89	84	95	95	78	75	79	78	93	766
5	20270204	杨铁	70	98	93	91	69	79	76	75	90	741
6	20270205	崔一一	70	97	93	91	84	89	73	88	89	774
7	20270206	包远	68	87	93	92	79	80	73	77	75	724
8	20270207	丁雨	70	94	94	94	79	97	79	86	77	770
9	20270208	王小欧	82	95	93	93	76	85	75	78	84	761
10	20270209	周通	58	95	93	93	66	90	71	85	87	738
11	20270210	马可可	70	77	93	93	64	83	76	73	82	711
12	20270211	刘小西	61	80	93	91	50	85	76	83	89	708
13	20270212	宁玄	75	79	93	93	74	91	75	84	84	748
14	20270213	赵小明	99	99	95	95	69	97	80	87	95	816
15	20270214	李梅梅	86	83	94	94	79	93	79	88	91	787
16	20270215	郝彦通	70	82	93	93	76	91	71	77	89	742
17	20270216	孙致远	60	94	93	91	77	87	76	81	91	750
18	20270217	赵秋平	91	93	94	94	72	94	71	76	79	764
19	20270218	程海瑶	65	95	94	95	84	90	78	90	91	782
20	20270219	李志常	70	93	93	91	67	83	71	89	88	745
21	20270220	方建华	93	97	93	93	83	88	81	83	87	798
22	20270221	朱成理	85	96	93	93	71	87	76	79	80	760
23	20270222	韩尔佳	91	87	95	94	77	90	78	83	83	778
24	20270223	高立志	60	98	93	93	78	90	77	79	95	763
25	20270224	张云生	96	95	94	94	85	87	81	81	84	797

图 1-82　数据源效果图

子任务三：邮件合并批量生成成绩单

（1）在“成绩单主文档”中单击“引用”选项卡中的“邮件”按钮，出现“邮件合并”选项卡，其中多数按钮处于不可用状态，这是因为当前文档尚未与数据源建立关联。

（2）单击“邮件合并”选项卡中的“打开数据源”下拉按钮，选择“打开数据源”命令，选择子任务二建立的“成绩单数据源 .xlsx”，单击“打开”按钮。

（3）弹出“选择表格”对话框，选择数据源所在的工作表，默认为表 Sheet1，如图 1-83 所示。单击“确定”按钮。此时“邮件合并”选项卡中的按钮多数处于可用状态。

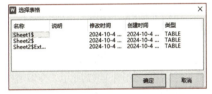

图 1-83　“选择表格”对话框

（4）在主文档中单击“班级”右侧单元格，单击“邮件合并”选项卡中的“插入合并域”按钮，在弹出的对话框中选择要插入的域“班级”，如图 1-84 所示。图 1-84 中列出的域即成绩单数据源 .xlsx 的首行标题，此时在光标所在位置插入了«班级»域，按照上述方法，在主文档相应位置插入“学号”“姓名”及各科成绩。插入完毕后效果如图 1-85 所示。

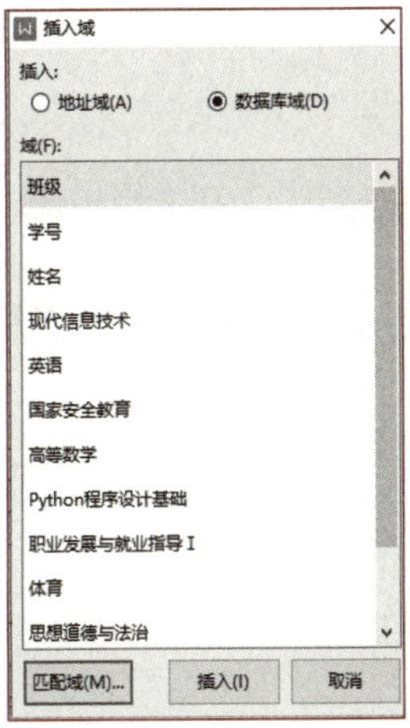

图 1-84　“插入域”对话框

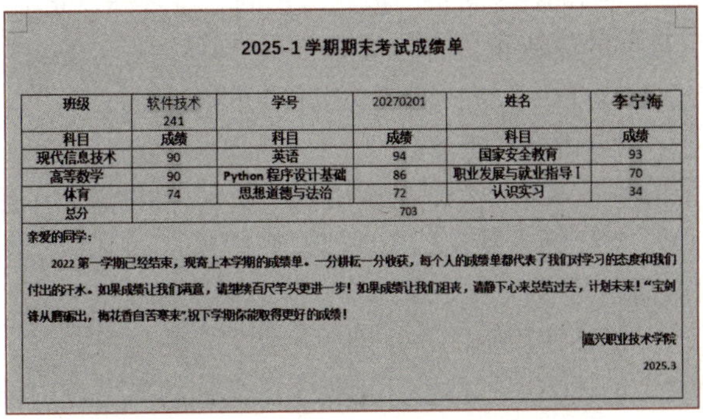

2025-1 学期期末考试成绩单

班级	软件技术 241	学号	20270201	姓名	李宁海
科目	成绩	科目	成绩	科目	成绩
现代信息技术	90	英语	94	国家安全教育	93
高等数学	90	Python 程序设计基础	86	职业发展与就业指导 I	70
体育	74	思想道德与法治	72	认识实习	34
总分	703				

亲爱的同学：

2022 第一学期已经结束，现寄上本学期的成绩单。一分耕耘一分收获，每个人的成绩单都代表了我们对学习的态度和我们付出的汗水。如果成绩让我们满意，请继续百尺竿头更进一步！如果成绩让我们沮丧，请静下心来总结过去，计划未来！“宝剑锋从磨砺出，梅花香自苦寒来”祝下学期你能取得更好的成绩！

嘉兴职业技术学院

2025.3

图 1-85　插入合并域后的效果图

（5）按【Alt+F9】组合键，文档中所有域自动切换到域代码状态，如图1-86所示。

图1-86　合并域代码状态

（6）单击"邮件合并"选项卡中的"查看合并数据"按钮，可以看到当前记录的显示结果。单击"首记录"按钮，可以快速定位到第一条记录，单击"上一条""下一条"按钮可以查看其他记录。单击"尾记录"按钮，可以定位到最后一条记录。

（7）单击"邮件合并"选项卡中的"邮件合并"按钮，实现邮件合并后文档的输出，它们分别是：

① 合并到新文档：将邮件合并的内容输出到新文档中。

② 合并到不同新文档：将邮件合并的内容按照收件人列表输出到不同文档中。

③ 合并到打印机：将邮件合并的内容打印出来。

④ 合并到电子邮件：将邮件合并的内容通过电子邮件发送。

（8）选择"合并到新文档"选项，弹出"合并到新文档"对话框，如图1-87所示。在其中可以选择合并所有记录，也可以选择部分记录进行合并。

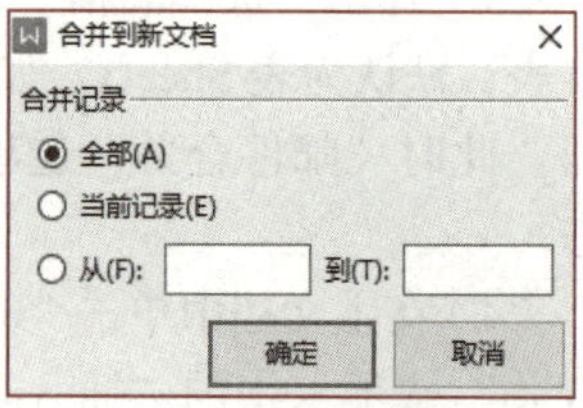

图1-87　"合并到新文档"对话框

（9）将合并好的成绩单进行保存，名称为"成绩单合并文档.docx"，文件中将包含50位同学的成绩单。

测　　评

1．知识测评

1）填空题

（1）域是WPS文字中极具特色的工具之一，它的本质是一组_____，在文档中使用域可以实现数据的更新和文档自动化。

（2）域特征字符：即包含域代码的大括号"{}"，它不能使用键盘直接输入，而是要按_____组合键自动生成。

（3）完成类似成绩单、邀请函、贺卡、奖状之类的批量文档的制作，需要使用_____功能。

（4）对于插入到文档中的域，系统默认的显示方式为_____。

2）简答题

（1）简述使用邮件合并批量生成文档的过程。

（2）简述使用邮件合并批量生成文档的典型应用场景。

2．能力测评

按表 1-10 中所列的操作要求，对自己完成的文档进行检查，操作完成得满分，未完成或错误得 0 分。

表 1-10　能力测评表

序号	操作要求	分值	完成情况	自评分
1	制作成绩单主文档，完成表格插入、文本插入	20		
2	完成成绩单页面布局设置	20		
3	使用 WPS 表格完成数据源的制作	20		
4	完成主文档与数据源的连接	10		
5	在表格相应位置插入合并域	20		
6	合并所有记录，完成成绩单合并文档	10		
总　分				

3．素质测评

针对表 1-11 中所列出的素质与素养观察点，反思任务实现的过程，思考总结相关项目。

表 1-11　素质测评表

序号	素质与素养	分值	总结与反思	得分
1	数字化创新与发展——具备使用 WPS 文字邮件合并批量生成文档的意识与能力，能够针对具体任务需求，综合运用 WPS 文字和 WPS 表格对信息进行加工、处理和展示交流	25		
2	信息意识——能够界定使用邮件合并的典型场景，并能应用相关知识求解问题	25		
3	信息社会责任——本任务在数据源处理的时候，采用了人物姓名，请思考个人隐私保护的注意事项	25		
4	计算思维——具备结合生活情境、本专业领域实际问题，运用邮件合并设计解决方案的能力	25		
总　分				

拓展训练

本阶段的任务继续围绕"我身边的信息新技术"主题展开，接下来要召开"我身边的信息新技术"项目汇报会，汇报会需要全班同学及任课教师参加，为每位参会的人员批量制作邀请函，具体要求：

1．内容要求

（1）邀请函要明确开会的主题、时间、地点。

（2）内容应主题突出、图文并茂。

（3）图 1-88 为邀请函范例，仅供参考。

笔记栏

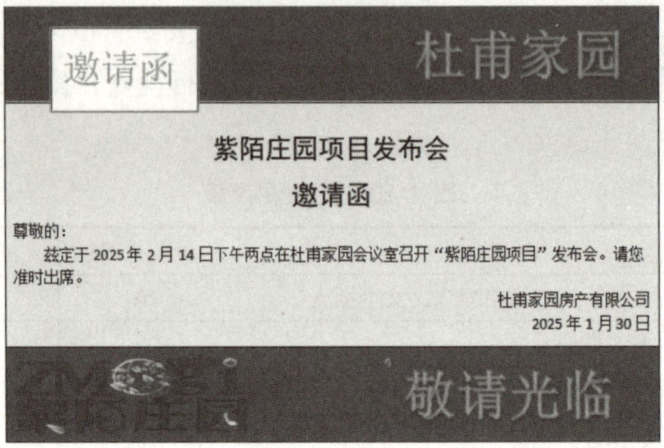

图 1-88　邀请函范例

2. 格式要求

（1）使用表格进行布局。

（2）版块与版块之间紧凑、和谐。

（3）各元素色彩和谐。

3. 建议与提示

使用邮件合并完成批量文档制作。操作步骤如下：

（1）使用 WPS 文字完成邀请函主文档设计与制作（批量文档相同部分）。

（2）使用 WPS 表格完成数据源（批量文档不相同部分，本任务是指姓名、身份）的制作，数据源应为规范表格，第一行必须是列标题。

（3）使用邮件合并完成批量文档的生成。

4. 文件上交要求

（1）上传文件夹以学号 + 姓名命名，上传至指定文件夹。

（2）文件夹中应包含三个文档：①邀请函主文档；②邀请函数据源；③邀请函合并文档。

技巧与提高

微课

WPS AI–帮我读

WPS AI 阅读

WPS AI 可以快速完成对文档内容的总结，还可以就文档内容进行问答。

1. 总结文档内容

（1）单击选项卡栏中的 WPS AI 按钮，在弹出的菜单中选择“AI 帮我读”命令，打开“AI 帮我读”浮动窗口，如图 1-89 所示。

（2）单击“总结文档内容”按钮，AI 将完成对整篇文档的总结，如图 1-90 所示。单击“复制”按钮，总结将被复制到剪贴板。

2. 对文档内容进行提问

（1）在“对文档提问”文本框中输入关于文档内容的问题，AI 将会对文档内容进行分析，并从文档中提炼出答案。图 1-91 中展示了对文档内容的提问及 AI 的回答。

（2）值得注意的是，AI 的分析只针对文档内容，不会全网搜索。如果提问的问题答案不在文档中，将得不到正确的提示与答案。

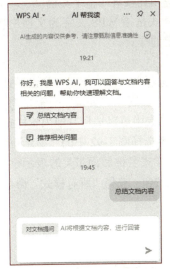

图 1-89 "AI 帮我读"浮动窗口

图 1-90 总结文档内容

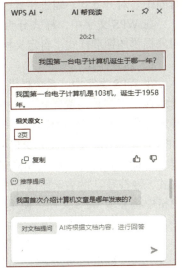

图 1-91 对文档内容提问

任务 4　毕业论文排版——WPS 文字长文档排版

任务描述

毕业论文是高等教育教学过程中的一个重要环节，论文格式排版是毕业论文设计中的重要组成部分，是每位大学毕业生应该掌握的文档操作基本技能。毕业论文的整体结构主要分成以下几个部分：封面、摘要、目录、正文、结论、致谢、参考文献。毕业论文格式的基本要求是：封面无页码、格式固定；摘要至正文前的页面有页码，用罗马数字连续表示；正文部分的页码用阿拉伯数字连续表示；正文中的章节编号自动排序；图、表题注自动更新生成；参考文献用自动编号的形式按引用次序给出等等。

通过本任务的学习，将会对毕业论文的排版有一个整体认识，掌握长文档的高级排版技巧，为后期毕业论文的撰写和排版做好准备，也为将来工作中遇到的长文档排版问题奠定操作基础。

WPS长文档排版知识准备

知识准备

一、样式、注释与模板

1. 样式

样式是 WPS 文字中最强有力的格式设置工具之一，使用样式能够准确、规范地实现长文档的格式设置，例如，要修改文档中某级标题的格式，只要简单修改该标题样式，使用该样式的所有本级标题格式将自动更新。同时，样式应用还非常便捷，只要选中需要应用样式的内容，单击相应样式名称，即可将该样式应用到内容中。

样式是被命名并保存的一系列格式的集合，它规定了文档中标题、正文以及各选中内容的字体、段落等对象的格式集合，包含字符样式和段落样式。字符样式包括字体、字号、字形、颜色、文字效果等，可以应用到所有文字。段落样式既包括字体格式，也包含段落格式，如字体、行间距、对齐方式、缩进格式、制表位、边框和编号等，可以应用到段落或整个文档。

在 WPS 文字中，样式分为内置样式和自定义样式。内置样式是指 WPS 文字为文档中各对象提供的标准样式；自定义样式是指用户根据文档需要而设定的样式。

1）内置样式

在 WPS 文字中，系统提供了多种样式类型。单击"开始"选项卡，在功能区"预设样式"库中显示了多种内置样式，其中"正文""标题 1""目录 1""页眉""页脚"等都是内置样式名称。单击"预设样式"库右侧的"其他"按钮，在下拉列表中可以选择其他内置样式，如图 1-92 所示。单击任务窗格中的"样式和格式"按钮，或者选择图 1-92 中的"显示更多样式"命令，打开"样式和格式"任务窗格，如图 1-93 所示。样式名称后面带 a 的表示字符样式，带符号 ↵ 的表示段落样式。单击窗格下方的"显示"下拉按钮，选择"所有样式"命令，窗格中将显示 WPS 文档可使用的所有样式。

图 1-92 "预设样式"库

图 1-93 "样式和格式"窗格

下面举例说明应用 WPS 文字的内置样式进行文档段落格式设置。对图 1-94 所示的原 WPS 文档进行格式设置，要求对章标题应用"标题 1"样式，对节标题应用"标题 2"样式，操作步骤如下：

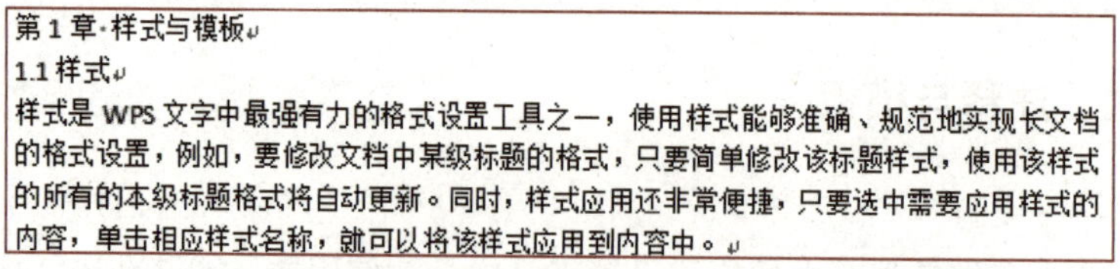

图 1-94 未使用样式文本

（1）将插入点定位在文档章标题文本中的任意位置，或选中章标题。

（2）单击"开始"选项卡"预设样式"库中的"标题 1"内置样式即可，或者单击"样式和格式"任务窗格中的"标题 1"样式。

（3）将插入点定位在文档节标题文本中的任意位置，或选中节标题。

（4）单击"预设样式"库中的"标题2"内置样式即可，或者单击"样式和格式"任务窗格中的"标题2"样式。设置后的效果如图1-95所示。

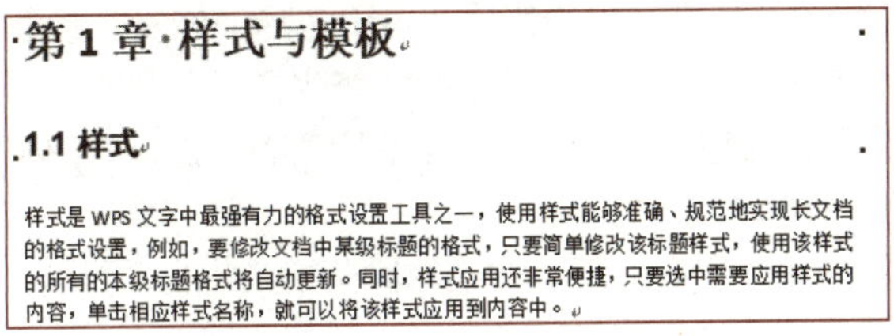

图1-95　已使用样式文本

2）自定义样式

WPS文字为用户提供内置样式能够满足常用文档格式设置的需要，但用户在实际应用中常常会遇到一些特殊格式的设置，当内置样式无法满足实际要求时，就需要创建自定义样式进行应用。

（1）创建和应用新样式。例如，创建一个段落样式，名称定义为"样式0123"，要求：字体为"楷体"，字号为"小四"，首行缩进2字符，行间距为"1.5倍"，段前距为"0.5行"，段后距为"0.5行"。

①单击"开始"选项卡"预设样式"库右侧的"其他"按钮，在下拉列表中选择"新建样式"命令，弹出"新建样式"对话框，如图1-96所示。或单击"样式和格式"任务窗格中的"新样式"按钮，也会弹出该对话框。

②在"名称"文本框中输入新样式的名称为"样式0123"，样式类型为"段落"，样式基于为"正文"（样式基于正文，是指基于内置样式正文进行格式设置），后续段落样式默认为"样式0123"。

③字符和段落样式可以在该对话框的"格式"区域中进行设置，如字体、字号、对齐方式等。也可以单击对话框左下角的"格式"下拉按钮，如图1-97所示。在下拉列表中选择"字体"命令，对字体格式进行设置。选择"段落"命令，对段落格式进行设置。

图1-96　"新建样式"对话框

图1-97　"格式"下拉列表

④字体和段落格式设置完毕后，单击"确定"按钮，在"样式和格式"任务窗格和"预设样式"库中都会显示新创建的"样式0123"。

⑤选择需要使用该样式的段落，单击"样式和格式"任务窗格和"预设样式"库中的"样式0123"，即可将该样式应用到选中的段落中。

（2）修改样式。如果预设或创建的样式不能满足排版要求，可以在此样式的基础上进行修改，样式修改操作适用于内置样式和自定义样式。下面以自定义样式"样式0123"为例说

明样式修改的过程。将"样式0123"的字体修改为"宋体"。操作步骤如下:

① 单击"样式和格式"任务窗格中的"样式0123"下拉按钮,在下拉列表中选择"修改"命令,或者右击"样式0123",在弹出的快捷菜单中选择"修改"命令,或右击"预设样式"库中的"样式0123",在弹出的快捷菜单中选择"修改样式"命令。

② 单击对话框左下角的"格式"下拉按钮,在下拉列表中选择"字体"命令,或者直接在"修改样式"对话框中进行字体修改。

③ "样式0123"修改后,所有应用该样式的段落格式将自动更新。

(3)删除样式。若要删除创建的自定义样式,操作步骤如下:

① 单击"样式和格式"任务窗格中的"样式0123"下拉按钮,在下拉列表中选择"删除"命令。

② 在弹出的对话框中单击"确定"按钮,完成删除样式操作。

注意:

只能删除自定义样式,不能删除内置样式。如果删除了某个自定义样式,所有应用该样式的段落格式将自动恢复到"正文"默认样式。

3)多级自动编号标题样式

WPS文字中的多级编号是指将编号之间的层次关系进行多级缩进排列,常用于文档的目录或章节层次编制,是一种非常实用的排版技巧。借助于内置样式库中的"标题1""标题2""标题3"等,可实现多级编号标题样式的排版操作。

现举例说明。如图1-94所示的文档,要求:章名使用样式"标题1",并居中,编号格式为"第X章",其中X为自动编号(如第1章);节名使用样式"标题2"并左对齐,格式为多级编号,编号格式为"X.Y",其中X为章序号,Y为节序号(如1.1)且为自动编号。

操作步骤如下:

(1)将插入点定位在第1章所在段落中的任意位置或选择该段落并右击,在弹出的快捷菜单中选择"项目符号和编号"命令,弹出"项目符号和编号"对话框,或者单击"开始"选项卡中的"编号"下拉按钮,选择"自定义编号"命令,同样进入"项目符号和编号"对话框。

(2)在"项目符号和编号"对话框中选择"多级编号"选项卡,选择带"标题1""标题2""标题3"的多级编号项,如图1-98所示。单击"自定义"按钮,弹出"自定义多级编号列表"对话框。单击对话框中的"高级"按钮,对话框扩展为图1-99所示的界面。

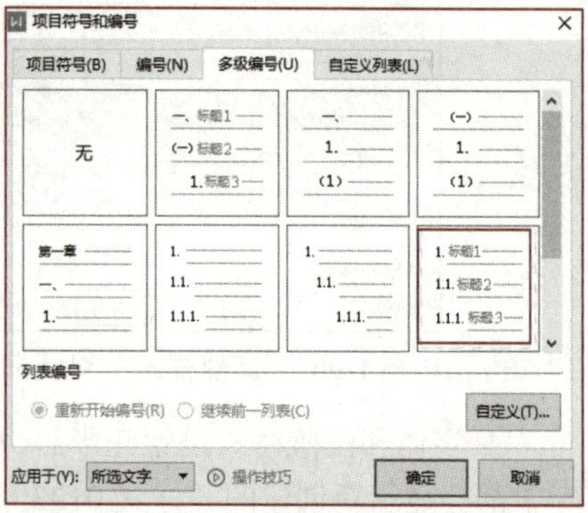

(3)在对话框的"级别"列表框中,显示有序号1~9,说明可以同时设置1~9级的标题格式,各级标题格式效果如右侧的预览列表,默认为第1级标题格式。在"编号格式"文本框中,在编号前输入"第",编号后输入"章",在"编号样式"下拉列表框中选择一种编号样式,本例选择"1,2,3,…"。

图1-98 "项目符号和编号"对话框

(4)单击"字体"按钮,弹出"字体"对话框,可以设置自动编号的字体格式。

(5)"缩进位置"设置为0厘米,"将级别链接到样式"下拉列表框中默认为"标题1",

若无,则需要选择"标题1",在"编号之后"下拉列表框中选择"空格",其余设置保持默认值。至此,章标题的编号格式设置完成。

(6)在"级别"列表框中选择"2",在"编号格式"文本框中将自动出现序号"①.②.",其中"①"表示一级序号,即章序号,"②"表示第2级编号,即为节序号,它们均为自动编号,删除最后的符号".",设置成所需编号。若"编号格式"文本框中无"①.②.",可按如下方法添加:首先将第1级中编号"①"复制到第2级的编号格式文本中,然后在编号后面手动输入".",最后在"编号样式"下拉列表框中选择"1, 2, 3, …"即可。单击"字体"按钮,在弹出的"字体"对话框中,将西文字体设置为Times New Roman,单击"确定"按钮返回。

(7)"缩进位置"设置为"0厘米","将级别链接到样式"下拉列表框中默认为"标题2",若无,需要选择"标题2",在"编号之后"下拉列表框中选择"空格",其余设置保持默认值。至此,节标题的编号格式设置完毕。

(8)若要设置第3级、第4级等多级编号,可以按照相同方法进行设置。单击"确定"按钮,关闭"自定义多级编号列表"对话框。

(9)此时会发现,插入点所在的段落将变成带自动编号"第1章"的章标题格式,将用于提示的普通文本"第1章"删除。

(10)章标题修改为居中对齐。可以通过修改"预设样式"库中的"标题1"实现(段落组中的"居中对齐"对齐方式仅对选中的单个标题有效),右击"预设样式"库中的"标题1",在弹出的快捷菜单中选择"修改样式"命令,弹出"修改样式"对话框,单击"格式"区域的"居中"按钮,单击"确定"按钮,所有应用"标题1"样式的内容都将居中显示。

(11)应用"标题1"和"标题2"样式对章标题和节标题进行排版。将插入点分别定位于文档中的其余章标题中,单击"预设样式"库中的"标题1"样式,则章标题自动设为指定的格式,删除章标题中用于提示的编号。将插入点分别定位于文档中的节标题中,单击"预设样式"库中的"标题2"样式,则节标题自动设为指定的格式,删除节标题中用于提示的编号。

(12)使用多级编号标题样式后的效果如图1-100所示。

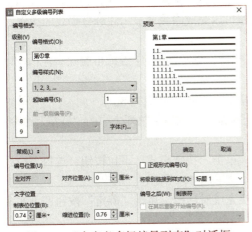

图1-99 "自定义多级编号列表"对话框　　图1-100 使用多级编号标题样式后的效果

2. 脚注和尾注

WPS文字中的脚注与尾注主要用于对局部文本进行补充说明,例如单词解释、备注说明或提供文档中引用内容的来源等。脚注通常位于当前页面的底部,用来说明本页中要注释的内

笔记栏

容。尾注通常位于文档结尾处，用来集中解释需要注释的内容或标注文档中所引用的其他文档的名称。脚注和尾注由两部分内容组成：引用标记及注释内容。引用标记可使用自动编号或自定义标记。

在 WPS 文字中，脚注和尾注的插入、修改和编辑的方法完全相同，区别在于各自位置不同。下面以脚注为例介绍其相关操作，尾注操作方法类似。

1）插入及修改脚注

在 WPS 文字中，可以在文档的任意位置添加脚注或尾注。默认设置下，WPS 文字在同一文档中脚注和尾注采用不同的编号方案。插入脚注的操作步骤如下：

（1）将插入点移到要插入脚注的文本位置处，单击“引用”选项卡中的“插入脚注”按钮，此时鼠标指针所在位置出现脚注标记，默认数字编号格式为上标的“1，2，3，…”。

（2）在当前页最下方插入点闪烁处输入注释内容，即可实现插入脚注操作，插入脚注注释效果如图 1-101 所示。

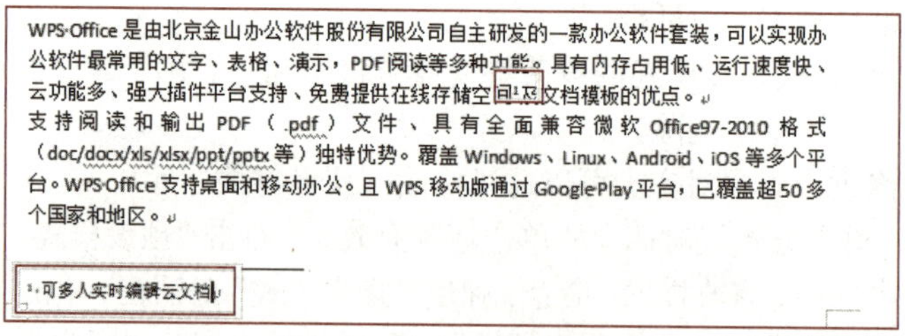
WPS Office 是由北京金山办公软件股份有限公司自主研发的一款办公软件套装，可以实现办公软件最常用的文字、表格、演示，PDF 阅读等多种功能。具有内存占用低、运行速度快、云功能多、强大插件平台支持、免费提供在线存储空间[1]及文档模板的优点。

支持阅读和输出 PDF（.pdf）文件、具有全面兼容微软 Office97-2010 格式（doc/docx/xls/xlsx/ppt/pptx 等）独特优势。覆盖 Windows、Linux、Android、iOS 等多个平台。WPS Office 支持桌面和移动办公。且 WPS 移动版通过 Google Play 平台，已覆盖超 50 多个国家和地区。

1 可多人实时编辑云文档

图 1-101　插入脚注效果图

插入第 1 个脚注之后，可按相同方法插入第 2 个、第 3 个等，并实现脚注的自动编号。如果要修改某个脚注内容，将鼠标指针定位在该脚注内容处，直接修改即可。

如果在两个脚注之间插入新的脚注，脚注编号将自动更新。

2）隐藏或显示脚注分隔符

在 WPS 文字中，用一条短横线将正文和脚注或尾注进行分隔，这条线称为注释分隔符。单击“引用”选项卡中的“脚注 / 尾注分隔线”按钮可以完成隐藏或显示注释分隔线的操作。

3）删除脚注

要删除某个脚注，只需选中文本右上角的脚注标记，按【Delete】键即可删除脚注内容。WPS 文字将自动对其余脚注编号进行更新。

如果需要删除整个文档中所有脚注，可利用“查找和替换”功能完成。

（1）单击“开始”选项卡中的“查找替换”下拉按钮，选择下拉列表中的“替换”命令，弹出“查找和替换”对话框。

（2）将插入点定位在“查找内容”文本框中，单击“特殊格式”下拉按钮，选择下拉列表中的“脚注标记”，“替换为”文本框中设为空，如图 1-102 所示。

（3）单击“全部替换”按钮，系统将弹出替换完成对话框，单击“确定”按钮即可实现对当前文档中全部脚注的删除操作。

4）脚注和尾注的相互转换

脚注和尾注之间可以进行相互转换，操作步骤如下：选中需要转换的脚注内容并右击，在弹出的快捷菜单中选择“转换至尾注”命令，即可实现脚注到尾注的转换操作。

除了前面介绍的插入脚注与尾注的方法外，还可以利用“脚注和尾注”对话框实现脚注与尾注的插入、修改及相互转换操作。单击“引用”选项卡中的“脚注和尾注”右下角的对话框启动器按钮，弹出"脚注和尾注"对话框，如图 1-103 所示，可以插入脚注或尾注，也可以设定多种格式，选择编号格式等。若文档中尚未添加"脚注"或"尾注"，对话框中的"转换"按钮将处于置灰状态，若已添加"脚注"或"尾注"，单击"转换"按钮，可以实现脚注和尾注的转换。

图 1-102 "查找和替换"对话框

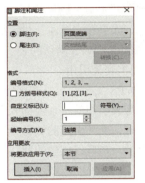

图 1-103 "脚注和尾注"对话框

3. 题注和交叉引用

题注是指表格、图表、公式或其他项目上的编号标签，由标签和编号两部分组成。通常编号标签后面还带有短小的注释说明，使用题注可以使文档中的项目更有条理，方便阅读和查找。使用交叉引用，可在文档中的某一位置引用文档中另外一个位置的内容，类似于超链接。交叉引用一般是在同一个文档中进行相互引用。在创建某一对象的交叉引用之前，必须先标记该对象，才能创建交叉引用。

1）题注

在 WPS 文字中，可以在插入表格、图表、公式或其他项目时自动插入题注，也可以为已有的表格、图表、公式或其他项目添加题注。

通常，表的题注位于表格上方，图片的题注位于图片下方，公式的题注位于公式的右侧。对文档中已有的表格、图表、公式或其他项目添加题注，操作步骤如下：

（1）在图片下方（或表格上方）先插入题注注释内容。

（2）将光标定位于注释内容之前，单击"引用"选项卡中的"题注"按钮，弹出"题注"对话框，如图 1-104 所示。

（3）题注包含标签及编号两部分。在"题注"对话框中单击"标签"下拉按钮，可以根据需要为注释的内容选择题注标签，如"图表"。若无，单击"新建标签"按钮，新建标签。

（4）单击"编号"按钮，弹出"题注编号"对话框，如图 1-105 所示。可以完成题注编号格式选择和设置。通过勾选"包含章节编号"复选框，可以在题注编号中包含"标题 1""标题 2"等编号。

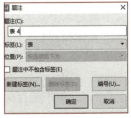

图 1-104 "题注"对话框

图 1-105 "题注编号"对话框

(5)如果通过选中图片或表格的方式插入题注,"题注"对话框中的"位置"下拉列表中可选择题注插入位置为"所选项目下方"或"所选项目上方"。

(6)如果勾选了"题注中不包含标签"复选框,则题注只包含编号。

根据需要,用户可以修改题注标签,也可以修改题注的编号格式,可以删除标签。如果要修改文档中某一题注的标签,只要先选择该标签并按【Delete】键删除标签,然后重新添加新题注。如果在"题注"对话框中单击"删除标签"按钮,则会将选择的标签从"题注"下拉列表中删除。WPS默认的表、图、图表和公式标签不能删除,只有新添加的标签才能被删除。

2)交叉引用

WPS 文字中可以在多个不同的位置使用同一个引用源的内容,这种方法称为交叉引用。建立交叉引用就是在要插入引用内容的地方建立一个域(WPS 中的一种公式),当引用源发生改变时,交叉引用的域将自动更新。可以为标题、脚注、书签、题注、段落编号等项目创建交叉引用。本节以创建的题注为例介绍交叉引用。

(1)创建交叉引用。创建的交叉引用其项目必须已经存在。若要引用其他文档中的项目,首先要将相应文档合并到该文档中。创建交叉引用的操作步骤如下:

① 将插入点移到要创建交叉引用的位置,单击"引用"选项卡中的"交叉引用"按钮,弹出"交叉引用"对话框。也可以单击"插入"选项卡中的"交叉引用"按钮 交叉引用。

图 1-106 "交叉引用"对话框

② 在"引用类型"下拉列表中选择要引用的项目类型,如图、表、图表、公式等,图 1-106 中引用类型为"图",在"引用内容"下拉列表中选择要插入的信息内容,如"完整题注""只有标签和编号""只有题注文字"等。在"引用哪一个题注"列表框中列出的是使用"图"标签的所有题注,选中要引用的题注,单击"插入"按钮,当前位置即插入当前的题注标签与编号。

③ 按照上述方法可继续选择其他题注,实现多个交叉引用的操作。

(2)更新交叉引用。当文档中被引用项目发生了变化,如添加、删除和移动了题注,题注编号将发生改变,交叉引用应随之改变,称为交叉引用的更新。可以更新一个或多个交叉引用,操作步骤如下:

① 若要更新单个交叉引用,选中该交叉引用;若要更新文档中所有的交叉引用,选中整篇文档。

② 右击所选对象,在弹出的快捷菜单中选择"更新域"命令,即可实现单个或所有交叉引用的更新。也可以选中要更新的交叉引用或整篇文档,按【F9】键实现交叉引用的更新。

4. 模板

模板是一种文档类型,是一种特殊的文档,所有 WPS 文字都是基于某个模板创建的。模板中包含了文档的基本结构及设置信息(如文本、样式和格式)、页面布局(如页边距和行距)、设计元素(如特殊颜色、边框和底纹)等。WPS文字支持多种类型的模板,模板的扩展名为".wpt"。同时,还支持 Word 文档的模板,相应的扩展名为".dot"".dotx"".dotm"。其中,".dot"为 Word 97-2003 模板的扩展名,".dotx"为 Word 标准模板的扩展名,但不能存储宏;".dotm"为 Word 中存储了宏的模板的扩展名。

用户在打开 WPS 文字时就启用了模板，该模板为 WPS 文字的默认模板，其包含默认采用"正文"样式，即宋体、五号、两端对齐，纸张大小采用 A4 纸等信息。WPS 文字提供了许多预先定义好的模板，可以利用这些模板快速建立文档。当打开 WPS 文字后，可通过新建操作实现，主要有以下四种方法。

（1）单击标签栏中的"新建标签"按钮 +，弹出新建页面，如图 1-107 所示。

图 1-107 "新建"窗口

新建页面中提供了丰富的模板，以分类方式排列，可以搜索、选择需要的模板。大部分模板需要会员身份才能使用，少部分模板可以免费使用。选择模板进行下载之后即可在此模板基础上创建新文档。

（2）选择"文件"→"新建"命令，在下拉列表中选择一种文档创建方法。

① 新建：弹出新建页面，可以根据需要下载模板创建新文档。

② 新建在线文字文档：将创建可供多人共同在线编辑的文档，文档编辑完毕后将被保存到云端。进入"分享"窗口，可通过"二维码"方式邀请微信好友编辑文档，如图 1-108 所示。

③ 本机上的模板：根据本地提供的模板创建新文档，单击将进入图 1-109 所示的模板窗口，单击"导入模板"按钮，可将本机上的模板导入，并在此模板的基础上创建文档。

图 1-108 "分享"窗口

图 1-109 "模板"窗口

④ 从默认模板新建：将以默认模板创建新文档。

⑤ 从稻壳模板新建：将从稻壳儿网站下载模板创建新文档。

（3）单击标签栏左侧"首页"，在弹出的 WPS Office 页面中单击"新建"按钮，选择所需模板创建文档。

（4）按【Ctrl+N】组合键快速创建一个基于同类型的文档。

二、页面布局

1．分隔符

1）分页符

在 WPS 文字中输入文档内容时，系统会自动分页。如果要从文档的某个指定位置开始分页，之后的文档内容在下一页出现，此时可以在指定位置插入分页符进行强制分页。操作步骤如下：

（1）将插入点置于需分页的位置。

（2）单击"插入"选项卡中的"分页"下拉按钮，打开的列表如图 1-110 所示。选择"分页符"命令，将在文档中的插入点处插入分页符，后面的文字将在下一页出现。或者单击"页面布局"选项卡中的"分隔符"下拉按钮，选择"分页符"命令，也可以实现分页。

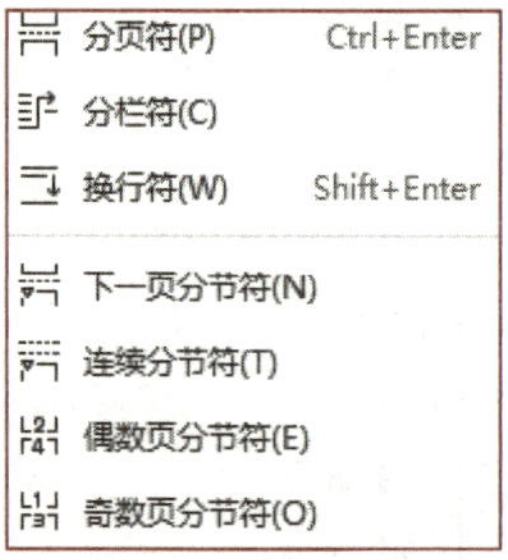

分页符为一行虚线，默认为不可见。若要显示分页符，需通过选择"文件"→"选项"命令，弹出"选项"对话框，选择"视图"选项卡，在"格式标记"区域勾选"段落标记"或"全部"复选框才能看到分页符。若要删除分页符，选中"分页符"，单击【Delete】键即可。

图 1-110 "分页"选项

2）分节符

建立 WPS 新文档时，WPS 文字将整篇文档默认为一节，所有对文档的页面格式设置都应用于整篇文档。但有些特殊场景需要对文档中不同的内容进行不同的页面设置。比如对于长文档的目录部分，希望使用一种页码格式，对于正文部分，希望使用另一种页码格式，再比如希望不同章节的页眉使用不同的页眉内容，这时候，就需要使用分节符对文档内容进行分隔。

节是文档格式化的最大单位。为了实现对同一篇文档中不同位置的页面进行不同的格式操作，可以将整篇文档分成多个节，根据需要为每节设置不同的页面格式。分节符分为 4 种类型，分别是：

（1）下一页分节符：分节符后的文本将显示在下一页中。

（2）连续分节符：分节符后的文本与分节符前的文本将位于同一页中。

（3）偶数页分节符：新节中的文本将显示在偶数页。如果当前页码是 2，插入偶数页分节符后，分节符后的文本所在页的页码将为 4。

（4）奇数页分节符：新节中的文本将显示在奇数页。如果当前页码是 3，插入奇数页分节符后，分节符后的文本所在页的页码将为 5。

删除分节符等同于文档中字符的删除方法。如果分节符不能显示出来，选择"文件"→"选项"命令，弹出"选项"对话框，如图 1-111 所示。选择"视图"选项卡，在"格式标记"区域勾选"全部"复选框，这时就能看到分节符了，按【Delete】键即可删除。显示段落标记还有一种快捷的方法：单击"开始"选项卡中的"显示/隐藏段落标记"下拉按钮，在下拉列表中选择"显示/隐藏段落标记"命令。

图 1-111 "选项"对话框

3)分栏符

在 WPS 文字中，分栏符用来实现在文档中以两栏或者多栏方式显示选中的文字内容，被广泛应用于报纸和杂志的排版编辑中。在分栏的外观设置上，既可以控制栏数、栏宽以及栏间距，还可以方便地设置分栏长度。分栏的操作步骤如下：

（1）选中要分栏的文本，单击"页面布局"选项卡中的"分栏"下拉按钮，在下拉列表中选择一种分栏方式。

（2）下拉列表中默认只能选择小于 4 栏的文档分栏，如果需要设置更多分栏，可以选择"更多分栏"命令，弹出"分栏"对话框，如图 1-112 所示。

（3）在"分栏"对话框中，可以选择预设分栏，也可以通过"栏数"进行设置。可以设置宽度和间距、分隔线、应用范围等。设置完成后，单击"确定"按钮完成分栏操作，图 1-113 所示为两栏分栏效果。

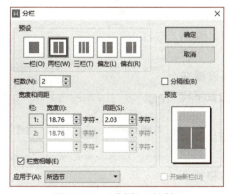

图 1-112 "分栏"对话框   图 1-113 两栏分栏效果

2. 页眉页脚

页眉和页脚分别位于文档中每页的顶部和底部，用来显示文档的重要信息，其内容可以是文档名称、作者名、章节名、页码、日期时间、图片及其他一些域。可以将文档首页的页眉和页脚设置成和其他页不同的形式,也可以对奇数页和偶数页分别设置不同的页眉和页脚,甚至将不同节的页眉和页脚设置为不同的内容。

添加或编辑页眉和页脚内容,需要进入页眉页脚视图,操作方法有如下三种:

(1)单击"插入"选项卡中的"页眉页脚"按钮,插入点将自动定位在页眉编辑处,并居中显示,同时会出现"页眉页脚"选项卡,其功能区如图1-114所示。

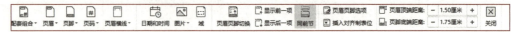

图1-114 "页眉页脚"选项卡功能区

(2)单击"章节"选项卡中的"页眉页脚"按钮进入页眉编辑状态。

(3)将指针指向文档中任意页的最上方,出现提示信息,双击进入页眉编辑状态。或者将指针指向文档中任意页的最下方,出现提示信息,双击进入页脚编辑状态。

退出页眉和页脚编辑状态的操作方法主要有三种。

(1)单击"页眉页脚"选项卡右侧的"关闭"按钮,返回文档内容编辑状态。

(2)指针指向文档内容的任意区域并双击,可返回文档内容编辑状态。

(3)单击"插入"选项卡中带灰色底纹的"页眉页脚"按钮,或单击"章节"选项卡中带灰色底纹的"页眉页脚"按钮,可自动退出页眉页脚编辑状态,返回文档内容编辑状态。

注意:

输入页眉内容后,默认状态下的页眉横线为无,可以根据需要添加。操作方法为:进入"页眉页脚"编辑状态,单击"页眉页脚"选项卡中的"页眉横线"下拉按钮,在下拉列表中选择一种横线样式即可插入。如果要删除横线,只要在"页眉横线"下拉列表中选择"删除横线"命令即可。

1)页码

在WPS文字中,页码可以标明页面的次序,便于读者检索和管理页面。添加页码后,WPS文字可以自动迅速地编排和更新页码。按照常规,页码通常位于页面底端(页脚)或页面顶端(页眉)。插入页码的操作步骤如下:

(1)单击"插入"选项卡中的"页码"下拉按钮,弹出的下拉列表如图1-115所示。

(2)在下拉列表中选择页码放置的样式,既可以放置在页眉,也可以放置在页脚。选择后,将自动显示阿拉伯数字样式的页码。

(3)选择"页码"下拉列表中的"页码"命令,弹出"页码"对话框,如图1-116所示。

(4)在对话框的"样式"下拉列表框中选择编号的格式,在"位置"下拉列表中选择页码所在的位置,页码中可以包含"章节号"。在"页码编号"区域可根据实际需要选择"续前节"(即当前页码延续前一节的编号,如前一节的页码编号为3,则当前页码编号为4)或"起始页码"单选按钮,设置页码的应用范围。单击"确定"按钮完成页码的格式设置,并自动插入页码。

图1-115 页码预设样式

(5)插入页码(本例为在页脚中间位置插入页码)之后,页码编辑状态如图1-117所示。

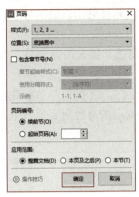

图 1-116 "页码"对话框

图 1-117 页码编辑状态

① 重新编号：实现当前页的编号重新设置为指定编号。

② 页码设置：设置页码的"样式""位置""应用范围"，可以利用此选项对当前页码进行格式设置。

③ 删除页码：可以对本页、整篇文档、本页及之前、本页及之后、本节之中所有页码进行删除。

（6）双击正文部分任意位置可退出页眉页脚编辑状态。

插入页码的方法还有：单击"章节"选项卡中的"页码"下拉按钮，在下拉列表中选择一种页码格式；或单击"页眉页脚"选项卡中的"页码"按钮。

2）页眉页脚选项设置

类似论文、项目申报书、合同等文档对页眉页脚的设置要求比较规范。有时候需要设置页眉页脚首页不同，或者奇数页和偶数页的页眉页脚不同，又或者每个章节的页眉页脚不同。这些操作可以借助于页眉页脚选项与分节符的组合功能来实现。

（1）设置首页不同的页眉页脚。如果文档中的首页是封面，一般封面中是不能出现页眉、页脚的。所以需要设置首页页眉页脚不同。

① 勾选"章节"选项卡中的"首页不同"复选框 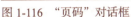 。

② 设置"首页不同"后，首页将默认无页码。

③ 双击文档中的页眉或者页脚，进入"页眉页脚视图"。

④ 将插入点移至首页的页眉或页脚处，删除其内容。

⑤ 再将插入点移至其他页的页眉或页脚处，根据需要编辑内容即可。

（2）设置奇偶页不同的页眉或页脚。图书排版中，都会要求奇偶页的页眉页脚不同。例如，在奇数页页眉中使用章标题内容，在偶数页页眉中使用节标题内容。操作步骤如下：

① 勾选"章节"选项卡中的"奇偶页不同"复选框 。

② 双击文档中的页眉或页脚，进入"页眉页脚视图"。

③ 将插入点移至奇数页页眉，单击"插入"选项卡中的"文档部件"下拉按钮 ，选择"域"命令，弹出"域"对话框，如图 1-118 所示。

④ 选择"样式引用"域名，在"样式名"下拉

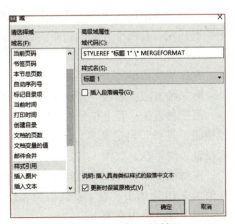

图 1-118 "域"对话框

列表中选择"标题1"（前提是章标题已经使用标题1样式，并且采用自动编号），此时在插入点将插入章标题内容。

⑤ 如果要插入章标题编号，则需重复上面一个步骤，勾选"插入段落编号"复选框，即可完成章编号插入。

⑥ 偶数页页眉插入与以上类似，需要将样式名换成"标题2"（前提是节标题已经使用标题2样式，并且使用自动编号），完成偶数页页眉插入。插入后的奇数页页眉效果和偶数页页眉效果如图1-119和图1-120所示。

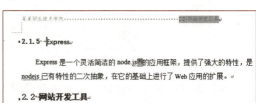

图1-119　奇数页页眉效果　　　　　　图1-120　偶数页页眉效果

3）页眉页脚删除

可以按如下操作方法进行：

（1）自动删除文档中的页眉或页脚。双击页眉或页脚，进入"页眉页脚视图"或单击"页眉页脚"选项卡中的"页眉"下拉按钮，在下拉列表中选择"删除页眉"命令，可实现当前节所有页眉内容的删除。其余节按照相同方法处理。单击"页脚"下拉按钮，选择"删除页脚"命令，可删除当前节中的所有页脚。单击"页码"下拉按钮，在下拉列表中选择"删除页码"命令，可以删除整篇文档中的页码。

（2）手动删除页眉页脚。进入"页眉页脚视图"，选择要删除的页眉或者页脚，按【Delete】键，即可删除本节中所有页眉或页脚。

（3）选择性删除页码。进入"页眉页脚视图"，单击页眉或页脚区域中的"删除页码"按钮，可以删除本页、整篇文档、本页及之前、本页及之后的页码。

3. 页面设置

在WPS文字中，页面设置包括页边距、纸张、版式、文档网格、分栏等页面格式的设置。顾名思义，页面设置的对象是页面属性。

1）页边距

页边距是指页面四周的空白区域，即文字与页面边线的距离。通过设置页边距，可以设置上、下、左、右四个方向的边距。设置页边距有如下三种方法：

第一种方法：单击"页面布局"选项卡中的"页边距"下拉按钮，下拉列表如图1-121所示，选择需要调整的页边距样式。

第二种方法：通过"页面布局"中的上、下、左、右四个微调按钮进行设置。

第三种方法：若下拉列表中没有需要的样式，单击"页面布局"选项卡中的"页边距"下拉按钮，选择"自定义页边距"命令，或单击"页面设置"对话框启动器按钮，弹出"页面设置"对话框，如图1-122所示。

在对话框中，可以设置页面的上（默认值为2.54厘米）、下（默认值为2.54厘米）、左（默认值为3.18厘米）、右（默认值为3.18厘米），纸张方向（默认值为纵向）、页码范围及应用范围（默认值为本节）。

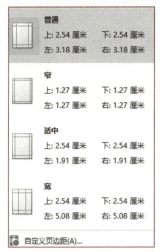

图 1-121 页边距下拉列表

图 1-122 "页面设置"对话框

2）纸张

WPS 文字默认的纸张是标准的 A4 纸，文字纵向排列，纸张宽度为 21 厘米，高度为 29.7 厘米。可以根据需要重新设置纸张大小和方向。

纸张方向设置：单击"页面布局"选项卡中的"纸张方向"下拉按钮，可以对当前节进行纸张方向设置。

纸张大小设置：单击"页面布局"选项卡中的"纸张大小"下拉按钮，可以根据需要对打印纸张的大小进行设置。

如果下拉列表中没有需要的纸张样式，选择"其他页面大小"命令，或单击"页面设置"对话框启动器按钮，弹出"页面设置"对话框，选择"纸张"选项卡，在"纸张大小"区域进行设置。

3）版式

通过设置版式，可以完成节、页眉页脚、边距等项目设置。

（1）单击"页面布局"选项卡中的"页面设置"对话框启动器按钮，在"页面设置"对话框中选择"版式"选项卡，如图 1-123 所示。

（2）在"节的起始位置"下拉列表中可以选择"新建页""奇数页""偶数页""接续本页"。在"页眉和页脚"区域可以设置"奇偶页不同""首页不同"，可以设置页眉页脚距离边界的位置，常规选项可以设置默认的度量单位，范围可以应用于"本节""插入点之后""整篇"等。

（3）单击"确定"按钮，完成文档版式的设置。

4）文档网格

可以实现文字排列方向、页面网络、每页行数、每行字数等项目设置。

图 1-123 "版式"选项卡

（1）单击"页面布局"选项卡中的"页面设置"对话框启动器按钮，在"页面设置"对话框中选择"文档网格"选项卡，如图 1-124 所示。

（2）根据需要，在其中可以设置文字排列方向、网格、每页的行数、每行的字数、应用范围等。

（3）单击"绘图网格"按钮，弹出"绘图网格"对话框，如图 1-125 所示，可以根据需要设置文档网格格式，单击"确定"按钮返回。

图 1-124 "文档网格"选项卡

图 1-125 "绘图网格"对话框

5）分栏

"页面设置"对话框中的"分栏"选项卡，操作与前面讲过的分栏操作类似，此处不再赘述。

4．文档主题

文档主题是一组具有统一外观的格式集合，包括一组主题颜色（配色方案的集合）、一组主题文字（包括标题字体和正文字体）以及一组主题效果（包括线条和填充效果）。WPS 文字、WPS 表格和 WPS 演示都提供了内置的文档主题，文档主题可在多种 WPS Office 组件中共享，使所有 WPS Office 文档都具有统一的外观。WPS 文字的文档主题对以 ".docx" 为扩展名的文档名有效，对以 ".wps" 为扩展名的文档无效。

内置文档主题是 WPS 文字自带的主题，若要使用内置主题，操作步骤如下：

（1）打开要应用主题的文档，单击"页面布局"选项卡中的"主题"下拉按钮，在下拉列表中显示了 WPS 文字系统内置的主题库，其中有 Office、相邻、角度等文档主题，WPS 内置了 44 种主题，如图 1-126 所示。

（2）单击某个主题，即可将该主题应用到当前文档。

注　意：

如果先在文档中应用样式，再应用主题，文档中的样式将会受到影响，反之亦然。

在 WPS 文字中，可以对文档颜色、字体以及效果进行设置，这些设置会应用到当前文档。

（1）主题颜色：用来设置文档中不同对象的颜色，默认有多种预设颜色组合以及多种颜色推荐组合。应用主题颜色操作步骤如下：

① 单击"页面布局"选项卡中的"颜色"下拉按钮。

② 在下拉列表中列出了 WPS 文字中所使用的主题颜色组合，如图 1-127 所示。单击其中的一项，可将当前文档的主题颜色更改为指定的主题颜色。

图 1-126　文档主题　　　　　　　图 1-127　主题颜色

（2）主题字体：用来设置文档中的中文字体。有多种字体组合方式。应用主题字体的操作步骤如下：

① 单击"页面布局"选项卡中的"字体"下拉按钮。

② 在下拉列表中列出了 WPS 文字中所使用的主题字体组合，如图 1-128 所示。单击其中的一项，可将当前文档的字体更改为指定的主题字体。

（3）主题效果：是线条和填充效果的组合。

应用 WPS 文字提供的主题效果的操作步骤如下：

① 单击"页面布局"选项卡中的"效果"下拉按钮。

② 在下拉列表中列出了 WPS 文字中所使用的效果组合，如图 1-129 所示。单击其中的一项，可将当前文档的主题效果更改为指定的主题效果。

 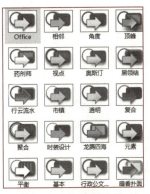

图 1-128　主题字体　　　　　　　图 1-129　主题效果

5. 页面背景

页面背景是指显示于 WPS 文档底层的颜色或图案，用于丰富文档的页面显示效果，使文档更美观，增加其观赏性。页面背景包括页面颜色、水印和页面边框。

1）页面颜色

在 WPS 文字中，系统默认的页面底色为白色，用户可以将页面颜色设置为其他颜色，以增强文档的显示效果。单击"页面布局"选项卡中的"背景"下拉按钮，在下拉列表中可根据需要选择"主题颜色""标准色""渐变填充""稻壳渐变色"等颜色板中的颜色，文档背景将自动以该颜色进行填充。也可以通过其他方式进行填充，如调色板、图片背景、其他背景（渐变、纹理、图案）、水印等。

假如要将当前文档的背景颜色设置为"茵茵绿原"渐变色，操作步骤如下：

（1）单击"页面布局"选项卡中的"背景"下拉按钮，在下拉列表中选择"图片背景"或者"其他背景"命令，弹出"填充效果"对话框，如图 1-130 所示。

（2）在"填充效果"对话框中，有"渐变""纹理""图案"等多个选项卡。如果选择"图片"选项卡，可以将指定位置的图片作为文档背景添加，选择"纹理"选项卡可以以各种纹理效果对页面进行填充，此处不再赘述。

（3）选择"渐变"选项卡，选择"预设"单选按钮，在"预设颜色"下拉列表框中选择"茵茵绿原"，可以根据需要设置"透明度"及"底纹样式"。

（4）完成选择之后，页面将以"茵茵绿原"渐变色进行填充。

若要删除页面颜色，在"背景"下拉列表中选择"删除页面背景"选项即可。

2）水印

水印是一种特殊的文档背景，在打印一些重要文件时给文档加水印，如"绝密""保密""严禁复制"等字样，以强调文件的重要性，水印分为图片水印和文字水印。添加水印的操作步骤如下：

（1）单击"页面布局"选项卡中的"背景"下拉按钮，在下拉列表中选择"水印"命令，根据需要在"预设水印"或"Preset"列表中选择需要的水印样式即可。

（2）若要自定义水印，在下拉列表中选择"自定义水印"中的"点击添加"命令或"插入水印"命令，弹出"水印"对话框，如图 1-131 所示。

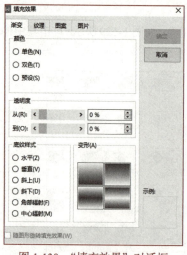

图 1-130 "填充效果"对话框

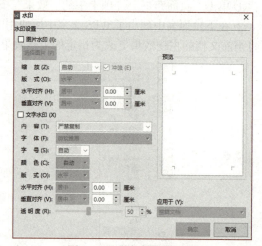

图 1-131 "水印"对话框

（3）在"水印"对话框中，可以根据需要设置图片水印或者文字水印的相关属性。

添加水印还可以通过下面方法进行操作：单击"插入"选项卡中的"水印"下拉按钮，在下拉列表中根据需要对水印进行操作。

注　意：

文字水印在一页中仅显示为单个水印，若要在同一页中显示多个文字水印，可以先制作一幅含有多个文字水印的图片，然后再将图片设置为水印。

若要修改已添加的水印，按照前面所述方法打开"水印"对话框，在对话框中完成对水印的属性设置即可。

若要删除水印，在下拉列表中选择"水印"→"删除文档中的水印"命令即可。

3）页面边框

WPS 文字中可以通过设置页面边框为页面四周添加指定格式的边框以增强页面的显示效果，操作步骤如下：

（1）单击"页面布局"选项卡中的"页面边框"按钮，弹出"边框和底纹"对话框，如图 1-132 所示。

（2）在"页面边框"对话框中设置线型、颜色、宽度等，图 1-133 所示为设置线型为虚线，颜色自动，宽度为 0.5 磅的效果。

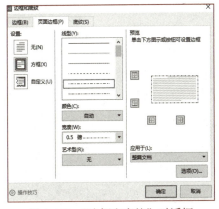

图 1-132　"边框和底纹"对话框

图 1-133　页面边框应用效果

若要删除页面边框，在"边框和底纹"对话框中选择"页面边框"选项卡，在"设置"列表框中选择"无"，单击"确定"按钮，即可删除页面边框。

三、目录与索引

目录是 WPS 文字中各级标题及所在页码的列表，通过目录可以实现文档内容的快速浏览，WPS 文字中的目录包括标题目录和图表目录。索引是指将文档中的字、词、短语等单独列出来，注明其出处和页码，根据需要按一定的检索方法编排，以方便读者快速地查阅内容。

1．目录

下面介绍标题目录和图表目录的创建与删除。

1）标题目录

WPS 文字具有自动编制各级标题目录的功能。编制目录完成之后，按住【Ctrl】键，可以快速跳转到标题所在的页面。WPS 文字中的目录分为智能目录及自动目录两种类型。智能目录是在文中未使用标题样式时，自动识别正文的目录结构，生成对应级别目录。自动目录是在文中标题已使用标题时，根据标题样式生成目录。下面将介绍自动目录的创建、修改、更新及删除。

（1）创建自动目录。创建目录的操作方法如下：

① 打开已经预定义好各级标题样式的文档，将插入点定位到需要插入目录的位置（一般位于文档开头），单击"引用"选项卡中的"目录"下拉按钮，在下拉列表中选择一种目录样式，如图 1-134 所示，将自动生成目录。

② 单击"章节"选项卡中的"目录页"下拉按钮，在下拉列表中选择一种目录样式，此时在自动生成目录的同时，将自动插入分节符（下一页）。

③ 也可以在下拉列表中选择"自定义目录"命令，弹出"目录"对话框，如图 1-135 所示。在其中确定目录显示的对象格式及级别，如制表符前导符、显示级别、显示页码、页码右对齐等。

图 1-134 "目录"下拉列表

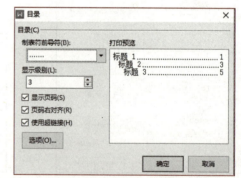

图 1-135 "目录"对话框

注意：

（1）能够进入目录的内容，一定是应用了系统内置样式（如标题1、标题2等）的内容。

（2）如果有些不该出现在目录中的内容进入了目录，说明该样式使用了标题1或者标题2之类的内置标题样式，只要选中该内容，删除该内容的样式应用即可。

（3）反之，如果需要某些内容出现在目录中，则应该设置该内容的样式为标题1或标题2之类的内置标题样式。

（2）调整目录级别。WPS 文字中的各级标题层次可以根据需要进行调整，以生成相应的目录结构。操作步骤如下：

① 将插入点定位在要调整目录级别的标题行中或者选择标题行。

② 单击"引用"选项卡中的"目录级别"下拉按钮，在下拉列表中选择需要的目录级别即可，

带√的为当前标题行所处的目录级别。目录级别共有 9 级，此外还有一级为普通文本。

可以同时选择多个不同级别的标题行或同一级别的标题行，统一设置为同一级别的目录结构。

（3）更新目录。目录编制完成后，如果文档内容进行了修改，导致标题或页码发生变化，需更新目录。更新目录的操作方法如下：

① 右击目录区域任意位置，在弹出的快捷菜单中选择"更新域"命令，弹出"更新目录"对话框，选择"更新整个目录"单选按钮，单击"确定"按钮完成目录更新。

② 也可以单击目录区域的任意位置，按【F9】键。

③ 或者单击目录区域的任意位置，然后单击"引用"选项卡中的"更新目录"按钮。

（4）删除目录。若要删除创建的目录，操作方法为：单击"引用"选项卡中的"目录"下拉按钮，在下拉列表中选择"删除目录"命令即可。或者在文档中选中整个目录后按【Delete】键进行删除。

2）图表目录

图表目录是对 WPS 文档中的图、表、公式等对象编制的目录。对这些对象编制目录后，同标题目录一样，按【Ctrl】键+某个图表目录的题注，就可以跳转到该题注所在页面。

因此，插入图表目录的准备工作是先完成图、表题注插入，插入的方法前面已经阐述，此处不再赘述。

创建图表目录的步骤如下：

（1）打开已经完成图、表题注插入的文档，鼠标指针定位于即将插入图表目录的位置。

（2）单击"引用"选项卡中的"插入表目录"按钮，弹出"图表目录"对话框，如图 1-136 所示。

（3）在"题注标签"列表框中选择不同的题注对象，可实现对文档中图、表或公式题注的选择。

（4）在"图表目录"对话框中可以对其他选项进行设置，如显示页码、页码右对齐、制表符前导符等，与标题目录设置的方法类似。

（5）单击"选项"按钮，弹出"图表目录选项"对话框，可以对图表目录标题的来源进行设置，单击"确定"按钮完成图表目录创建，图 1-137 所示为图目录插入的效果图。

图表目录的操作还涉及图表目录的修改、更新及删除，其操作与标题目录的相应操作方法类似。

图 1-136 "图表目录"对话框

图 1-137 图目录效果图

2．索引

索引是将文档中的关键词（专用术语、缩写和简称、同义词及相关短语等对象）或主题按一定次序分条排列，并显示其页码，以方便读者快速查找。索引的操作主要包括标记条目、插入索引目录、更新索引及删除索引等。

1）标记条目

要创建索引，首先要在文档中标记条目，条目可以是来自文档中的文本，也可以是与文本有特定关系的短语，如专用术语、缩写、同义词等。条目标记可以是文档中的一处对象，也可以是文档中相同内容的全部对象。其操作步骤如下：

（1）选中需要标记条目的内容，单击"引用"选项卡中的"标记索引项"命令，弹出图 1-138 所示的"标记索引项"对话框。

（2）在选中内容的情况下，索引的"主索引项"即为选中内容，如未选中，可在"主索引项"中输入需要索引标记的内容。以标记"Visio"为例，"主索引项"为"Visio"。"次索引项"是对索引对象的进一步限制，标记选项为"当前页""页面范围""交叉引用"，默认为"当前页"。页码格式也可以进行加粗和倾斜设置。

（3）单击"标记"按钮，可完成当前内容的标记，单击"标记全部"按钮，将完成文档中所有内容的标记，本例单击"标记全部"按钮。

2）插入索引目录

（1）将插入点置于即将添加索引目录的位置。

（2）单击"引用"选项卡中的"插入索引"按钮，弹出"索引"对话框，如图 1-139 所示。

图 1-138 "标记索引项"对话框

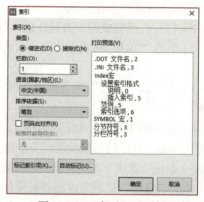

图 1-139 "索引"对话框

（3）根据实际需要，可以设置"类型""栏数""页码右对齐""制表符前导符"等选项，右侧显示的是打印预览。

（4）单击"确定"按钮，完成插入，插入后的效果如图 1-140 所示。

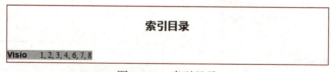

图 1-140 索引目录

3）自动索引

当索引词量较大时，可以利用插入索引对话框中的自动标记功能进行设置。操作步骤如下：

（1）将需要的索引词创建成文档表格文本，第一列放置索引项目，必须是正文中含有的词汇，用于搜索正文，第二列放置主索引项和次索引项，设置好后需要保存至本地，如图 1-141 所示。

可视化	流程可视化
版本历史	历史

图 1-141　索引项目示例

（2）单击"引用"选项卡中的"插入索引"按钮，弹出"索引"对话框，单击"自动标记"按钮，弹出"自动标记"对话框，导入第 1 步准备好的索引文件。

（3）再次单击"插入索引"按钮，设置格式，单击"确定"按钮添加完毕。添加后的效果如图 1-142 所示。

图 1-142　自动索引目录示例

4）更新索引

更改了索引项或索引项所在页的页码发生改变后，应及时更新索引。其操作方法与标题目录更新类似，此处不再赘述。

5）删除索引

如果看不到索引域，单击"开始"选项卡中的"显示/隐藏段落标记"按钮，显示索引域。选择索引域，按【Delete】键删除单个索引标记，之后更新索引目录即可。

3．书签

在浏览长文档时，如浏览长篇小说、长篇论文，由于内容过多，常常遇到关闭 WPS 后忘记自己阅读到文章的哪个部分，为了避免这种情况发生，可以为文档添加"书签"。书签是一种虚拟标记，其主要作用在于快速定位到指定位置，或者引用同一文档（也可以是不同文档）中的特定数字。在 WPS 文字中，文本、段落、图形、图片、标题等项目都可以添加书签。

1）添加和显示书签

（1）选中需要添加书签的文本，单击"插入"选项卡中的"书签"按钮，弹出图 1-143 所示的"书签"对话框。

（2）在"书签"对话框中输入书签名，选择排序依据，如果选择名称，则书签以书签名为排序依据，如果选择位置，则书签以书签所在的位置为排序依据，单击"添加"按钮，即可完成书签的添加。

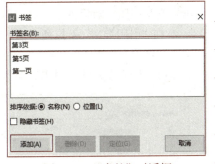

图 1-143　"书签"对话框

注　意：

（1）书签名命名必须以字母、汉字开头，不能以数字开头；

（2）书签中不能出现空格；

（3）书签中可以出现下划线。

默认状态下，书签不显示，如果要显示书签，可通过如下方法进行设置：

选择"文件"→"选项"命令，选择"视图"选项卡，在"显示文档内容"区域中勾选"书签"复选框，如图 1-144 所示。设置为书签的文本以方括号"[]"的形式出现，书签的形式为 I。

2）利用书签快速定位

（1）单击"视图"选项卡中的"导航窗格"按钮，显示 WPS 导航窗格。

（2）在导航窗格面板处，单击"书签"按钮，可以查看所添加的书签，单击"书签"按钮即可跳转到书签所在的位置。导航窗格如图 1-145 所示。

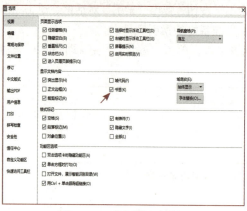

图 1-144 "选项"对话框

图 1-145 导航窗格

3）引用书签

在 WPS 文字中添加了书签后，可以对书签建立超链接及交叉引用。

（1）建立书签的超链接：

① 在文档中选择要建立超链接的对象，如文本、图像等，或将插入点定位到要插入超链接的位置，单击"插入"选项卡中的"超链接"按钮，弹出"插入超链接"对话框，如图 1-146 所示。

② 在左侧列表中选择"本文档中的位置"。

③ 选择"书签"标记下面的某个书签名，单击"确定"按钮即为选择的对象建立超链接。

（2）建立对书签的交叉引用：

① 在文档中确定建立交叉引用的位置，然后单击"插入"选项卡中的"交叉引用"按钮，弹出"交叉引用"对话框。也可以单击"引用"选项卡中的"交叉引用"按钮。

② 在"引用类型"下拉列表框中选择"书签"选项，在"引用内容"下拉列表框中选择"书签文字"选项，如图 1-147 所示。在"引用哪一个书签"列表框中选择某个书签，单击"插入"按钮即可在插入点处建立对书签的交叉引用。

图 1-146 "插入超链接"对话框

图 1-147 "交叉引用"对话框

四、批注

当需要对文档内容进行特殊的注释说明时，比如毕业论文提交给导师后，专业论文提交编辑审稿后，导师和编辑都会用批注来说明自己的意见。批注是文档的审阅者为文档附加的注释、说明、建议、意见等信息，并不对文档本身的内容进行修改。

WPS 文字允许多个审阅者对文档添加批注，并以不同颜色进行标识。

1. 批注选项设置

1）用户名设置

在文档中添加批注后，用户可以看到批注者的名称，默认为用户注册 WPS Office 的账户名，可以根据需要对账户名进行修改。

单击"审阅"选项卡中的"修订"下拉按钮，在下拉列表中选择"更改用户名"命令，弹出"选项"对话框，如图 1-148 所示。或选择"文件"→"选项"命令，弹出"选项"对话框，在左侧选择"用户信息"选项卡，在右侧的"姓名"文本框中输入新的用户名，在"缩写"文本框中修改用户名的缩写。单击"确定"按钮，完成用户名修改。

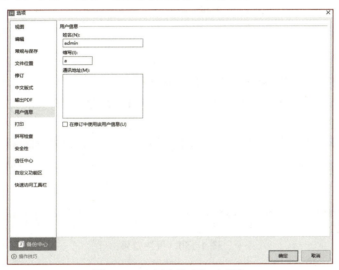

图 1-148 "用户信息"选项卡

2）外观设置

批注的颜色、边框、大小等都可以进行设置。单击"审阅"选项卡中的"修订"下拉按钮，在下拉列表中选择"修订选项"命令，或者选择"文件"→"选项"命令，弹出"选项"对话框，在左侧选择"修订"选项卡，如图 1-149 所示。

在"修订"选项卡中可完成"修订"选项和"批注框"选项的设置。

3）位置设置

在 WPS 文字中，添加的批注位置默认为文档右侧。批注可以设置成以"垂直审阅窗格"和"水平审阅窗格"形式显示。

单击"审阅"选项卡中的"审阅"下拉按钮，在下拉列表中选择"审阅窗格"→"垂直审阅窗格"命令，将在文档左侧显示批注内容。若选择"水平审阅窗格"命令，将在文档的下方显示批注内容。

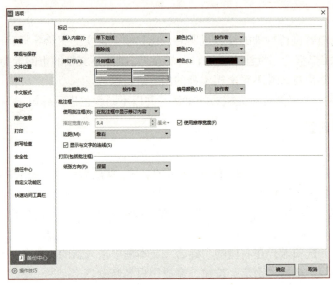

图 1-149 "修订"选项卡

2．批注操作

1）添加批注

用于在文档中指定的位置或对选中的文本添加批注。

（1）在文档中选中需要添加批注的文本（或将插入点定位在需要添加批注的位置），单击"审阅"选项卡中的"插入批注"按钮。

（2）选中的文本将被填充颜色，并且用一对括号括起来，旁边为批注框，直接在批注框中输入批注内容，再单击批注框外的任何区域，即可完成批注插入。插入后的批注如图 1-150 所示。

图 1-150 批注效果

2）查看批注

批注添加后，将光标移至文档中添加批注的对象后，光标附近将出现浮动窗口，窗口内显示批注者名称、批注日期、时间、批注内容等。查看批注时，用户可以查看所有审阅者的批注，也可以根据需要查看不同审阅者的批注。

五、修订

1．打开或关闭文档的修订功能

在 WPS 文字中，文档的修订功能默认为"关闭"。打开或关闭文档修订功能的操作步骤如下：

单击"审阅"选项卡中的"修订"按钮即可，或者单击"修订"下拉按钮，在下拉列表中选择"修订"命令。如果"修订"按钮以灰色底纹突出显示，则打开了修订功能，否则文档的修订功能为关闭状态。

在修订状态下，审阅者或作者对文档内容的所有操作，如插入、删除、修改、格式设置等，都会被记录下来，可以保留所有的修改痕迹，并根据需要进行确认或取消修订操作。

2. 查看修订

对 WPS 文档进行修订后，文档中包括批注、插入、删除或格式设置等修订标记，可以根据修订的类别查看修订，默认状态下可以查看文档中的所有修订。单击"审阅"选项卡中的"显示标记"下拉按钮，在下拉列表中可以看到"批注""插入和删除""格式设置""使用批注框"等命令，可以根据需要选择或取消这些命令。

3. 审阅修订

对文档进行修订后，可以根据需要，对这些修订进行接受或拒绝处理。

单击"审阅"选项卡中的"接受"下拉按钮，在下拉列表中显示对修订的各种接受方式。

（1）接受修订：表示接受当前这条修订操作。
（2）接受所有的格式修订：表示接受文档中所有的有关格式的修订操作。
（3）接受所有显示的修订：表示接受指定审阅者的修订。
（4）接受对文档所做的所有修订：表示接受文档中所有的修订操作。

单击"审阅"选项卡中的"拒绝"下拉按钮，在下拉列表中显示对修订的各种拒绝方式。

（1）拒绝所选修订：表示拒绝文档中当前修订操作。
（2）拒绝所有格式修订：表示拒绝文档中所有的有关格式的修订操作。
（3）拒绝所有显示的修订：表示拒绝指定审阅者的修订操作。
（4）拒绝对文档所做的所有修订：表示拒绝文档中所有的修订操作。

接受和拒绝修订还可以通过快捷菜单方式实现。右击某个修订，在弹出的快捷菜单中选择"接受"或"拒绝"命令即可实现当前修订的接受和拒绝操作。

4. 比较文档

由于 WPS 文字对修订功能是默认关闭的，如果审阅者默认状态下修订文档，就无法获得修改信息。可以通过 WPS 文字提供的"比较"命令，实现两个文档的对比。

（1）单击"审阅"选项卡中的"比较"下拉按钮，在下拉列表中选择"比较"命令，弹出"比较文档"对话框，如图 1-151 所示。

图 1-151 "比较文档"对话框

（2）分别选择原文档和修订的文档，在"比较设置"区域选择需要比较的项目，如批注、表格、脚注和尾注、文本框、大小写更改、域等，在"显示修订"区域中修订的显示级别有两种选择，字符级别及字间级别，修订的显示位置可选择原文档、修订后文档、新文档等。

毕业论文排版之整体布局与分节

任务实现

子任务一：整体布局

具体要求：

> 采用 A4 纸，设置上、下、左、右页边距分别为 2 厘米、2 厘米、2.5 厘米、2 厘米；页眉页脚距边界为 1 厘米。

利用页面设置功能，将毕业论文各页设置为统一的布局格式，操作步骤如下：

（1）单击"页面布局"选项卡中的"页边距"下拉按钮，在下拉列表中选择"自定义页边距"命令，弹出"页面设置"对话框。

（2）在"页面设置"对话框的"页边距"选项卡中，设置上、下、左、右页边距分别为 2 厘米、2 厘米、2.5 厘米、2 厘米，"应用于"选择"整篇文档"。

（3）在"纸张"选项卡中，选择"A4"，"应用于"选择"整篇文档"。

（4）在"版式"选项卡中，设置页眉页脚边距为"1 厘米"，"应用于"选择"整篇文档"。

（5）单击"确定"按钮，完成页面设置。

子任务二：分节

具体要求：

> 论文的封面、中文摘要、英文摘要、正文各章节、结论、致谢和参考文献分别进行分节处理，每部分内容单独为一节，并且每节从奇数页开始。

一般打印毕业论文都是双面打印，因此，毕业论文各部分内容（封面、中文摘要、英文摘要、目录、正文各章节、结论、致谢、参考文献）应从奇数页开始，因此每节应该设置成从奇数页开始。

（1）将插入点定位在中文摘要所在页的标题文本的最前面，单击"页面布局"选项卡中的"分隔符"下拉按钮，在下拉列表中选择"奇数页分节符"命令，完成第 1 个分节符的插入。

如果插入点定位到封面所在页的最后面，然后插入分节符，此时中文摘要内容的最前面会产生一个空行，需要手动删除。

（2）使用同样的方法在英文摘要、正文各章、结论、致谢所在页面的后面插入奇数页分节符。

子任务三：正文格式设置

具体要求：

> 正文是指从第 1 章开始的论文文档内容，排版格式包括以下几方面内容。
>
> （1）章、节、小节标题样式设置，具体要求如下：
>
> ① 章名（即一级标题）使用样式"标题 1"，左对齐，编号格式为"第 X 章"，编号与文字之间空一格，字体为"三号，黑体"，左缩进 0 字符，段前 1 行，段后 1 行，单倍行距，其中 X 为自动编号，标题格式为"第 1 章 ×××"。
>
> ② 节名（即二级标题）使用样式"标题 2"，左对齐；编号格式为多级列表编号（如"X.Y"，X 为章数字序号，Y 为节数字序号）编号与文字之间空一格，字体为"四号，黑体"，左缩进 0 字符，段前 0.5 行，段后 0.5 行，单倍行距，其中，X 和 Y 均为自动编号，节格式为"1.1 ×××"。

1-74

③ 小节名（即三级标题）使用样式"标题3"，左对齐；编号格式为多级列表编号（如"X.Y.Z"，X 为章数字序号，Y 为节数字序号，Z 为小节数字序号），编号与文字之间空一格，字体为"小四，黑体"，左缩进 0 字符，段前 0 行，段后 0 行，1.5 倍行距，其中，X、Y、Z 均为自动编号，小节格式为"1.1.1 ×××"。

（2）正文样式设置，具体要求如下：

① 新建样式，样式名称为样式 0123，样式格式为：中文字体为"宋体"，西文字体为"Times New Roman"，字号为"小四"，段落格式为首行缩进 2 字符，1.5 倍行距，段前距为 0.5 行，段后距为 0.5 行。

② 将该样式应用到除章、节、小节、题注、表中文字之外的正文内容中。

（3）题注及交叉引用，具体要求如下：

① 为正文中的图添加题注，题注位于图下方，居中对齐，图居中。标签为"图"，编号为"章序号-图序号"，例如，第 1 章中的第 1 张图，题注编号为"图 1-1"。对正文中出现的"如下图所示"的"下图"使用交叉引用，改为"图 X-Y"，其中"X-Y"为图题注的对应编号。

② 为正文中的表添加题注，题注位于表上方，居中对齐，表居中。标签为"表"，编号为"章序号-表序号"，例如，第 1 章中的第 1 张表，题注编号为"表 1-1"。对正文中出现的"如下表所示"的"下表"使用交叉引用，改为"表 X-Y"，其中"X-Y"为表题注的对应编号。

（4）结论、致谢、参考文献，具体要求如下：

结论格式设置与正文各章节格式设置相同。致谢、参考文献标题使用"标题1"样式，删除标题编号。致谢内容部分，格式同正文，使用"样式 0123"；参考文献内容为自动编号，格式为 [1]，[2]，[3]，…。根据提示，在正文中相应的位置重新交叉引用参考文献的编号并设为上标形式。

1. 章、节、小节标题样式设置

按照要求，对章标题、节标题、小节标题分别使用标题 1、标题 2、标题 3 样式，并且使用自动编号。章、节、小节标题之间的编号存在关联关系，可以将"多级列表"关联标题 1、标题 2、标题 3 样式，然后再将样式应用至章、节、小节标题。具体步骤如下：

1）编号设置

鼠标指针定位在正文第 1 章章标题所在行的任意位置并右击，在弹出的快捷菜单中选择"项目符号和编号"命令，弹出"项目符号和编号"对话框，选择"多级编号"选项卡，选择带"标题1""标题2""标题3"的多级编号项，单击"自定义"按钮，弹出"自定义多级编号列表"对话框，单击"高级"按钮，对话框将扩展。

（1）一级标题编号设置：在"自定义多级编号列表"对话框中，"级别"选择"1"，在"编号格式"文本框中，在系统提供的自动编号前输入"第"，编号后输入"章"，编号样式选择阿拉伯数字"1，2，3，…"，单击"字体"按钮，选择编号的中文字体为"黑体"，字号为"三号"，"将级别链接到样式"中选择"标题1"，如图 1-152 所示。

（2）二级标题编号设置："级别"选择"2"，编号格式中采用系统提供的自动编号，将最后的小数点替换为空格，单击"字体"按钮，选择编号的中文字体为"黑体"，字号为"四号"，"将级别链接到样式"中选择"标题2"，如图 1-153 所示。

（3）三级标题编号设置："级别"选择"3"，编号格式中采用系统提供的自动编号，将最后的小数点替换为空格，单击"字体"按钮，选择编号的中文字体为"黑体"，字号为"小四"，"将级别链接到样式"中选择"标题3"，如图 1-154 所示。

图 1-152 一级标题编号设置

图 1-153 二级标题编号设置

2）样式修改

（1）标题1样式修改：在"开始"选项卡中右击"标题1"，在弹出的快捷菜单中选择"修改样式"命令，单击左下角的"格式"按钮，选择"字体"选项，中文字体设置为"黑体"，字号设置为"三号"，单击"确定"按钮。选择"段落"选项，"段前"设置为"1行"，"段后"设置为"1行"，"左缩进"设置为"0"字符，"行间距"设置为"1倍行距"。

（2）标题2样式修改：在"开始"选项卡中右击"标题2"，在弹出的快捷菜单中选择"修改样式"命令，单击左下角的"格式"按钮，选择"字体"选项，中文字体设置为"黑体"，字号设置为"四号"，单击"确定"按钮。选择"段落"选项，"段前"设置为"0.5行"，"段后"设置为"0.5行"，"左缩进"设置为"0"字符，"行间距"设置为"1倍行距"。

（3）标题3样式修改：在"开始"选项卡中右击"标题3"，在弹出的快捷菜单中选择"修改样式"命令，单击左下角的"格式"按钮，选择"字体"选项，中文字体设置为"黑体"，字号设置为"小四"，单击"确定"按钮。选择"段落"选项，"段前"设置为"0行"，"段后"设置为"0行"，"左缩进"设置为"0"字符，"行间距"设置为"1.5倍行距"。

3）样式应用

将光标分别定位于章标题处，选中章标题，在"开始"选项卡中选择"标题1"，将"标题1"样式应用至章标题。选中节标题，将"标题2"样式应用至节标题。选中小节标题，将"标题3"样式应用至小节标题，并删除编号的提示文本。设置完毕后，章标题、节标题、小节标题编号格式效果如图 1-155 所示。

图 1-154 三级标题编号设置

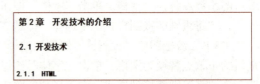

图 1-155 章、节、小节编号设置效果图

> **注 意:**
> 章、节、小节标题格式设置完毕后，各级编号选中会有阴影，表明编号是域代码运行的结果，是系统的自动编号，只有系统的自动编号，才能被引用。如果编号是通过键盘输入的普通文本，则无法被引用。

2. 正文样式设置

1）新建样式

单击正文中第一段任意位置，单击"开始"选项卡中的样式组的下拉按钮，在下拉列表中选择"新建样式"命令，弹出"新建样式"对话框，"名称"输入"样式0123"，"样式基于"选择"正文"。单击左下角的"格式"按钮，选择"字体"选项，中文字体为"宋体"，西文字体为"Times New Roman"，字号为"小四"，单击"确定"按钮。选择"段落"选项，"段前"设置为"0.5 行"，"段后"设置为"0.5 行"，"行间距"设置为"1.5 倍行距"，"特殊格式"设置首行缩进"2 字符"，单击"确定"按钮，此时在样式组和"样式和格式"窗格中将出现样式"样式0123"。

2）应用样式

选中除章、节、小节、题注、表中文字之外的正文内容，单击样式组中或者"样式和格式"窗格中的"样式0123"，将该样式应用到正文中。

3. 题注及交叉引用插入

1）题注插入

（1）将光标定位于正文中第一张图的下方文字之前，单击"引用"选项卡中的"题注"按钮，弹出"题注"对话框，在"标签"下拉列表中选择"图"（标签如果不在列表中，可单击"新建标签"按钮），单击"编号"按钮，进入"题注编号"对话框，如图 1-156 所示。格式选择"1，2，3，…"，勾选"包含章节编号"复选框，"章节起始样式"为"标题 1"，其余选项保持默认。单击"确定"按钮，返回"题注"对话框，单击"确定"按钮，完成第一张图题注的插入。选中题注及图，单击"开始"选项卡中的"居中"按钮。

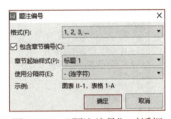

图 1-156 "题注编号"对话框

（2）按上述步骤依次插入其余图的题注。

（3）依照图的题注插入方法插入表的题注。依照惯例，图的题注位于图的下方，而表的题注位于表的上方，表的题注使用标签"表"，其余同图的设置。

> **注 意:**
> 整张表的居中与表中内容的居中是不一样的：整张表居中，将光标置于表的左上方，变成四个方向箭头 ⊕ 时单击，选中整张表格，单击"开始"选项卡中的"居中"按钮；表中内容居中则需选中表中的所有内容，单击"表格工具"选项卡中的"对齐方式"下拉按钮，在下拉列表中选择"水平居中"命令。

2）交叉引用插入

（1）选中正文中第一张图上方段落中的"如图所示"的"图"，单击"引用"选项组中的

"交叉引用"按钮,弹出"交叉引用"对话框,"引用类型"选择"图","引用内容"选择"只有标签和编号","引用哪一个题注"选择第一张图的题注,如图1-157所示。单击"插入"按钮,将插入"图3-1"。

(2)依照上述步骤依次插入其他图和表的交叉引用。

4. 结论及致谢部分格式设置

结论格式设置与正文各章节格式设置相同。选中"结论"及"致谢",单击"开始"选项卡中的"标题1"样式,将自动产生的编号删除即可。选中结论及致谢中的其他文本内容,应用"样式0123"。

5. 参考文献格式设置

(1)"参考文献"四个字设置为"标题1"样式,将其自动产生的章编号删除。其余文字采用默认格式,即五号、宋体、单倍行距、左对齐、无缩进。如不是此格式,可重设。

(2)参考文献编号设置。选中所有参考文献内容,单击"开始"选项卡中的"编号"按钮,弹出"项目符号和编号"对话框,任意选择一种编号格式,单击"自定义"按钮,弹出图1-158所示的"自定义多级编号列表"对话框,在"编号格式"对话框中系统给定的编号前后分别输入"["、"]","编号样式"使用"1,2,3,…",对齐设置为"左对齐",位置设置为"0"厘米,单击"确定"按钮。此时参考文献内容将完成自动编号。

图1-157 "交叉引用"对话框

图1-158 "自定义多级编号列表"对话框

(3)论文中参考文献交叉引用。

① 将插入点定位在毕业论文正文中引用第1篇参考文献的位置,删除原有的参考文献标号提示。单击"引用"选项卡中的"交叉引用"按钮,弹出"交叉引用"对话框,如图1-159所示。

② "引用类型"选择"编号项",此时"引用哪一个编号项"列表框中将列出所有使用自动编号的编号项目,找到使用[1]、[2]的编号项目(即参考文献部分),选择第1个编号项,引用内容使用"段落编号",单击"插入"按钮,当前位置将插入第1篇参考文献的编号。

图1-159 "交叉引用"对话框

③ 选中编号 [1]，单击"开始"选项卡中的"上标"按钮 X^2，将编号设置为上标。

④ 重复以上步骤，完成所有参考文献的交叉引用及上标设置。

子任务四：摘要及关键词格式设置

具体要求：

> 摘要格式：标题使用样式"标题 1"，并删除自动编号；文字"摘要："为"黑体，四号"，其余摘要内容为"宋体，小四"；首行缩进 2 字符，1.5 倍行距。文字"关键词："为"黑体，四号"，其余关键词段落内容为"宋体，小四号"，首行缩进 2 字符，1.5 倍行距。

1. 摘要格式设置

选中标题文字，单击"开始"选项卡中的"标题 1"样式，删除自动编号。选中"摘要："，设置为"黑体，四号"。选中其余摘要内容，字体设置为"宋体，小四"，段落设置为"首行缩进 2 字符，1.5 倍行距"。

2. 关键词格式设置

选中"关键词："，设置为"黑体，四号"。选中其余关键词内容，字体设置为"宋体，小四号"，段落设置为"首行缩进 2 字符，1.5 倍行距"。

子任务五：目录

具体要求：

> 在正文前按照顺序插入 3 个"奇数页分节符"。每节内容如下：
> 第 1 节：目录，文字"目录"使用样式"标题 1"，删除自动编号，居中，并自动生成目录项。
> 第 2 节：图目录，文字"图目录"使用样式"标题 1"，删除自动编号，居中，并生成图目录项。
> 第 3 节：表目录，文字"表目录"使用样式"标题 1"，删除自动编号，居中，并生成表目录项。

1. 插入三个空白页

将光标定位于正文中第 1 章标题之前，单击"页面布局"选项卡中的"分隔符"下拉按钮，在下拉列表中选择"奇数页分节符"命令，在正文前插入一个空白页。连续插入三个"奇数页分节符"，即插入三个空白页。

2. 目录自动生成

在第 1 个空白页中，输入"目录"，此时目录将自动应用"标题 1"样式（因为插入奇数页分节符是在章标题前插入的，插入部分的格式将使用章标题的格式，即"标题 1"样式），删除其自动编号，并设置居中显示。单击"引用"选项卡中的"目录"下拉按钮，在下拉列表中选择第 3 种目录样式（即含第 1 级、第 2 级、第 3 级的目录样式），将自动完成目录插入。

3. 图目录插入

在第 2 个空白页中，输入"图目录"，此时目录将自动应用"标题 1"样式，删除其自动编号，并设置居中显示。单击"引用"选项卡中的"插入表目录"按钮，弹出"图表目录"对话框，如图 1-160 所示，选择题注"图"，勾选"显示页码""页码右对齐""使用超链接"三个复选框，完成图目录插入。

4. 表目录插入

在第 3 个空白页中，输入"表目录"，此时目录将自动应用"标题 1"样式，删除其自动编号，并设置居中显示。单击"引用"选项卡中的"插入表目录"命令，弹出"图表目录"对话框，如图 1-160 所示，选择题注"表"，勾选"显示页码""页码右对齐""使用超链接"三个复选框，完成表目录插入。

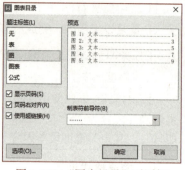

图 1-160 "图表目录"对话框

子任务六：页眉页脚设置

具体要求：

> 首页、摘要、目录部分无页眉，正文页眉左侧为某某职业技术学院，右侧奇数页为章序号及章内容，偶数页为节序号及节内容。首页无页码，摘要、目录、图表目录部分页码格式为大写的罗马数字序列"Ⅰ，Ⅱ，Ⅲ，…"，正文部分页码格式为阿拉伯数字序号"1，2，3，…"。

1. 页脚设置

（1）双击摘要页的页脚部分，进入"页眉页脚视图"。单击"页眉页脚"选项卡中的"同前节"按钮，断开该节与前一节页脚之间的链接（默认为链接）。单击"页眉页脚"选项卡中的"页码"按钮，弹出"页码"对话框，如图 1-161 所示。

（2）样式选择"Ⅰ，Ⅱ，Ⅲ，…"，位置为"底端居中"，起始页码设置为"1"，应用范围选择"本页及之后"。

（3）光标定位至正文第 1 页。单击"页眉页脚"选项卡中的"同前节"按钮，断开正文与前一节页脚之间的链接。

单击"页码"按钮，弹出"页码"对话框，设置样式为"1，2，3，…"，位置为"底端居中"，起始页码设置为"1"，应用范围选择"本页及之后"。

图 1-161 "页码"对话框

由于全文页码发生变化，目录、图目录、表目录皆需更新。双击正文部分，退出"页眉页脚"视图。在目录顶端选择"更新目录"，或者在目录任意位置右击，在弹出的快捷菜单中选择"更新目录"命令，由于图目录、表目录在目录之后插入，图目录和表目录没有进入到目录中，因此选择"更新整个目录"命令，完成目录更新。类似操作完成图目录和表目录的更新。

2. 页眉设置

（1）双击正文部分第一页的页眉部分，进入"页眉页脚"视图。在正文第一页页眉左侧输入"某某职业技术学院"，两次按【Tab】键，将光标定位于右侧，单击"插入"选项卡中的"文档部件"下拉按钮，在下拉列表中选择"域"命令，弹出"域"对话框，如图 1-162 所示。

域名选择"样式引用"，高级域属性中将显示域名，样式名选择"标题 1"，勾选"插入段落编号"复选框，此时第 1 章首页页眉将插入"第 1 章"。重复上述操作，取消勾选"插入段落编号"复选框，此时第 1 章首页页眉将插入当前页标题 1 内容"绪论"。查看其他章节，可以看到每章页眉均完成了相应章标题的引用。

（2）单击"页眉页脚"选项卡中的"页眉页脚选项"按钮，弹出图 1-163 所示的"页眉/页脚设置"对话框，勾选"奇偶页不同"复选框，单击"确定"按钮。

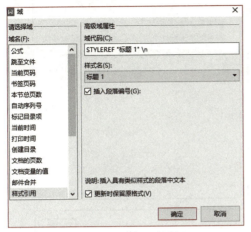

图 1-162 "域"对话框

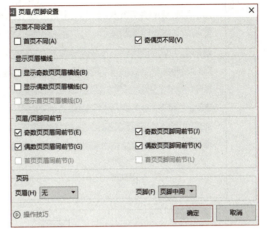

图 1-163 "页眉/页脚设置"对话框

对偶数页页眉进行重新设置。正文第二页页眉中左侧输入"某某职业技术学院"，在右侧单击"插入"选项卡中的"文档部件"下拉按钮在下拉列表中选择"域"命令，弹出"域"对话框。域名选择"样式引用"，高级域属性中将显示域名，样式名选择"标题 2"，勾选"插入段落编号"复选框，此时当前页（偶数页）页眉将插入当前页标题 2 的编号"1.3"。重复上述操作，取消勾选"插入段落编号"复选框，此时当前页（偶数页）页眉将插入当前页标题 2 内容"开发环境"。

（3）查看其他正文部分奇数页和偶数页页眉，可以看到正文部分都设置完成。结论、致谢部分由于标题没有编号，所以此时的编号为"0"，需要重新设置。

光标定位于结论部分的页眉，单击"页眉页脚"选项卡中的"同前节"按钮，断开与前面节的链接。页眉删除编号"0"，保留章标题的内容"结论"。

至此，毕业论文排版完成，其部分效果图如图 1-164 所示。

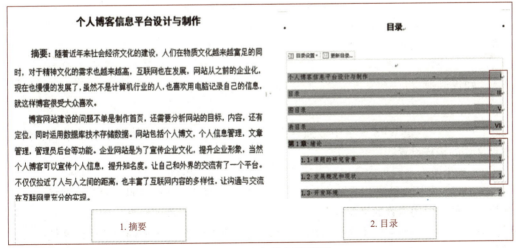

图 1-164 论文排版效果图

3. 图目录　　　　　　　　　　　4. 表目录

5. 正文奇数页　　　　　　　　　6. 正文偶数页

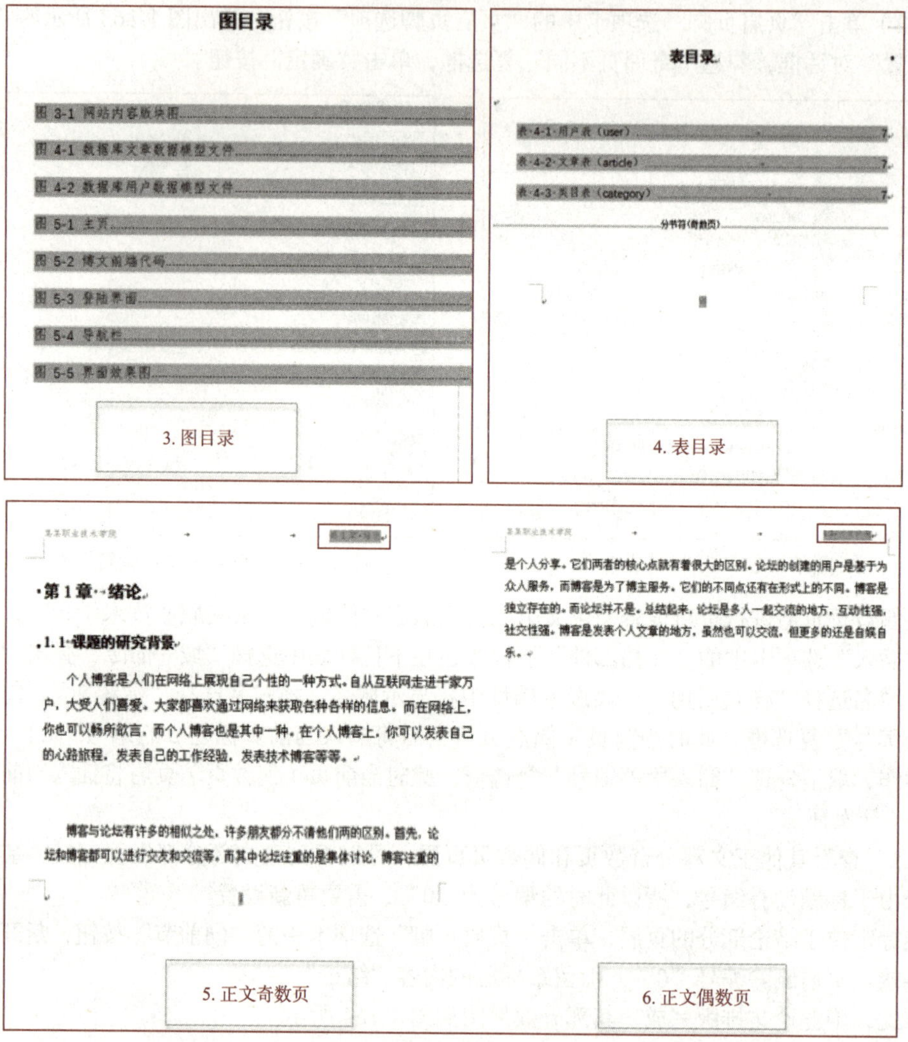

图 1-164　论文排版效果图（续）

测　　评

1. 知识测评

1）填空题

（1）_____是 WPS 文字中最强有力的格式设置工具之一，使用它能够准确、规范地实现长文档的格式设置。

（2）如果要为不同页内容单独设置不同的页眉页脚，必须插入_____分隔。

（3）WPS 文档中的脚注与尾注主要用于对局部文本进行补充说明，如单词解释、备注说明或提供文档中引用内容的来源等。_____通常位于当前页面的底部，用来说明本页中要注释的内容。_____通常位于文档结尾处，用来集中解释需要注释的内容或标注文档中所引用的其他文档的名称。

（4）图的题注一般位于图的_____，表的题注一般位于表的_____。

（5）WPS 文字中可以在多个不同的位置使用同一个引用源的内容，这种方法称为_____。

（6）当浏览长篇小说、长篇论文时，由于内容过多，常常遇到关闭 WPS 后忘记自己阅读到文章的哪个部分，为了避免这种情况发生，可以为文档添加_____。

（7）_____中包含了文档的基本结构及设置信息（如文本、样式和格式）、页面布局（如页边距和行距）、设计元素（如特殊颜色、边框和底纹）等。

（8）当需要对文档内容进行特殊的注释说明时，比如毕业论文提交给导师后，专业论文提交编辑审稿后，导师和编辑都会用_____来说明自己的意见。_____是文档的审阅者为文档附加的注释、说明、建议、意见等信息，并不对文档本身的内容进行修改。

（9）在 WPS 文档中，文档的修订功能默认为_____。当需要保存文档修改痕迹时，需要将文档修订功能设置为_____。

（10）在 WPS 文字中，样式分为_____样式和_____样式。_____样式是指 WPS 文字为文档中各对象提供的标准样式；_____样式是指用户根据文档需要而设定的样式。其中，能够被删除的样式是_____。

2）简答题

（1）什么是节？节有哪几种？

（2）简述长文档排版的过程。

2．能力测评

按表 1-12 中所列的操作要求，对自己完成的文档进行检查，操作完成得满分，未完成或错误得 0 分。

表 1-12 能力测评表

序 号	操作要求	分 值	完成情况	自 评 分
1	整体布局：采用 A4 纸，设置上、下、左、右页边距分别为 2 厘米、2 厘米、2.5 厘米、2 厘米；页眉页脚距边界为 1 厘米	5		
2	页眉页脚：首页、摘要、目录部分无页眉，正文页眉左侧为某某职业技术学院，右侧奇数页为章序号及章内容，偶数页为节序号及节内容。首页无页码，目录部分页码格式为大写的罗马数字序列："Ⅰ，Ⅱ，Ⅲ，…"，正文部分页码格式为阿拉伯数字序号："1，2，3，…"	5		
3	分节：论文的封面、摘要、正文各章节、结论、致谢和参考文献分别进行分节处理，每部分内容单独为一节，并且每节从奇数页开始	5		
4	正文格式： 正文是指从第 1 章开始的论文文档内容，排版格式包括以下几方面内容。 （1）章、节、小节标题样式设置，具体要求如下： ① 章名（即一级标题）使用样式"标题 1"，居中，编号格式为"第 X 章"，编号与文字之间空一格，字体为"三号、黑体"，左缩进 0 字符，段前 1 行，段后 1 行，单倍行距，其中 X 为自动编号，标题格式为"第 1 章×××"。	10		

续表

序号	操作要求	分值	完成情况	自评分
4	② 节名（即二级标题）使用样式"标题2"，左对齐；编号格式为多级列表编号（如"X.Y"，X 为章数字序号，Y 为节数字序号），编号与文字之间空一格，字体为"四号，黑体"，左缩进 0 字符，段前 0.5 行，段后 0.5 行，单倍行距，其中，X 和 Y 均为自动编号，节格式为"1.1×××"。 ③ 小节名（即三级标题）使用样式"标题3"，左对齐；编号格式为多级列表编号（如"X.Y.Z"，X 为章数字序号，Y 为节数字序号，Z 为小节数字序号），编号与文字之间空一格，字体为"小四，黑体"，左缩进 0 字符，段前 0 行，段后 0 行，1.5 倍行距，其中，X、Y、Z 均为自动编号，小节格式为"1.1.1×××"。 （2）正文部分样式设置，具体要求如下： ① 新建样式，样式名称为样式 0123，样式格式为：中文字体为"宋体"，西文字体为"Times New Roman"，字号为"小四"，段落格式为首行缩进 2 字符，1.5 倍行距，段前 0.5 行，段后 0.5 行。 ② 将该样式应用到除章、节、小节、题注、表中文字之外的正文内容中。 （3）题注及交叉引用。 ① 为正文中的图添加题注，题注位于图下方，居中对齐，图居中。标签为"图"，编号为"章序号 - 图序号"，例如，第 1 章中的第 1 张图，题注编号为"图 1-1"。对正文中出现的"如下图所示"的"下图"使用交叉引用，改为"图 X-Y"，其中"X-Y"为图题注的对应编号。 ② 为正文中的表添加题注，题注位于表上方，居中对齐，表居中。标签为"表"，编号为"章序号 - 表序号"，例如，第 1 章中的第 1 张表，题注编号为"表 1-1"。对正文中出现的"如下表所示"的"下表"使用交叉引用，改为"表 X-Y"，其中"X-Y"为表题注的对应编号。 （4）结论、致谢、参考文献。 结论格式设置与正文各章节格式设置相同。致谢、参考文献标题使用"标题1"样式，删除标题编号。致谢内容部分，格式同正文，使用"样式 0123"；参考文献内容为自动编号，格式为 [1]，[2]，[3]，…。根据提示，在正文中相应的位置重新交叉引用参考文献的编号并设为上标形式	60		
5	摘要 摘要格式：标题使用样式"标题1"，并删除自动编号；文字"摘要："为"黑体，四号"，其余摘要内容为"宋体，小四"，首行缩进 2 字符，1.5 倍行距。文字"关键词："为"黑体，四号"，其余关键词段落内容为"宋体，小四"，首行缩进 2 字符，1.5 倍行距	5		
6	目录 在正文前按照顺序插入 3 个"奇数页分节符"。每节内容如下： 第 1 节：目录，文字"目录"使用样式"标题1"，删除自动编号，居中，并自动生成目录项。 第 2 节：图目录，文字"图目录"使用样式"标题1"，删除自动编号，居中，并生成图目录项。 第 3 节：表目录，文字"表目录"使用样式"标题1"，删除自动编号，居中，并生成表目录项	10		
总　分				

3. 素质测评

针对表 1-13 中所列出的素质与素养观察点,反思任务实现过程,思考总结相关项目。

表 1-13　素质测评表

序号	素质与素养	分值	总结与反思	得分
1	大局意识:长文档排版的过程环环相扣,每一步都基于前面步骤的正确操作,通过长文档排版,要养成大局意识,做事着眼于未来,立足于当下	25		
2	工匠精神:通过长文档排版、页眉页脚设置、正文标题样式设置,培养精益求精的工匠精神	25		
3	规范意识:目录、图、表目录、正文标题样式、正文等内容的格式设置一定要严谨,规范,排版过程中注意培养规则意识和习惯	25		
4	计算思维:长文档排版的过程中,要注重培养缜密的逻辑思维	25		
	总　分			

拓展训练

本阶段的任务继续围绕"我身边的信息新技术"短视频设计与制作项目展开。

到目前为止,我们已经完成了①"我身边的信息新技术"短视频设计与制作项目启动的通知;②"我身边的信息新技术"宣传海报;③"我身边的信息新技术"项目汇报会邀请函。请完成项目阶段报告。

1. 内容要求

第一页——封面为:"**** 项目阶段报告"(**** 代表短视频的标题),寝室号,成员姓名,时间。

第二页——目录页(二级标题目录)。

第三页——图目录(总结报告中图的题注目录)。

第四页,正文,内容为 **** 项目阶段报告(**** 代表短视频的标题),需要在正文中说明团队成员的分工、主题确定、内容设计与制作的过程、遇到的问题如何解决的、实现的效果以及体会心得等。字数要求 1 000 字以上。

2. 格式要求

(1)使用多级符号对章名、小节名进行自动编号。要求:

① 章号的自动编号格式为:第 X 章(如第 1 章),其中 X 为自动排序。阿拉伯数字序号,对应级别 1,居中显示。

② 节名自动编号格式为 X.Y,X 为章数字序号,Y 为节数字序号(如 1.1),X、Y 均为阿拉伯数字序号,对应级别 2,左对齐显示。

(2)新建样式,样式名为:"样式"+寝室号。其中:

① 字体:中文字体为"楷体",西文字体为"Times New Roman",字号为"小四";

② 段落:首行缩进 2 字符,段前 0.5 行,段后 0.5 行,行距 1.5 倍;两端对齐,其余格式,

笔记栏

默认设置。

③将新建的样式应用到正文中（除章标题、节标题、图的题注内容以外的内容）。

（3）对正文中的图添加题注"图"，位于图下方，居中。要求：

改为"图 X-Y"，其中"X-Y"为图题注的编号（如第1章的第2幅图，图题注编号为1-2），图的说明根据图片内容自行提炼，格式同编号，图居中。

（4）对正文中出现"如下图所示"的"下图"两字，使用交叉引用。改为"图 X-Y"，其中"X-Y"为图题注的编号。

（5）在正文中按序插入两个节，使用 WPS 文字提供的功能，自动生成如下内容：

第1节，目录，其中，目录使用样式标题1，居中，目录下为目录项。

第2节，图目录，其中，图目录使用样式标题1，居中，目录下为图目录。

技巧与提高

WPS AI–排版

WPS AI 排版

WPS AI 可以快速完成学位论文、党政公文、合同协议及通用文档的排版。

1. 学位论文排版

（1）单击选项卡栏中的 WPS AI 按钮，在弹出的菜单中选择"AI 排版"命令，WPS 将在屏幕右侧打开"AI 排版"浮动窗口，如图 1-165 所示。

（2）选择"学位论文"，进入图 1-166 所示的"学位论文"窗口，在搜索框中输入相关院校的名称，如"嘉兴大学"，如果该院校论文模板已经在数据库中，将显示搜索结果，单击院校图标，显示开始排版提示，如图 1-167 所示。

图 1-165 "AI 排版"浮动窗口

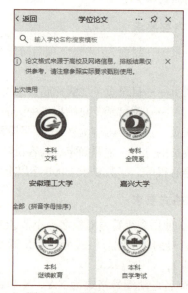

图 1-166 "学位论文"窗口

（3）单击"开始排版"按钮，将按照相关院校论文格式对论文进行排版。

需要注意的是，WPS AI 所提供的 AI 论文排版，仅仅作为一种参考，还需要严格按照院校的相关要求，对论文进行排版。

2. 党政公文排版

（1）在"AI 排版"浮动窗口（见图 1-165）中选择"党政公文"，浮动窗口中将显示请示、报告、公告等的公文模板，如图 1-168 所示。

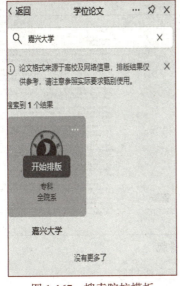

图 1-167　搜索院校模板　　　　图 1-168　"党政公文"窗口

（2）以公文通知排版为例，选择"通知"模板，单击"开始排版"按钮，完成后的效果如图 1-169 所示。

图 1-169　通知公文排版效果

合同协议与通用模板的 AI 排版方法与学位论文和党政公文的排版方法类似，此处不再赘述。

3. 导入范文排版

WPS AI 提供了范文排版模式，用于将范文的格式快速应用在当前文档中。

（1）在"AI 排版"浮动窗口（见图 1-165）中，单击"导入范文排版"区域的"选择文件"

按钮，打开范文。

（2）AI将按照范文的标题样式、正文样式等对当前文档进行排版，排版完成后显示对话框，勾选"显示目录"复选框，将在窗口左侧显示文档目录。勾选"显示原文"复选框，将在右侧显示未经排版的原文，形成排版前后对比，如图1-170所示。

图1-170　范文排版

（3）单击"应用到当前"按钮，当前文档将快速完成排版。

需要说明的是，导入范本之前，需将范本关闭。

项目 2 数据处理

21世纪称为"信息化社会",数据作为"信息化社会"的重要资源,已经越来越多地影响人们的生活,人们每天都在使用数据,同时也在产生数据。对数据进行各种汇总、计算、分析和统计,是为了挖掘数据中蕴藏的规律和价值。WPS 表格是 WPS Office 办公软件中用于数据处理的重要软件,利用 WPS 表格不但能方便地创建工作表来存放数据,而且能够使用公式、函数、图表等数据分析工具对数据进行分析和统计。本项目将通过一家房产公司销售数据的处理讲述 WPS 表格、智能表格、WPS AI 公式及 WPS 条件格式的应用。(注:本项目使用的所有数据均为虚构数据。)

通过本项目的学习,掌握使用 WPS 表格、智能表格进行数据存储、计算、分析、统计的方法,掌握 WPS AI 助力数据处理的基本应用,提升办公软件的应用能力,提高信息化办公的水平,增强计算思维,发展数字化创新和发展意识,养成信息安全意识与防护能力。

知识目标

1. 了解电子表格的应用场景,熟悉 WPS 表格功能和操作界面;
2. 掌握工作簿的概念,掌握工作簿与工作表的基本操作;掌握智能表格、数据表的创建方法,并理解普通表格与智能表格的差别;
3. 掌握单元格、行和列的相关操作,掌握使用控制句柄、设置数据有效性和设置单元格格式的方法;
4. 掌握数据录入的技巧,如快速输入特殊数据、使用自定义序列填充单元格、快速填充和导入数据,掌握格式刷、边框、对齐、条件等常用格式设置;
5. 熟悉工作簿的保护、撤销保护和共享,工作表的保护、撤销保护,工作表的背景、样式、主题设定;
6. 熟悉公式和函数的使用,掌握平均值、最大/最小值、求和、计数等常见函数的使用;
7. 了解常见的图表类型及电子表格处理工具提供的图表类型,掌握利用表格数据制作常用图表的方法;
8. 掌握自动筛选、自定义筛选、高级筛选、排序和分类汇总等操作;
9. 理解数据透视表的概念,掌握数据透视表的创建、更新数据、添加和删除字段、查看明细数据等操作,能利用数据透视表创建数据透视图;
10. 掌握页面布局、打印预览和打印操作的相关设置;
11. 掌握智能表格、AI 公式与 AI 条件格式的应用方法。

能力目标

1. 能进行电子表格的增加、删除、修改、查询等操作;
2. 能利用自定义序列、快速填充、数据验证等技巧完成数据录入;

笔记栏

3. 能利用单元格格式设置、条件格式对工作表进行美化；
4. 会使用基本函数及公式进行数据的计算；
5. 能使用图表完成数据的可视化；
6. 能利用筛选、分类汇总、数据透视表等工具对数据进行分析和统计；
7. 能对工作簿、工作表进行保护；
8. 能使用智能表格、AI 公式与 AI 条件格式辅助数据处理与分析。

 素质目标

1. 具有信息意识，自觉充分地利用信息解决生活、学习和工作中的数据处理问题；
2. 具有团队协作精神，善于与他人合作、共享信息，实现信息的更大价值；
3. 具备数字化创新与发展意识，能够用 WPS 表格处理技术解决工作、学习、生活中的实际问题；
4. 具备安全意识与防护能力；
5. 具备计算思维，能利用 WPS 表格界定问题、抽象特征、建立模型、组织数据、管理数据。

【强国视界】　　　　从零起步，中国超级计算机进化史

中国超级计算机进化史

为国"铸剑"——超级计算机

超级计算机作为一个国家的战略装备，意义堪比两弹一星。以我国自主研制的首台千万亿次超级计算机"天河一号"为例，其峰值运算速度为 4 700 万亿次/秒，60 亿人需要算一年的问题，超级计算机一秒就可以算完。然而回顾中国超级计算机的发展史，说出来可谓催人泪下，中国超级计算机曾被西方垄断了整整 20 年，如今却从一穷二白做到了世界第一，实现了成功逆袭，那么中国超级计算机到底是如何翻盘的，又是怎么做到这般成绩的呢？

中国超级计算行业的发展历程，是中国科研人员艰苦奋斗、开拓进取的历程，经历了三个阶段：打破封锁（1956—1995 年）；打破垄断（1996—2015 年）；引领创新（2016 年至今）。

1. 打破封锁（1956—1995 年）

1958 年，在"立足国内先仿制，后自行设计"的原则下，中国仿制苏联 M-3 大型计算机的 103 机研发成功，每秒运算速度 1 500 次，实现了从 0 到 1 的跨越。

1965 年 6 月，中科院计算所成功研发出运算速度定点运算 9 万次/s 的首台晶体管计算机 109 乙机。两年后的 109 丙机在"两弹"试制中发挥了重要作用，被誉为"功勋机"。

1976 年 11 月，中科院计算所研制成功运算速度达 1 000 万次/s 的大型通用集成电路通用数字电子计算机 013 机。从这时起，中国大型计算机逐渐转移到经济建设层面，在中国石油勘探、气象预报、科学计算等领域肩负起新使命。

1983 年 12 月 26 日，"银河 -1"亿次巨型计算机诞生，中国成为继美国、日本之后第三个能研制超级计算机的国家。

2. 打破垄断（1996—2015 年）

跨越新千年之后的 20 年间，伴随国力复苏和科研布局，中国超级计算机研究机构你追我赶，发展如火如荼。

2004 年，中科院研发"曙光 4000"十万亿次超级计算机，跻身世界第十。2008 年，曙光 5000 型超级计算机研发成功，运算速度达超百万亿次。

仅仅一年后，国防科技大学"天河一号"千万亿次超级计算机出现，中国成为继美国之后世界第二个成功研制千万亿次超级计算机的国家。2010 年 6 月，中国中科院"星云"千万亿次计算机在第三十五届超级计算机 TOP 500 排行榜荣获第二名的佳绩，创造中国新纪录，

打破美国对前三的长期垄断。半年后，国防科技大学"天河-1A"千万亿次超级计算机，直接夺取排行榜的第一名。

与此同时，江南计算机研究所千万亿次超级计算机"神威·蓝光"，率先完成CPU国产化。在中国超级计算的赛道上，曙光、天河与神威已成为高性能计算专项课题耀眼的"三剑客"。

3. 引领创新（2016年至今）

中国2017年11月13日，新一期全球超级计算机500强榜单发布，中国超级计算机"神威·太湖之光"第四次夺得冠军，中国超级计算机上榜总数再次反超美国，夺得第一。

2021年11月18日，全球超级计算大会，中国14人超算应用团队基于新一代神威超级计算的算力，凭借"超大规模量子随机电路实时模拟（SWQSIM）"应用，获2021年度"戈登贝尔奖"。

从国产巨型计算机到超级计算机，再到完全使用"中国芯"，中国超级计算机的发展从无到有，最后领跑全世界。实现如此巨大的飞跃，离不开背后无数呕心沥血的科研人员，正是他们的不懈努力才造就了这一国之重器，正是他们的努力让我们打破了美国的封锁，拥有了属于中国人自己的超级计算机。

任务 1　房产销售基础数据表制作——WPS 表格数据输入与格式设置

使用 WPS 表格进行数据管理是对数据进行有效的收集、存储、处理和应用的过程，其目的在于充分有效地发挥数据的作用。实现数据有效管理的关键是数据组织。

在创建表格对数据进行管理时，要充分考虑数据间的内在联系，以便于从数据修改、更新与扩充的角度考虑数据表的创建，同时要保证数据的独立性、可靠性、安全性与完整性，减少数据冗余，提高数据共享程度及数据管理效率。

本项目所有任务将围绕一家房产公司的房产销售数据展开（注：表格中所有数据均为虚构数据）。所有表格中的数据都在呈现同一个事实，表与表之间存在着各种关联关系。在任务实施过程中，我们既要掌握如何使用 WPS 表格的各项工具完成数据的管理，更要思考如何利用 WPS 表格软件界定问题、抽象特征、建立模型、组织数据、管理数据，从而培养计算思维。

任务描述

房产销售数据管理的基础是完成房屋基本信息、销售员工基本信息、客户基本信息的收集和存储。在本任务中，将完成如下三张表格：

（1）房屋基本信息表。记录房屋的楼号、类型、户型、房屋面积、花园面积、价格等信息。

（2）销售员工信息表。记录公司每位销售员工的工号、姓名、性别、出生年月、销售级别等信息。

（3）客户信息表。记录该项目的客户编号、姓名、身份证号码、电话号码、服务代表等信息。

在完成数据收集的同时，完成对表格的格式设置。

知识准备

一、认识 WPS 表格窗口

启动 WPS 表格窗口，界面如图 2-1 所示。

微 课

认识WPS表格窗口

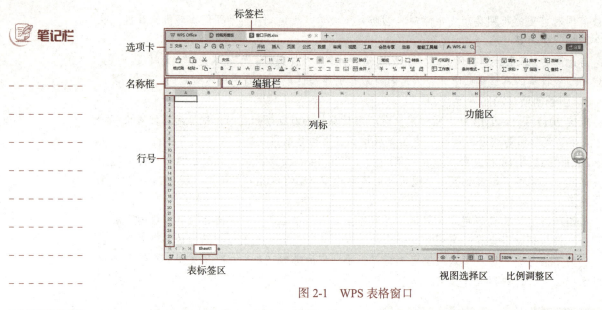

图 2-1　WPS 表格窗口

（1）标签栏：显示正在编辑的文档的文件名及常用按钮，包括标准的"最小化""还原""关闭"按钮。可使用微信、钉钉、QQ、手机短信等方式登录 WPS，登录后将在标题栏中显示用户头像。

（2）选项卡：WPS 表格采用选项菜单的方式组织管理功能选项。选择不同的选项，功能区将出现不同的命令组合。

（3）功能区：功能区为选中选项所包含的功能按钮集合。单击选项卡最右侧的"隐藏功能区"按钮，可以将功能区隐藏起来。

（4）名称框：显示正在编辑的单元格的名称，默认每个单元格以所在的列标与行号命名，如"B12"。

（5）编辑栏：可以完成当前单元格数据的编辑，公式与函数的编辑等都在此完成。

（6）行号：表格由多行构成，WPS 表格最多行数为 1 048 576 行，行号用阿拉伯数字标识，如"3"。

（7）列标：表格由多列构成，WPS 表格最多列数为 16 384 列，列标用英文标识，如"C"。

（8）数据编辑区：完成对表格数据输入与格式设置。

（9）表标签区：一个 WPS 表格文档可以包含多张工作表，最多可创建 255 张工作表。表标签区显示的是每张工作表的标签。

（10）视图选择区：在视图选择区可以根据应用场景的需要进行视图选择。选择"护眼模式"，让编辑区呈现舒适的绿色，减轻眼睛负担；"阅读模式"能够将当前单元格所在的行和列显示填充色，方便比对当前单元格同一行、同一列数据；"普通视图"是对数据进行编辑的窗口；"页面布局"可以查看打印文档的外观，并且可以设置页眉页脚；"分页预览"能够预览工作表打印时分页的位置。

（11）比例调整区：可以根据个人需求调整窗口显示比例。

二、数据输入

在 WPS 表格中可以输入文本、数字、日期等类型的数据。通常输入数据的方法是：单击相应单元格，输入数据，按【Enter】键进行确认，或者单击"编辑栏"左侧的"输入"按钮

✓。但是一些特殊数据的输入，如学号（唯一）、性别（有限选项）、身份证号码（长度受限）、成绩（数据范围受限）等数据，由于受到各种限制，在输入时可以通过设置数据有效性来实现。另外，对于非 WPS 表格文件，还可以通过"数据"选项卡中的"导入数据"按钮快速导入。

1. 数据有效性

数据有效性是指通过建立一定的规则来限制单元格中输入数据的类型和范围，以提高单元格数据输入的效率和规范性。另外，还可以使用数据有效性定义提示和帮助信息，或者圈释无效数据。

1）禁止输入重复数据

在数据输入过程中，有些数据的值是唯一的，如学号、工号、身份证号码等，为了防止输入重复数据，可通过设置数据有效性来实现。

（1）选择需要设置的数据范围，单击"数据"选项卡中的"有效性"下拉按钮，在下拉列表中选择"有效性"命令，弹出"数据有效性"对话框，在"允许"下拉列表框中选择"自定义"选项，在"公式"文本框中输入公式"=COUNTIF(A:A,A2)=1"，如图 2-2 所示。此处的函数"COUNTIF(A:A,A2)"是条件统计函数，该函数有两个参数，第一个参数为统计的数据范围，当前值为"A:A"，即 A 列，可通过单击 A 列列标实现，第二个参数为统计的值，此处值为"A2"。该函数的运算结果为 A2 单元格在 A 列出现的次数。"COUNTIF(A:A,A2)=1"是个关系运算表达式，即判断 A2 单元格在 A 列出现的次数是否等于 1，如果等于 1，即 A2 仅出现一次，则返回逻辑值"TRUE"，否则返回"FALSE"。

（2）选择"出错警告"选项卡，在"标题"文本框中输入"错误提示"，在"错误信息"文本区中输入"数据重复"，如图 2-3 所示，单击"确定"按钮。

图 2-2　"数据有效性 - 设置"对话框

图 2-3　"数据有效性 - 出错警告"对话框

（3）当在 A 列输入相同数据时，出现图 2-4 所示的错误提示。

2）限制数据输入为序列

在 WPS 表格中输入有固定选项的数据，如性别、学历、婚否、部门等时，如果直接从下拉列表中进行选择，既可以提高数据输入的效率，又可以提高数据输入的规范性。下拉列表的形成，可以通过数据有效性，将数据限制为序列，也可以单击"数据"选项卡中的"下拉列表"按钮实现。

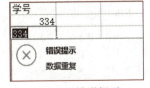

图 2-4　错误提示

以性别列设置为例，使用数据有效性进行设置的操作步骤如下：

（1）选中需要设置的数据范围，单击"数据"选项卡中的"有效性"下拉按钮，在下拉列表中选择"有效性"命令,弹出"数据有效性"对话框,在"允许"下拉列表框中选择"序列",在来源中输入"男,女"(注意,此处的分隔符为英文符号",",不能输入中文符号),如图2-5所示。

(2)单击"确定"按钮,关闭"数据有效性"对话框。返回工作表中,在刚刚选中的任意单元格中单击,单元格右边将显示下拉按钮,单击下拉按钮,弹出下拉选项,效果如图2-6(b)所示。

如果使用下拉列表进行设置,操作步骤如下:

(1)选中需要设置的数据范围,单击"数据"选项卡中的"下拉列表"按钮,弹出"插入下拉列表"对话框,如图2-6(a)所示。

(2)可以选择"手动添加下拉选项"中"从单元格选择下拉选项"单选按钮。

此外,利用数据有效性还可以指定单元格输入文本的长度,数值范围、时间范围等。在接下来任务实现的过程中,将结合任务,继续讲述数据有效性其他相关选项设置。

图2-5 设置数据有效性为序列

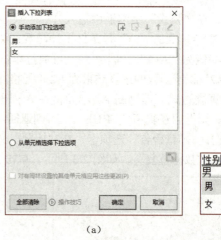

图2-6 "插入下拉列表"对话框及显示效果

3)圈释无效数据

圈释无效数据是指系统自动将不符合条件的数据用红色的圈标出来,以便编辑修改,一般用于数据已经录入,要对无效数据进行管理的情形。下面以成绩为例讲述无效数据的圈释。

(1)选择要圈释无效数据的单元格区域。单击"数据"选项卡中的"有效性"下拉按钮,在下拉列表中选择"有效性"命令,弹出"数据有效性"对话框,在"允许"下拉列表框中选择"整数",在"数据"下拉列表框中选择"介于",在"最小值"文本框中输入"0",在"最大值"文本框中输入"100",如图2-7所示。

(2)单击"确定"按钮,关闭"数据有效性"对话框,单击"数据"选项卡中的"有效性"下拉按钮,在下拉列表中选择"圈释无效数据"命令,如图2-8所示,此时工作表选定区域中不符合数据有效性要求的数据会被圈注出来,如图2-9所示,圈定无效数据后,就可以方便地找出无效数据进行修改,数据修改正确后,红色标识圈将自动消除。若要手动清除圈注,可单击"数据"选项卡中的"有效性"下拉按钮,在下拉列表中选择"清除验证标识圈"命令,红色的标识圈就会自动清除。

项目 2 数据处理

 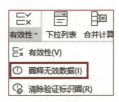 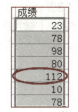

图 2-7 数据有效性整数范围限制　　图 2-8 圈释无效数据　　图 2-9 圈释效果

2. 自定义序列

在 WPS 表格中输入数据时,如果数据本身存在某些顺序上的关联特性,可以使用填充柄功能快速实现数据输入。WPS 表格中已内置了一些序列,如"星期一,星期二,星期三,…""甲,乙,丙,…""JAN, FEB, MAR, …"等数据,如果要输入上述内置的序列,只要在单元格中输入序列中的任意元素,把光标放在单元格右下角,变成实心后按住鼠标左键拖动鼠标,就能实现序列的填充。对于系统未内置而个人经常使用的序列,可以采用自定义序列的方式实现填充。

1)基于已有项目列表的自定义序列

(1)在工作表的单元格区域(E1:E12)中依次输入一个序列的每个项目,如"一月份,二月份,三月份,…,十二月份"。

(2)选中 E1:E12 区域,选择"文件"→"选项"命令,弹出"选项"对话框,在对话框中选择"自定义序列"选项卡,此时可以看到"从单元格导入序列"文本框中显示已经选中的数据范围"$E$1:$E$12",如果数据范围不是选中的数据范围,可单击对话框右侧的折叠按钮,对数据范围进行选择。单击"导入"按钮,此时在上方"输入序列"文本框中将显示选中的数据范围,如图 2-10 所示。

图 2-10 导入自定义序列

2-7

（3）序列自定义成功后，使用方法与内置序列一样，在某一单元格内输入序列的任意值，拖动填充柄可以进行填充。

2）直接定义新项目列表序列

（1）选择"文件"→"选项"命令，弹出"选项"对话框，选择"自定义序列"选项卡。

（2）在右侧"输入序列"文本框中依次输入自定义序列的各个条目，条目与条目之间使用【Enter】键进行分隔，如图 2-11 所示。

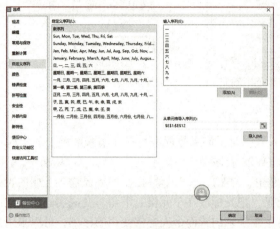

图 2-11　输入自定义序列

（3）全部条目输入完毕后，单击"添加"按钮，再单击"确定"按钮，完成自定义序列定义。

3. 获取外部数据

用户在使用 WPS 表格时，不但可以直接输入数据，也可以将外部数据直接导入。WPS 表格获取外部数据可通过单击"数据"选项卡中的"导入数据"按钮实现，可以导入文本文件的数据，也可以从 Access 数据库中导入数据。

下面以导入文本文件为例说明数据导入的过程。

（1）新建一个空白工作簿，单击"数据"选项卡中的"导入数据"按钮，弹出"第一步：选择数据源"对话框，如图 2-12 所示。

（2）单击"选择数据源"按钮，弹出"打开"对话框，找到要导入的文本文件，本例以"示例数据.txt"文件为例，如图 2-13 所示。

图 2-12　"第一步：选择数据源"对话框

图 2-13　打开要导入的文件

（3）单击"打开"按钮，弹出"文件转换"对话框，利用此对话框可以预览导入数据的效果，接受默认设置即可，如图 2-14 所示。

（4）单击"下一步"按钮，弹出"文本导入向导 -3 步骤之 1"对话框，选择"分隔符号"单选按钮，由于"示例数据"文本文件中第一行为空行，所以导入起始行设置为"2"，如图 2-15 所示。

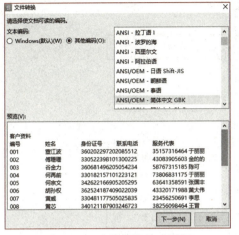

图 2-14 "文件转换"对话框

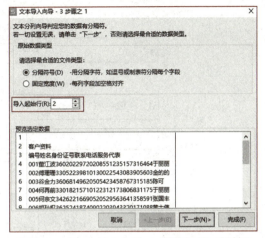

图 2-15 "文本导入向导 -3 步骤之 1"对话框

（5）单击"下一步"按钮，弹出"文本导入向导 -3 步骤之 2"对话框，设置分隔符的种类，选取时取决于文本文件所使用的分隔符。文本文件使用【Tab】键，所以默认勾选"Tab 键"复选框，如图 2-16 所示。

（6）单击"下一步"按钮，弹出"文本导入向导 -3 步骤之 3"对话框，设置每一列数据的文本类型，默认为常规。分别选中"编号""身份证号""联系电话"列，设置其数据类型为"文本"类型，如图 2-17 所示。

图 2-16 "文本导入向导 -3 步骤之 2"对话框

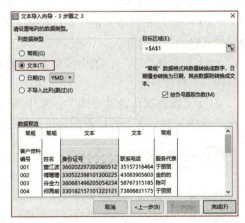

图 2-17 "文本导入向导 -3 步骤之 3"对话框

（7）单击"完成"按钮，完成数据导入。

三、单元格格式设置

通过单元格格式设置，可以完成设置选中内容的数据类型设置、字体设置、对齐设置、边框设置、图案设置、保护设置等。

在任务实现教学环节，将根据任务需要，介绍单元格格式设置的方法。

四、合并居中

WPS 表格提供了"合并居中""合并单元格"等多种合并居中方式。单击"开始"选项卡中的"合并居中"下拉按钮,下拉列表中显示"合并居中"的多个选项。图 2-18 所示为不同合并居中方式的前后对比。

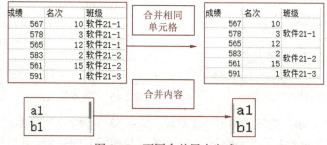

图 2-18　不同合并居中方式

（1）"合并居中"：选中需要合并的区域,选择"合并居中"命令,将保留左侧第一个单元格的值,对齐方式为居中。

（2）"合并单元格"：选中需要合并的区域,选择"合并单元格"命令,将保留左侧第一个单元格的值,对齐方式为非固定的对齐方式,将与左侧第一个单元格对齐方式一致。

（3）"合并相同单元格"：选中需要合并的区域,选择"合并相同单元格"命令,将把相同单元格的内容合并。

（4）"合并内容"：选中需要合并的区域,选择"合并内容"命令,位于不同行同一列中的内容将被合并。

（5）"设置默认合并方式"：选中需要合并的区域,选择"设置默认合并方式"命令,弹出"选项"对话框,可以根据自己使用合并居中的习惯对选项进行设置。

任务实现

子任务一：创建工作簿文件

启动 WPS Office,单击"首页"菜单栏中的"新建"→"新建表格"→"新建空白表格",创建一张新的 WPS 表格,选择"文件"→"另存为"命令,弹出"另存文件"对话框,选择保存位置,并将文件名设置为"房屋销售资料",文件类型可以选择"WPS 表格文件（.et）",也可以选择"Excel 文件（.xlsx）"。

基础数据表
——房屋销售
资料表制作

子任务二：创建"房屋基本信息"工作表

房屋基本信息表用来描述项目中涉及的每套房子的相关属性,包括"楼号""别墅类型""户型""房屋面积""花园面积""价格"等信息。

1. 重命名标签

WPS 表格创建的表格文档，默认包含一张工作表，工作表标签默认为"Sheet1"，双击工作表标签，或者右击工作表标签，在弹出的快捷菜单中选择"重命名"命令，将工作表命名为"房屋基本信息表"。

2. 输入数据（见图 2-19）

1）一个单元格输入多行数据

本例中，房屋面积和花园面积列，需要在同一个单元格中输入多行数据。选中"D2"单元格，在编辑栏中将光标定位于"房屋面积"文字之后，按住【Alt】键的同时按【Enter】键（此时输入的回车键，通常称为软回车），将光标在单元格内换行，输入"（平方米）"。在"E2"单元格中重复上述操作。

2）使用填充柄填充序列

楼号列的值为等差序列，输入序列的初始值后，可以使用填充柄对其他单元格进行填充。光标移动到初始值单元格右下角，当光标变成实心时，按住鼠标左键，拖动鼠标至最后一个需要填充的单元格，松开鼠标，可以看到填充结果。如果结果不是预期的等差数列，在最后一个单元格右下角单击"自动填充选项"下拉按钮，弹出图 2-20 所示的填充选项，在填充选项中进行选择即可。

	A	B	C	D	E	F
1	房屋基本信息					
2	楼号	别墅类型	户型	房屋面积（平方米）	花园面积（平方米）	价格
3	A101	联排	四室两厅三	168.55	50	2124640
4	A102	联排	四室两厅三	168.55	50	2124640
5	A103	联排	四室两厅三	168.55	50	2124640
6	A104	联排	四室两厅三	168.55	50	2124640
7	A105	联排	四室两厅三	168.55	50	2124640
8	A106	联排	四室两厅三	168.55	50	2124640
9	A201	联排	五室三厅四	205.68	65	2438240
10	A202	联排	五室三厅四	205.68	65	2438240
11	A203	联排	五室三厅四	205.68	65	2438240
12	A204	联排	五室三厅四	205.68	65	2438240
13	A205	联排	五室三厅四	205.68	65	2438240
14	A206	联排	五室三厅四	205.68	65	2438240
15	B101	双拼	四室三厅四	228	100	3300640
16	B102	双拼	四室三厅四	228	100	3300640
17	B201	双拼	四室三厅四	228	100	3300640
18	B202	双拼	四室三厅四	228	100	3300640
19	B301	双拼	五室三厅五	353	200	5476240
20	B302	双拼	五室三厅五	353	200	5476240
21	B401	双拼	五室三厅五	353	200	5476240
22	B402	双拼	五室三厅五	353	200	5476240
23	C001	独栋	七室三厅五	450	400	10662400
24	C002	独栋	七室三厅五	450	400	10662400
25	C003	独栋	七室三厅五	450	400	10662400
26	C004	独栋	七室三厅五	450	400	10662400

图 2-19　房屋基本信息表数据

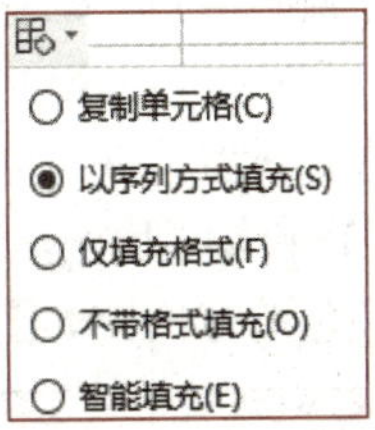

○ 复制单元格(C)
◉ 以序列方式填充(S)
○ 仅填充格式(F)
○ 不带格式填充(O)
○ 智能填充(E)

图 2-20　填充选项

3. 表格格式设置

1）标题合并居中

拖动鼠标选中"A1"到"F1"单元格，单击"开始"选项卡中的"合并居中"下拉按钮，在下拉列表中选择"合并居中"命令。

2）字体设置

选中标题，在"开始"选项卡的"字体"选项组中，将标题设置为"黑体""小三""加粗"。表中其他字体保持默认设置，对齐方式选择"居中"。

3）边框设置

（1）选中"A2:F26"单元格区域并右击，在弹出的快捷菜单中选择"设置单元格格式"命令，弹出"单元格格式"对话框，选择"边框"选项卡，如图2-21所示。

（2）在"线条"区域的样式列表框中选择"单实线"，颜色选择"自动"，在"预置"区域分别选择"外边框""内部框"。在"边框"区域可以看到设置好的边框样式。

（3）如果需要对选中单元格的边框进行更个性化设置，可以在选择线条样式、颜色的前提下单击"边框"区域中相应的边框线即可完成边框设置。

4）设置图案

（1）选中"A2:F2"单元格区域并右击，在弹出的快捷菜单中选择"设置单元格格式"命令，弹出"单元格格式"对话框，选择"图案"选项卡，如图2-22所示。

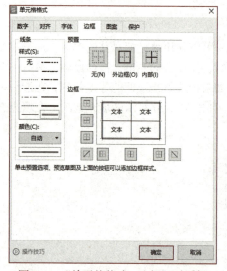

图 2-21 "单元格格式 - 边框"对话框

图 2-22 "单元格格式 - 图案"对话框

（2）在"图案样式"下拉列表框中可选择"实心""75%灰色"等样式，此处选择"实心"，左侧"颜色"区域选择一种颜色作为填充色。

（3）单击"填充效果"按钮，弹出图2-23所示的"填充效果"对话框，在其中可对填充的双色进行设置，在"底纹样式"区域选择底纹样式。

（4）单击"其他颜色"按钮，弹出"颜色"对话框，有"标准""自定义""高级"三种选择颜色的方式，如图2-24所示。

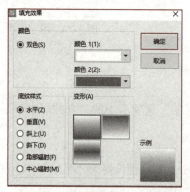

图 2-23 "填充效果"对话框

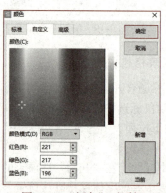

图 2-24 "颜色"对话框

5）设置数字分类

（1）选中"D3:E26"单元格区域并右击，在弹出的快捷菜单中选择"设置单元格格式"命令，弹出"单元格格式"对话框，选择"数字"选项卡。

（2）在"数字"选项卡中选择"数值"，"小数位数"设置为2，如图2-25所示，设置"房屋面积""花园面积"两列数据的小数位数为2。

选中"F3:F26"单元格区域，在"数字"选项卡中选择"货币"，"货币符号"选择"¥"，"小数位数"设置为"2"，"负数"选择默认值。将"价格"列设置成货币样式。

设置完毕后，"房屋基本信息表"的效果图如图2-26所示。

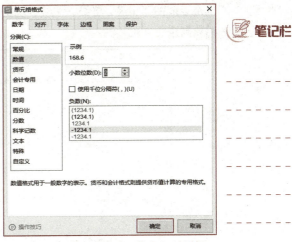

图2-25 "单元格格式-数字"对话框

房屋基本信息					
楼号	别墅类型	户型	房屋面积（平方米）	花园面积（平方米）	价格
A101	联排	四室两厅三卫	168.55	50.00	¥2,124,640.00
A102	联排	四室两厅三卫	168.55	50.00	¥2,124,640.00
A103	联排	四室两厅三卫	168.55	50.00	¥2,124,640.00
A104	联排	四室两厅三卫	168.55	50.00	¥2,124,640.00
A105	联排	四室两厅三卫	168.55	50.00	¥2,124,640.00
A106	联排	四室两厅三卫	168.55	50.00	¥2,124,640.00
A201	联排	五室三厅四卫	205.68	65.00	¥2,438,240.00
A202	联排	五室三厅四卫	205.68	65.00	¥2,438,240.00
A203	联排	五室三厅四卫	205.68	65.00	¥2,438,240.00
A204	联排	五室三厅四卫	205.68	65.00	¥2,438,240.00
A205	联排	五室三厅四卫	205.68	65.00	¥2,438,240.00
A206	联排	五室三厅四卫	205.68	65.00	¥2,438,240.00
B101	双拼	四室三厅四卫	228.00	100.00	¥3,300,640.00
B102	双拼	四室三厅四卫	228.00	100.00	¥3,300,640.00
B201	双拼	四室三厅四卫	228.00	100.00	¥3,300,640.00
B202	双拼	四室三厅四卫	228.00	100.00	¥3,300,640.00
B301	双拼	五室三厅四卫	353.00	200.00	¥5,476,240.00
B302	双拼	五室三厅四卫	353.00	200.00	¥5,476,240.00
B401	双拼	五室三厅四卫	353.00	200.00	¥5,476,240.00
B402	双拼	五室三厅四卫	353.00	200.00	¥5,476,240.00
C001	独栋	七室三厅五卫	450.00	400.00	¥10,662,400.00
C002	独栋	七室三厅五卫	450.00	400.00	¥10,662,400.00
C003	独栋	七室三厅五卫	450.00	400.00	¥10,662,400.00
C004	独栋	七室三厅五卫	450.00	400.00	¥10,662,400.00

图2-26 "房屋基本信息表"效果图

子任务三：创建"销售员工信息"工作表

销售员工信息表用来描述公司销售员工的相关属性，包括"编号""姓名""性别""出生日期""销售级别"等相关信息。

1. 建立"销售员工信息表"

单击工作表末尾的"新工作表"按钮，插入一张工作表，将其重命名为"销售员工信息表"。

2. 插入"下拉列表"规范数据

"性别"列输入的数据"男""女"可以通过"数据有效性"或者插入"下拉列表"来规范数据输入。选中"性别"列的C3:C14单元格区域，单击"数据"选项卡中的"下拉列表"按钮，弹出图2-27所示的"下拉列表"对话框。选中"手动添加下拉选项"单选按钮，输入第一个选项"男"，单击 按钮，输入第二个选项"女"，单击"确定"按钮。设置完成后在该列中输入数据时，会出现下拉列表，如图2-28所示。同样，"级别"列由于输入的数据

基础数据表——销售员工信息表制作

也是规范的"一级，二级，三级，四级，五级"，也需要使用"下拉列表"或者"数据有效性"对数据进行规范。

图2-27 "插入下拉列表"对话框

图2-28 "性别"列输入提示

3. 使用"格式刷"复制格式

参照房屋基本信息表中对表格格式设置的方法，完成对"销售员工信息表"的格式设置。为了避免阅读数据错行，对第二行数据用"淡蓝色"进行填充，方法在前面已经讲过，此处不再赘述。如何快速地对其他偶数行进行格式复制呢？可以使用"格式刷"功能。

选中第二行数据（即选中需要复制格式的对象），双击"开始"选项卡中的"格式刷"按钮，此时鼠标会变成刷子的形状，用刷子选中需要复制格式的偶数行数据，即可完成对第二行格式的复制。如果单击"格式刷"按钮，此格式被复制一次。双击"格式刷"按钮，格式可以被复制多次，结束时只要单击"格式刷"按钮即可。

"销售员工信息表"格式设置完毕后，效果如图2-29所示。

销售员工信息				
编号	姓名	性别	出生日期	销售级别
1001	于丽丽	女	1985/10/19	五级
1002	陈可	女	1987/4/21	四级
1003	黄大伟	男	1986/10/7	四级
1004	齐明明	女	1988/1/23	三级
1005	李思	女	1988/6/6	三级
1006	王晋	男	1988/3/30	三级
1007	毛华新	男	1989/9/10	二级
1008	金的的	女	1989/5/22	二级
1009	姜新月	女	1988/12/7	二级
1010	张楚玉	男	1989/11/8	二级
1011	吴姗姗	女	1991/1/15	一级
1012	张国丰	男	1990/2/10	一级

图2-29 销售员工信息表效果图

子任务四：创建"客户资料表"

1. 新建工作表

单击工作表末尾的"新工作表"按钮，插入一张工作表，将其重命名为"客户资料表"。

2. 输入特殊字符

在"编号"列中，如果输入"001"，系统会自动处理为"1"，这是因为系统认为数值1左侧的"0"是无效的。如果要把这一列输入类似"001""002""003"这样的数据，需要将该列设置为文本类型的数据，选中该列并右击，在弹出的快捷菜单中选择"设置单元格格式"命令，弹出"单元格格式"对话框，在"数字"选项卡中选择"文本"类型，文本类型的数据就可以让单元格显示的内容与输入的内容完全一致。如果涉及的单元格较少，也可以在需要输入的文本之间输入单引号"'"，这样输入什么，系统就会显示什么（单引号不会显示）。

> **提示：**
>
> WPS 表格可以智能识别常见的文本型数据，当单元格输入长数字时（如身份证、银行卡等），或是以 0 开头的超过 5 位的数字编号（如 012345），WPS 表格将自动识别文本类型的数据，避免手动设置数字格式或添加半角引号（'）的麻烦。

3. 设置数据有效性

1）文本长度限制

对于类似身份证号码、手机号码这样的长数据，在输入时很容易输错。可以通过设置数据有效性，限制文本的长度，从而避免低级的输入出错。选中身份证号码列，单击"数据"选项卡中的"有效性"下拉按钮，在下拉列表中选择"有效性"命令，弹出"数据有效性"对话框，选择"设置"选项卡，在"有效性条件"区域中，允许选项中选择"文本长度"，数据选项中选择"等于"，数值中输入"18"，如图 2-30 所示。选择"出错警告"选项卡，在标题中输入"数据长度出错"，错误信息中输入"身份证长度应为 18 位！"，如图 2-31 所示。

图 2-30 "数据有效性 - 设置"对话框

图 2-31 "数据有效性 - 出错警告"对话框

设置之后，假如身份证号码长度输入错误，系统就会弹出出错警告，如图 2-32 所示，直到输入正确为止。

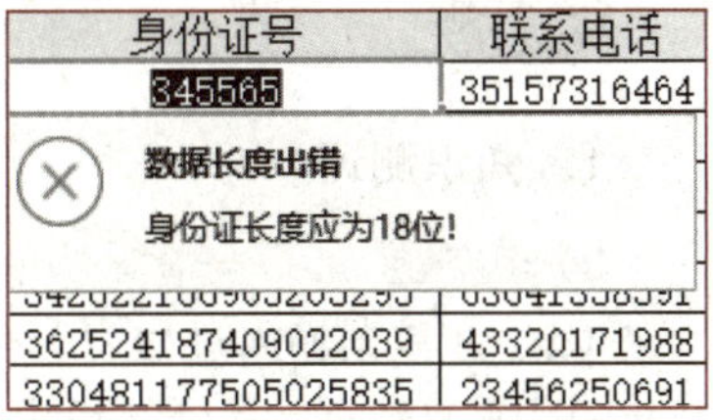

同样需要对手机号码列进行长度限制，限制文本长度为 11 位。此处不再赘述。

2）将数据输入限制为下拉列表中的值

本表中每位客户的服务代表，都应该是前面建立的"销售人员信息表"中的销售人员。可以通过设置数据有效性或者下拉列表，将该列数据验证条件设置为序列，来源为"销售人员信息表"的"姓名"列。选中"服务代表"列的 E3:E18 单元格区域，单击"数据"选项卡中的"有效性"下拉按钮，在下拉列表中选择"有效性"命令，弹出"数据有效性"对话框，选择"设置"选项卡，在"有效性条件"区域中，允许选择"序列"，光标定位于"来源"文本框中，单击此文本框右侧的折叠按钮，选择"销售人员信息表"中的 B3:B14 单元格区域，单击"确定"按钮，如图 2-33 所示，此时在该列单元格的右侧出现下拉按钮，单击即可完成对服务代表的选择，如图 2-34 所示。

图 2-32 身份证号码长度错误提示窗口

笔记栏

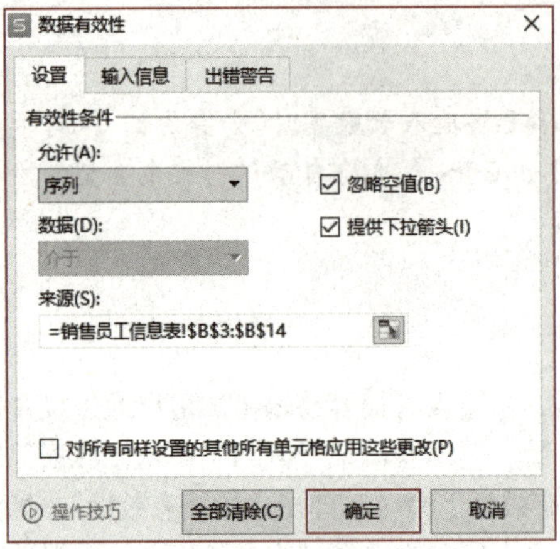

图 2-33 “数据有效性 - 设置”对话框

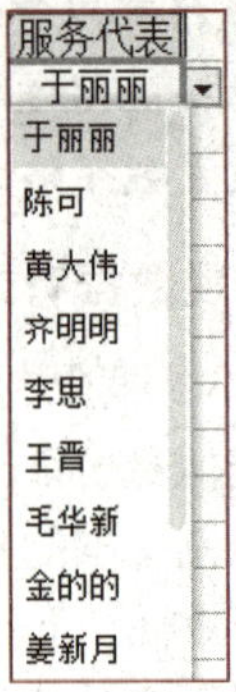

图 2-34 有效性效果

4. 格式设置

参照房屋基本信息表中对表格格式设置的方法，完成对“客户资料表”的格式设置，设置完成后的效果如图 2-35 所示。

客户资料				
编号	姓名	身份证号	联系电话	服务代表
001	董江波	360202297202085512	35157316464	于丽丽
002	傅珊珊	330522398101300225	43083905603	金的的
003	谷金力	360681496205054234	58767315185	陈可
004	何再前	330182157101223121	73806831175	于丽丽
005	何宗文	342622166905205295	63641358591	张国丰
006	胡孙权	362524187409022039	43320171988	黄大伟
007	黄威	330481177505025835	23456250691	李思
008	黄芯	340121187903246723	38256098464	王晋
009	贾丽娜	330824297210276229	48767062387	齐明明
010	简红强	360429107809110038	53777418028	吴姗姗
011	郎怀民	360281106704168019	98079801988	姜新月
012	李小珍	340822108008103724	73738293001	毛华新
013	项文双	34162112790520411X	35988318793	黄大伟
014	肖凌云	330522188010152124	43185240598	姜新月
015	肖伟国	330702187803136030	55968388001	陈可
016	谢立红	330726296610302530	35924295509	李思

图 2-35 客户资料表效果图

测 评

1. 知识测评

1）填空题

（1）在数据输入过程中，有些数据的值是唯一的，如学号、工号、身份证号码等，为了防止输入重复数据，可通过设置________来实现。

（2）输入身份证号码之类的数据信息时，需要将该列数据设置为________类型。

（3）日期之间的分隔符可以是________和________。

（4）在 WPS 表格中输入有固定选项的数据，如性别、学历、婚否、部门等时，如果直接从下拉列表中进行选择，既可以提高数据输入的效率，又可以提高数据输入的规范性。下拉列表的形成，可以通过________，将数据限制为________。

（5）如果要在同一个单元格中输入多行数据，将光标定位于需要分行的位置，按住________键的同时按下________键即可。

（6）在数据已经录入，要对无效数据进行管理，需要使用________对无效数据进行_____。

（7）在 WPS 表格中输入数据时，如果数据本身存在某些顺序上的关联特性，可以使用_____功能快速实现数据输入。

2）简答题

（1）简述 WPS 表格在输入数据时的注意事项。

（2）简述 WPS 表格中单元格格式设置都有哪些功能。

2. 能力测评

按表 2-1 中所列的操作要求，对自己完成的文档进行检查，操作完成得满分，未完成或错误得 0 分。

表 2-1　能力测评表

序　号	操作要求（具体见任务实现）	分　值	完成情况	自　评　分
1	完成房屋基本信息表内容输入及格式设置	25		
2	完成销售人员信息表数据输入及格式设置	25		
3	完成客户资料表的数据输入及格式设置	25		
4	完成相关数据的数据验证	25		
总　分				

3. 素质测评

针对表 2-2 中所列出的素质与素养观察点，反思任务实现的过程，思考总结相关项目，做到即得分，未做到得 0 分。

表 2-2　素质测评表

序　号	素质与素养	分　值	总结与反思	得　分
1	信息意识——具备使用 WPS 表格中数据有效性、下拉列表等方法和手段保证数据信息可靠性、真实性、准确性的意识	20		
2	团队意识——具备团队协作精神，善于与他人合作、共享信息，实现数据信息的更大价值	20		
3	数字化创新与发展——具备将 WPS 表格与所学专业相融合，具备创新思维、使用 WPS 表格解决专业问题的能力	20		
4	信息社会责任——数据处理过程中能遵守相关法律法规，信守信息社会的道德与伦理准则；具备较强的信息安全意识与防护能力，能有效维护个人、他人的合法权益和公共信息安全	20		
5	计算思维——具备利用 WPS 表格界定问题、抽象特征、建立模型、组织数据、管理数据、解决问题的能力	20		
总　分				

拓展训练

在接下来的任务中，将以小组为单位，围绕班级信息管理创建数据表，完成表的创建、数据输入与格式设置、利用公式与函数进行计算，利用 WPS 表格提供的各种数据管理工具对数据进行分析和统计等各项任务,通过任务实施,提升 WPS 表格的应用能力、团队协作能力,培养计算思维,养成数据规范和安全意识。

本阶段的任务是建立班级同学的学籍表、宿舍安排表、成绩表,具体要求如下:

1. 学籍表

(1)"学籍表"收集班级同学的学籍信息,包括"学号""姓名""性别""出生年月""民族""身份证号码""政治面貌""籍贯""联系电话""家长姓名""家长联系电话""家庭住址""所学专业"班级等信息。

(2)使用"数据有效性"或"下拉列表"完成对"性别""政治面貌""所学专业"列下拉按钮式的数据选择;对"身份证号码"文本长度限制为 18 位;"电话号码""家长联系电话"长度限制为 11 位;"学号"设置为唯一。

(3)对表格数据进行美化,设置表格对齐方式、字体、边框、图案等,具体参数不做要求。

2. 宿舍安排表

(1)"宿舍安排表"收集班级同学的住宿信息,包括"寝室号码""寝室长""寝室星级""成员姓名"等信息。

(2)对"寝室号码""寝室长""寝室星级"列实行"相同内容合并"。

(3)使用"数据有效性"完成对"寝室星级"列下拉按钮式的数据选择;"成员姓名"使用下拉按钮式的数据选择,序列来源为"学籍表"中的"姓名"列所在的范围。

(4)对表格数据进行美化,设置表格对齐方式、字体、边框、图案等,具体参数不做要求。

3. 学生成绩表

(1)"学生成绩表"收集班级同学期中考试成绩信息,包括"学号""英语""现代信息技术""高等数学""体育"等信息。

(2)使用"数据有效性"对单科成绩所在的范围约束为"整数:介于 0 ~ 100 之间"。

(3)对表格数据进行美化,设置表格对齐方式、字体、边框、图案等,具体参数不做要求。

技巧与提高

智能表格

WPS 智能表格是金山办公推出的一款基于人工智能的智能化办公工具,在传统表格和 WPS 多维表格的基础上,增加了场景化应用、高级功能(AI)和扩展插件。使用智能表格可以使数据采集更简单、规范、有效。WPS 智能表格中数据表最大的特点是多人协作时,不同用户可以查看修改不同范围的数据,从而保证了数据的安全性。同时 WPS 智能表格又集成了应用、自动化流程、仪表盘等功能。使用这些功能可以像搭积木一样创建一个适用于自己业务的应用系统。

下面以"班级人员信息"数据表创建为例简单介绍智能表格的基础应用。

1. 智能表格创建

(1)单击 WPS 首页中的"新建"→"智能表格"按钮,进入图 2-36 所示的窗口。

(2)对话框左侧导航栏列出了智能表格常用的应用场景,提供了大量的智能表格模板。右侧列出常用的模板。

（3）可以根据应用场景选择模板，也可以单击"空白智能表格"按钮创建，此处单击"创建空白智能表格"按钮。

（4）观察标签栏，可以看到创建的智能表格图标为 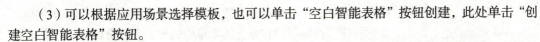，不同于一般表格的图标 ，智能表格默认文件名为"工作簿"。

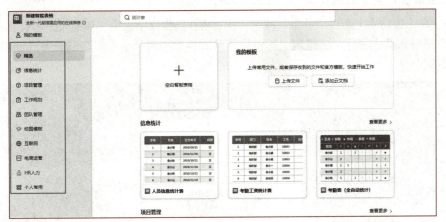

图 2-36　新建智能表格

2. 创建数据表

创建智能表格之后，文档中自动创建"工作表 1"，此工作表就是普通电子表格中的工作表，操作方法与普通工作表类似。智能表格的优势在于既能处理普通工作表，又能处理数据表。

数据表是智能表格特殊类型的表，传统的工作表中，每个单元格的自由度非常大，数据表引入了关系数据库的一些概念，使用规则的二维表的行和列管理数据。

数据表中定义了丰富的列类型，使用列类型可以规范数据输入，保证输入的数据符合要求，避免后期数据汇总时由于数据格式类型不符合要求而产生重复工作。数据表中的公式类型列实现同一列使用相同公式，不再需要每个单元格都输入公式。关联类型列可以在不同数据表之间建立关联，一个表中可以引用另外一个表中的数据。联系人和创建人列记录用户信息，配合应用类型和筛选可以限制用户使用的数据范围。

数据表创建方法如下：

（1）单击工作表标签处"新建工作表"按钮 ➕，在弹出的菜单中选择"数据表"命令，创建的数据表如图 2-37 所示。

图 2-37　新建数据表

（2）数据表默认有文本、数字、日期、单选项、图片和附件、等级共六列数据。选中并右击要修改的列，在弹出的快捷菜单中选择"字段设置"命令，可设置字段名称、字段类型及其他相关属性。

（3）可以根据需要，完成字段的添加、移动、删除等操作。限于篇幅，此处不做介绍。

（4）单击左上角的"文件操作"按钮≡，在弹出的菜单中选择"文档管理"→"重命名"命令，将文档命名为"班级人员信息表"。

3．分享协作完成数据收集

（1）单击窗口右上角的"分享"按钮，在"协作"窗口中选中"和他人一起查看/编辑"选项，可通过微信小程序、二维码、超链接等形式将数据表分享。图2-38所示为选择微信小程序的方式分享。

图2-38　微信小程序分享数据表

（2）使用手机微信扫码之后，单击"打开文件"，数据表被打开，双击空白行，将以表单形式完成数据编辑，并同步到数据表中。

4．创建应用

智能表格在完成数据收集后，可创建台账、看板、画册、表单、甘特图等应用。本例中，如果想创建班级同学的画册，可采用如下步骤：

（1）单击选项卡栏中的"创建应用"按钮（见图2-37），在弹出的菜单中选择"画册"命令。

（2）系统将提示选择"电脑版"或"手机版"，选择"电脑版"后，将创建数据表1_画册，并显示数据表中人员的一寸照片、学号、姓名，如图2-39所示。

图2-39　数据表画册

WPS智能表格的功能非常多，限于篇幅，此处不再一一列举。

任务 2 房产销售扩展数据表制作——WPS 表格公式与函数

笔记栏

任务描述

本任务将利用公式与函数在任务 1 的基础上，完成如下两张表格。

（1）销售信息表。记录客户编号、楼号、预定日期、一次性付款、原价、折扣 1、折扣 2、实际价格、销售员工等信息。

（2）销售员工业绩表。记录公司每位销售员工姓名、销售总额、排名等信息。并使用图表、条件格式等对数据进行管理。

知识准备

一、条件格式

微 课

WPS表格与函数知识准备

条件格式通过为满足某些条件的数据应用特定的格式来改变单元格区域的外观，以达到突出显示、识别一系列数值中存在的差异效果。

条件格式的设置可以通过 WPS 表格预置的规则（突出显示单元格规则、项目选取规则、数据条色阶、图标集）来快速实现格式化，也可以通过自定义规则实现格式化。前者操作相对简单，这里不再赘述。下面重点介绍自定义规则格式化，以图 2-40 所示的学生成绩表为例。

	A	B	C	D	E	F
1	学号	姓名	语文	数学	英语	总分
2	20041001	毛莉	75	85	80	240
3	20041002	杨青	68	75	64	207
4	20041003	陈小鹰	58	69	75	202
5	20041004	陆东兵	94	90	91	275
6	20041005	闻亚东	84	87	88	259
7	20041006	曹吉武	72	68	85	225
8	20041007	彭晓玲	85	71	76	232
9	20041008	傅珊珊	88	80	75	243
10	20041009	钟争秀	78	80	76	234
11	20041010	周旻璐	94	87	82	263
12	20041011	柴安琪	60	67	71	198
13	20041012	吕秀杰	81	83	87	251

图 2-40　学生成绩表

要求如下：

（1）将各科成绩小于 60 分的单元格字体红色加粗显示；

（2）将成绩表中总分最高的单元格用黄色填充标记。

第 1 题操作步骤如下：

（1）选择工作表中需要进行格式设置的数据区域范围：C2:E13。

（2）单击“开始”选项卡中的“条件格式”下拉按钮，弹出图 2-41 所示的下拉列表，选择“新建规则”命令，弹出“新建格式规则”对话框，如图 2-42 所示。

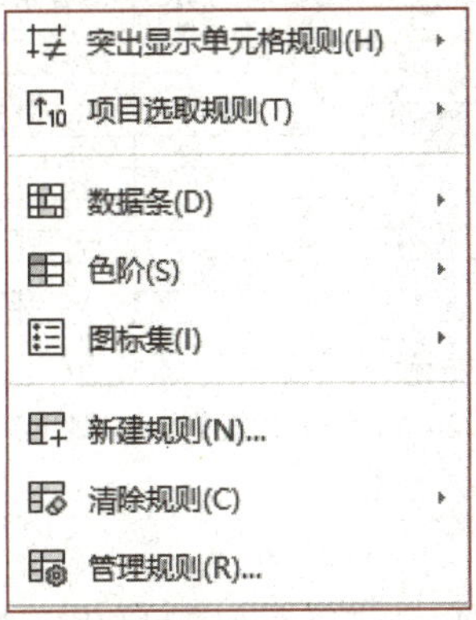

图 2-41　“条件格式”下拉列表

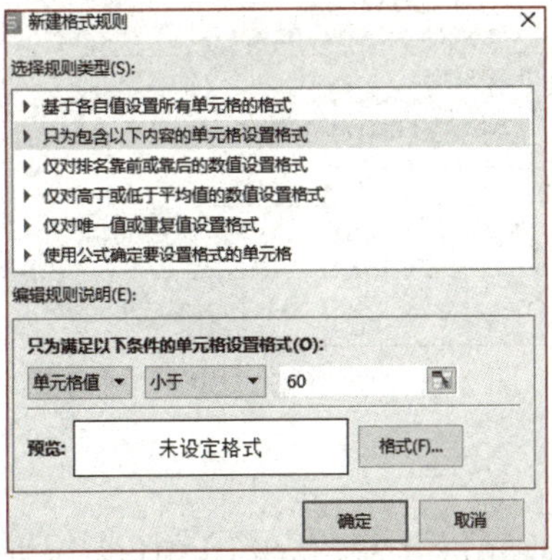

图 2-42　“新建格式规则”对话框

（3）在"选择规则类型"列表框中选择"只为包含以下内容的单元格设置格式"选项，在"编辑规则说明"区域设置单元格值为"小于"，值设置为"60"。

（4）单击"格式"按钮，弹出"单元格格式"对话框，选择"字体"选项卡，设置字形为"粗体"，颜色为"红色"，如图2-43所示。单击"确定"按钮，完成设置。设置完成的效果如图2-44所示。

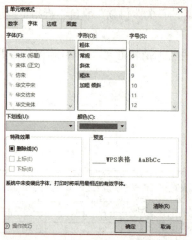

图2-43 "单元格格式"对话框　　　　图2-44 "条件格式"效果

第2题操作步骤如下：

（1）选择工作表中需要进行格式设置的数据区域范围：F2:F13。

（2）在"新建格式规则"对话框中，在"选择规则类型"列表框中选择"使用公式确定要设置格式的单元格"，在"只为满足以下条件的单元格设置格式"文本框中输入"=$F2=max($F$2:$F$13)"，如图2-45所示。

（3）单击"格式"按钮，在"图案"选项卡中选择"黄色"，单击"确定"按钮，效果如图2-46所示。

图2-45 "新建格式规则"对话框　　　　图2-46 "条件格式"效果图

二、公式

WPS提供了公式功能，让用户可以灵活地设置运算规则。公式包括运算符和操作数两部分，公式可以进行以下操作：执行计算、返回信息、操作其他单元格的内容、测试条件等。公式始终以等号（=）开头。公式中可以包含常量、运算符、函数和引用。

常量是一个不是通过计算得出的值，它始终保持相同。例如，日期 2024-6-18、数字 210 以及文本"每季度收入"都是常量。表达式以及表达式产生的值都不是常量。

运算符用于指定要对公式中的元素执行的计算类型。运算符分为四种不同类型：算术、比较、文本连接和引用。

1. 算术运算符

使用算术运算符可进行基本的数学运算（如加法、减法、乘法或除法）以及百分比和乘方运算。

表 2-3 列出了 WPS 表格中可用的算术运算符以及该算术运算符的运算含义。

表 2-3 运算符

算术运算符	含义	示例
+（加号）	加法	A1+B1
-（减号）	减法	A1-B1
*（星号）	乘法	A1*B1
/（正斜杠）	除法	A1/B1
%（百分号）	百分比	20%
^（脱字号）	乘方	3^2

2. 比较运算符

可以使用表 2-4 所示运算符比较两个值。当使用这些运算符比较两个值时，结果为逻辑值 TRUE 或 FALSE。

表 2-4 比较运算符

比较运算符	含义	示例
=（等号）	等于	A1=B1
>（大于号）	大于	A1>B1
<（小于号）	小于	A1<B1
>=（大于或等于号）	大于或等于	A1>=B1
<=（小于或等于号）	小于或等于	A1<=B1
<>（不等号）	不等于	A1<>B1

3. 文本连接运算符

可以使用 & 连接一个或多个文本字符串，以生成一段文本。例如 "North"&"wind" 的结果为 "Northwind"。

4. 引用运算符

可以使用表 2-5 所示运算符对单元格区域进行合并计算。

笔记栏

表 2-5　引用运算符

引用运算符	含　义	示　例
:（冒号）	区域运算符，生成一个对两个引用之间所有单元格的引用（包括这两个引用）	B5:B15
,（逗号）	联合运算符，将多个引用合并为一个引用	SUM(B5:B15,D5:D15)
（空格）	交集运算符，生成一个对两个引用中共有单元格的引用	B7:D7 C6:C8
!（感叹号）	三维引用运算符，利用它可以引用另一张工作表中的数据	房屋资料表 !B2:B20

1）相对引用

相对引用是指在公式中需要引用单元格的值时直接用单元格名称表示，例如公式：“E2+F2+G2+H2”就是一个相对引用，表示在公式中引用了单元格：E2、F2、G2、H2；又如公式“SUM(B3:E3)”也是相对引用，表示引用 B3 到 E3 两个单元格区域的数值。

相对引用的特点：当包含相对引用的公式被复制到其他单元格时，WPS 表格会自动调整公式中的单元格名称。例如，在图 2-47 中，单元格“F2”中的求和公式为“SUM(C2:E2)”，图 2-48 中，单元格“F10”中的求和公式为“SUM(C10:E10)”，地址发生了相对位移。

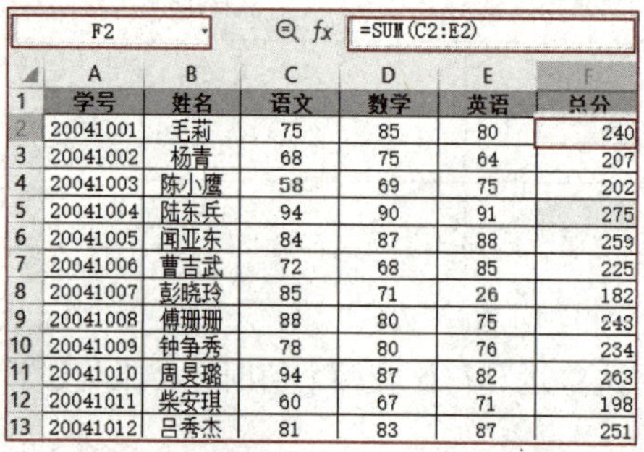

	A	B	C	D	E	F
1	学号	姓名	语文	数学	英语	总分
2	20041001	毛莉	75	85	80	240
3	20041002	杨青	68	75	64	207
4	20041003	陈小鹰	58	69	75	202
5	20041004	陆东兵	94	90	91	275
6	20041005	闻亚东	84	87	88	259
7	20041006	曹吉武	72	68	85	225
8	20041007	彭晓玲	85	71	26	182
9	20041008	傅珊珊	88	80	75	243
10	20041009	钟争秀	78	80	76	234
11	20041010	周旻璐	94	87	82	263
12	20041011	柴安琪	60	67	71	198
13	20041012	吕秀杰	81	83	87	251

图 2-47　单元格“F2”的求和公式

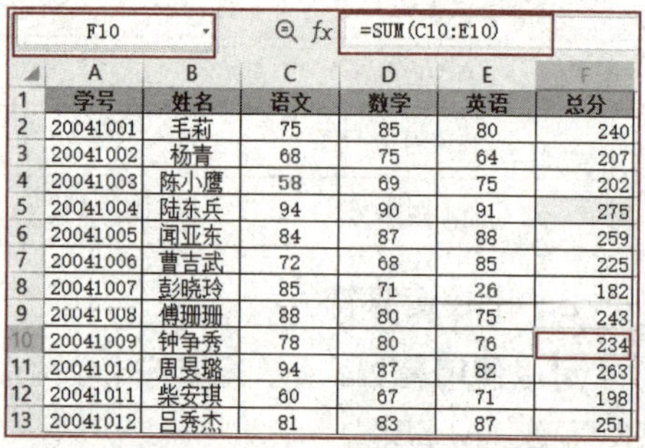

	A	B	C	D	E	F
1	学号	姓名	语文	数学	英语	总分
2	20041001	毛莉	75	85	80	240
3	20041002	杨青	68	75	64	207
4	20041003	陈小鹰	58	69	75	202
5	20041004	陆东兵	94	90	91	275
6	20041005	闻亚东	84	87	88	259
7	20041006	曹吉武	72	68	85	225
8	20041007	彭晓玲	85	71	26	182
9	20041008	傅珊珊	88	80	75	243
10	20041009	钟争秀	78	80	76	234
11	20041010	周旻璐	94	87	82	263
12	20041011	柴安琪	60	67	71	198
13	20041012	吕秀杰	81	83	87	251

图 2-48　单元格“F10”的求和公式

2）绝对引用

绝对引用是指在公式中引用单元格时单元格名称的行列坐标前加“$”符号，例如，单元格 B2 中的公式为“=$A$1”，如果将其中的公式复制或填充到单元格 B3，则该绝对引用在两个单元格中一样，都是“=$A$1”。绝对引用一般用于指定数据范围的场景。

3）混合引用

混合引用是指列标和行号其中之一采用了相对引用，另一部分则采用绝对引用。绝对引用列采用“$A1”“$B1”等形式。绝对引用行采用“A$1”“B$1”等形式。如果公式所在单元格的位置改变，则相对引用将改变，而绝对引用将不变。例如，单元格 A2 中的公式为“=A$1”，如果将其中的公式复制或填充到单元格 B3，则公式将调整为“=B$1”。按【F4】键可以在相对引用、绝对引用、混合引用之间切换。

5. 运算符优先级

如果一个公式中有若干个运算符，WPS 表格将按表 2-6 的次序进行计算。如果一个公式中的若干个运算符具有相同的优先顺序（例如，如果一个公式中既有乘号又有除号），将从左到右计算各运算符。但可以使用括号更改该计算次序。

表2-6 运算符优先级

运 算 符	说 明
：（冒号）（单个空格），（逗号）	引用运算符
–	负数（如 –1）
%	百分比
^	乘方
* 和 /	乘和除
+ 和 –	加和减
&	连接两个文本字符串（串连）
=、<>、<=、>=、<>	比较运算符

三、函数

WPS 表格中的函数其实是一些预定义的公式，通过使用一些称为参数的特定数值按特定的顺序或结构进行计算。参数可以是数字、文本、形如"TRUE"或"FALSE"的逻辑值、数组、形如"#N/A"的错误值或单元格引用。给定的参数必须能产生有效的值。

函数的结构以函数名称开始，后面是左圆括号、以逗号分隔的参数和右圆括号，如 SUM(A1,10,D5)。

用户可以直接用它们对某个区域内的数值进行一系列运算，如分析和处理日期值和时间值、确定贷款的支付额、确定单元格中的数据类型、计算平均值、排序显示和运算文本数据等。

WPS 表格函数一共有 10 类，分别是数据库函数、日期与时间函数、工程函数、财务函数、信息函数、逻辑函数、查询和引用函数、数学和三角函数、统计函数、文本函数。下面介绍常用的几种函数。

1. 文本函数

文本函数主要帮助用户快速设置文本方面的操作，包括文本的比较、查找、截取、合并、转换和删除等操作，在文本处理中有着极其重要的作用。

1）CONCAT(字符串 1,[字符串 2],…)

功能：可将最多 255 个文本字符串连接成一个文本字符串。连接项可以是字符串、单元格引用及其组合。

参数说明：

（1）字符串 1：必选项，是第一个需要连接的字符串。

（2）字符串 2：可选项，其他文本项，最多为 254 项。项与项之间用逗号分隔。

例如，A1 单元格输入"中国"，A2 单元格输入"浙江"，A3 单元格输入"=CONCAT(A1,A2," 嘉兴 ")"，函数返回值为"中国浙江嘉兴"。需要注意的是，第 3 个参数使用的是文本，所有文本内容必须使用英文符号的双引号引起来。

另外，也可以用"&"运算符代替 CONCAT 函数连接文本项。上述 A3 单元格如果输入"=A1&A2&" 嘉兴 ""也可以返回"中国浙江嘉兴"。

2）带指定分隔符的文本连接函数 TEXTJOIN

格式：TEXTJOIN(分隔符 , 忽略空白单元格 , 字符串 1,[字符串 2],…)

功能：使用分隔符将多个单元格区域或字符串的文本组合起来。

参数说明：

（1）分隔符：必需，分隔符可以是键盘上的任意符号，比如逗号、分号、#号、减号、感叹号等。

（2）忽略空白单元格：必需，若为 TRUE，则忽略空白单元格。

（3）字符串1：必需，表示要连接的文本项1（文本字符串或单元格区域等）。

（4）字符串2：可选，表示要连接的文本项2。

例如，若在 B12 单元格中输入字符串"嘉兴"，C12 单元格空白，D12 单元格中输入字符串"南湖"，E12 单元格中输入函数"=TEXTJOIN(";",TRUE,B12,C12,D12)"，返回值为"嘉兴；南湖"；若输入"=TEXTJOIN(";",FALSE,B12,C12,D12)"，返回值为"嘉兴;;南湖"。

3）文本比较函数 EXACT

格式：EXACT(字符串 , 字符串)

功能：比较两个字符串是否相同。如果两个字符串相同，则返回测试结果为"TRUE"，否则返回"FALSE"。

例如，若在 B13 单元格中输入"abc"，C13 单元格中输入"aBC"，D13 单元格中输入"=EXACT(B13,C13)"，返回值为"FALSE"。

2. 数学与三角函数

1）条件求和函数 SUMIF

格式：SUMIF(区域 , 条件 , 求和区域)

功能：根据指定条件对指定数值单元格求和。

参数说明：

（1）区域代表用于条件计算的单元格区域或者求和的数据区域。

（2）条件为指定的条件表达式。

（3）求和区域为可选项，如果选择，是实际求和的数据区域，如果忽略，则第一个参数区域既为条件区域又为求和区域。

例如，公式：=SUMIF(A2:A13,">60") 表示对 A2:A13 单元格区域中大于 60 分的数值相加。再如公式：=SUMIF(C2:C13," 男 ",G2:G13)，假定 C2:C13 是性别列，G2:G13 是成绩，则该公式将返回男同学的成绩和。

2）求数组乘积的和函数 SUMPRODUCT

格式：SUMPRODUCT(数组 1,[数组 2],…)

功能：在给定的几组数组中，将数组间对应的元素相乘，并返回乘积之和。该函数一般用于解决用成绩求和的问题，也常用于多条件求和问题。

参数说明：

（1）数组 1 必需。其相应元素需要进行相乘并求和的第一个数组参数。

（2）数组 2、数组 3 等，可选。可以有 2～255 个数组参数，其相应元素需要进行相乘并求和。

注 意：

（1）数组参数必须具有相同的维数，否则，SUMPRODUCT将返回错误值#VALUE!。

（2）函数SUMPRODUCT将非数值型的数组元素作为0处理。

例如，公式：=SUMPRODUCT(A2:B4,C2:D4) 表示将两个数组的所有元素对应相乘，然后把成绩相加。

再如公式：=SUMPRODUCT((C2:C13=" 男 ")*(D2:D13=" 软件技术 "),G2:G13)，假定 C2:C13 是性别列，D2:D13 表示专业，G2:G13 表示成绩，则该公式返回软件技术专业男生的所有成绩和。

3）条件求平均数函数 AVERAGEIF

格式：AVERAGEIF(区域 , 条件 ,［求平均值区域］)

功能：根据指定条件对指定数值单元格求算术平均值。

参数说明：

（1）区域代表用于条件计算的单元格区域或者求平均值的数据区域。

（2）条件为指定的条件表达式。

（3）求平均值区域为可选项，如果选择，是实际求平均值的数据区域，如果忽略，则第一个参数区域既为条件区域又为求平均值区域。

例如，公式：=AVERAGEIF(A2:A13,">60") 表示对 A2:A13 单元格区域中大于 60 分的数值求平均。再如公式：=AVERAGEIF(C2:C13," 男 ",G2:G13)，假定 C2:C13 是性别列，G2:G13 是成绩，则该公式将返回男同学的成绩平均值。

4）取整函数 INT

格式：INT(数值)

功能：将数字向下舍入到最接近的整数。

例如，=INT(6.5) 返回值为 6。

5）四舍五入函数 ROUND

格式：ROUND(数值 , 小数位数)

功能：对指定数据，四舍五入保留指定的小数位数。

例如，=ROUND(4.65,1) 返回值为 4.7。

3. 统计函数

统计函数主要用于各种统计计算，在统计领域中有着极其广泛的应用。这里介绍几种最常用的统计函数。

1）统计计数函数 COUNT

格式：COUNT(值 1, 值 2, …)。

功能：统计指定数据区域中所包含的数值型数据的单元格个数。

与 COUNT 函数类似的函数还有：

COUNTA(值 1, 值 2,…)：统计指定数据区域中所包含的非空值的单元格个数。

COUNTBLANK(区域)：函数用于计算指定单元格区域中空白单元格的个数。

2）条件统计计数函数 COUNTIF

格式：COUNTIF(区域 , 条件)

功能：统计指定数据区域中满足单个条件的单元格个数。

其中，区域为需要统计单元格个数的数据区域，条件的形式可以是常值、表达式或者文本。

例如，公式：=COUNTIF(A2:A13,">60") 返回 A2:A13 单元格区域内大于 60 的单元格个数。

3）多条件统计计数函数 COUNTIFS

格式：COUNTIFS(区域 1, 条件 1,[区域 2, 条件 2,…])

功能：统计指定数据区域中满足多个条件的单元格个数。

参数说明：

（1）区域1为必选项，为满足第一个条件的要统计的单元格数据区域。

（2）条件1为必选项，是第一个统计条件，形式为数字、表达式、单元格引用或文本，用来定义哪些单元格将被统计。

（3）区域2、条件2为可选项，是第二个需要统计的数据区域及关联条件。最多可允许127个区域/条件对。

注　意：

每个附加区域都必须与参数区域1具有相同的行数和列数，但这些区域无须彼此相邻。

例如，"学生成绩表"中输入公式："=COUNTIFS(E2:E13,">=80",E2:E13,"<=90")"，假定E2:E13为英语成绩，该公式将返回英语成绩在80～90之间的学生人数。

4）排序函数RANK.EQ

格式：RANK.EQ(数值,引用,排名方式)

功能：返回某数值在指定区域内的排名，如果多个值具有相同排名，则返回最佳排名。

参数说明：数值为需要排位的数字；引用为数字列表或对数据列表的单元格引用；排位方式为可选项，0表示降序，非0表示升序，省略为降序排序。

例如，公式：=RANK.EQ(F2,$F$2:$F$13,0)，假定$F$2:$F$13列为总分列，该公式将返回当前总分按照降序排序后的位次。

4. 日期和时间函数

日期和时间函数主要用于对日期和时间进行运算和处理，下面介绍常用的几种函数；

1）当前系统日期函数TODAY

格式：TODAY()

功能：返回当前系统的日期。

2）当前系统日期和时间函数NOW

格式：NOW()

功能：返回当前系统的日期和时间。

3）年函数YEAR

格式：YEAR(日期序号)

功能：返回指定日期对应的系统年份。

例如，公式：=YEAR(TODAY())将返回当前系统的年份，如果返回的是日期格式，只需将其设置为"常规"即可。

与YEAR()函数类似的还有MONTH()及DAY()函数，它们分别返回指定日期中两位的月值和两位的日值。

4）小时函数HOUR

格式：HOUR(时间序号)

功能：返回指定时间值中的小时数。

例如，公式：=HOUR(NOW())返回当前系统时间中的小时数。与之类似的还有MINUTE(时间序号)，将返回指定时间值中的分钟数；SECOND(时间序号)，将返回时间中的秒数。

笔记栏

5. 查找和引用函数

在 WPS 表格中，可以利用查找和引用函数的功能实现按指定条件对数据进行查询、选择和引用的操作，下面介绍常用的几种函数。

1）列匹配查找函数 VLOOKUP

格式：VLOOKUP(查找值 , 数据表 , 列序数 , 匹配条件)

功能：在数据表首列查找与指定的数值相匹配的值，并将指定列的匹配值填入当前数据表列。

参数说明：

（1）查找值是要在数据表首列进行查找的值，可以是数值、单元格引用或文本字符串。

（2）数据表是要查找的单元格区域数值或数组。

（3）列序数为一个数值，代表要返回的值位于数据表中的列数。

（4）匹配条件取 TRUE 或默认时，返回近似匹配值，即如果找不到精确匹配值，则返回小于查找值的最大值所在行的值，若取 FALSE，则返回精确匹配值，如果找不到，则返回错误提示信息“#N/A”。

2）行匹配查找函数 HLOOKUP

格式：HLOOKUP(查找值 , 数据表 , 行序数 , 匹配条件)

功能：在数据表首行查找与指定的数值相匹配的值，并将指定行的匹配值输入当前数据表行。

参数说明：

（1）查找值是要在数据表首行进行查找的值，可以是数值、单元格引用或文本字符串。

（2）数据表是要查找的单元格区域数值或数组。

（3）行序数为一个数值，代表要返回的值位于数据表中的行数。

（4）匹配条件取 TRUE 或默认值时，返回近似匹配值，即如果找不到精确匹配值，则返回小于查找值的最大值所在行的值，若取 FALSE，则返回精确匹配值，如果找不到，则返回错误提示信息“#N/A”。

例如，图 2-49 所示的停车情况记录表中的单价列，可以使用 HLOOKUP 函数，将“停车价目表”中的价格填入到“单价”列。

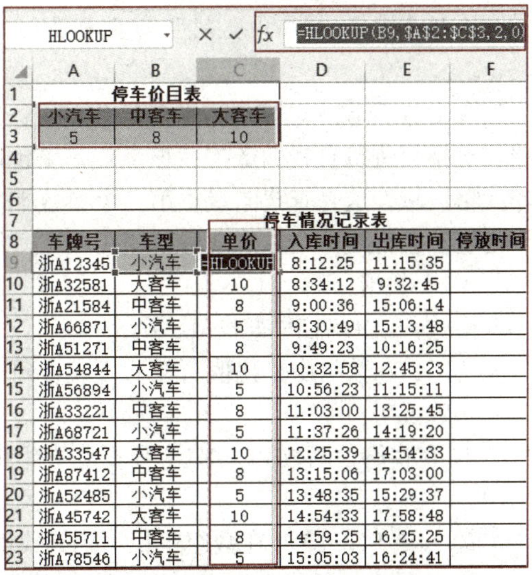

	A	B	C	D	E	F
1	停车价目表					
2	小汽车	中客车	大客车			
3	5	8	10			
4						
5						
6						
7				停车情况记录表		
8	车牌号	车型	单价	入库时间	出库时间	停放时间
9	浙A12345	小汽车	=HLOOKUP	8:12:25	11:15:35	
10	浙A32581	大客车	10	8:34:12	9:32:45	
11	浙A21584	中客车	8	9:00:36	15:06:14	
12	浙A66871	小汽车	5	9:30:49	15:13:48	
13	浙A51271	中客车	8	9:49:23	10:16:25	
14	浙A54844	大客车	10	10:32:58	12:45:23	
15	浙A56894	小汽车	5	10:56:23	11:15:11	
16	浙A33221	中客车	8	11:03:00	13:25:45	
17	浙A68721	小汽车	5	11:37:26	14:19:20	
18	浙A33547	大客车	10	12:25:39	14:54:33	
19	浙A87412	中客车	8	13:15:06	17:03:00	
20	浙A52485	小汽车	5	13:48:35	15:29:37	
21	浙A45742	大客车	10	14:54:33	17:58:48	
22	浙A55711	中客车	8	14:59:25	16:25:25	
23	浙A78546	小汽车	5	15:05:03	16:24:41	

图 2-49　HLOOKUP 函数应用举例

在 C9 列输入公式：=HLOOKUP(B9,$A$2:$C$3,2,0)，其中，第一个参数 B9 为即将在数据表首行进行查找的数据，该参数是价格确定的依据；第二个参数为停车价目表中的 $A$2:$C$3 区域，要确保查找的第一个参数在数据表区域中位于第一行；第三个参数是确定了第一个参数在数据表中的列数以后，需要返回的行序号；第四个参数 0，表示精确查找，如果数据表区域找不到第一个参数，返回“#N/A”。

3）单行或单列匹配查找函数 LOOKUP

函数 LOOKUP 有两种语法形式：向量和数组。

笔记栏

（1）向量：向量是只包含一行或一列的区域。函数 LOOKUP 的向量形式是在单行区域或单列区域（向量）中查找数值，然后返回第二个单行区域或单列区域中相同位置的数值。如果需要指定包含待查找数值的区域，一般使用函数 LOOKUP 的向量形式。

格式：LOOKUP(查找值 , 查找向量 , 返回向量)

功能：在查找向量指定的区域中查找值所在的区间，并返回该区间所对应的值。

参数说明：

① 查找值是要在数据表首行进行查找的值，可以是数值、单元格引用或文本字符串。

② 查找向量为只包含一行或者一列的区域，可以是文本、数字或逻辑值，但要以升序方式排列，否则不会返回正确的结果。

③ 返回向量只包含一行或者一列的区域，其大小必须与查找向量相同。

例如，图 2-50 所示的停车情况记录表中的单价列，可以使用 LOOKUP 函数，将“价格表”中的单价填入到采购表中的“单价”列。

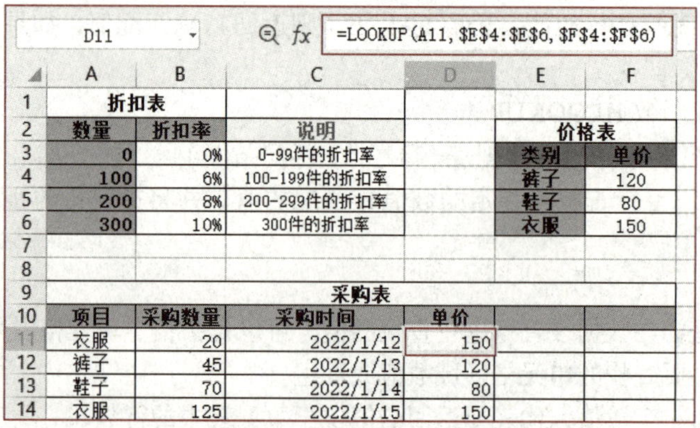
D11　fx　=LOOKUP(A11,$E$4:$E$6,$F$4:$F$6)

	A	B	C	D	E	F
1	折扣表					
2	数量	折扣率	说明		价格表	
3	0	0%	0-99件的折扣率		类别	单价
4	100	6%	100-199件的折扣率		裤子	120
5	200	8%	200-299件的折扣率		鞋子	80
6	300	10%	300件的折扣率		衣服	150
7						
8						
9			采购表			
10	项目	采购数量	采购时间	单价		
11	衣服	20	2022/1/12	150		
12	裤子	45	2022/1/13	120		
13	鞋子	70	2022/1/14	80		
14	衣服	125	2022/1/15	150		

图 2-50　使用 LOOKUP 向量形式获取单价的值

注　意：

价格表要预先以“类别”为主要关键字进行升序排序，否则将返回“#N/A”的错误提示。

在 D11 列输入公式：=LOOKUP(A11,$E$4:$E$6,$F$4:$F$6)，其中，第一个参数 A11 为即将在价格表进行查找的数据，该参数是单价确定的依据；第二个参数为价格表中的 $E$4:$E$6 单元格区域，这是查找向量；第三个参数 $F$4:$F$6 是返回向量，两个向量的地址范围均为绝对地址。获得第一个单价之后，使用填充柄将“单价”列的其余单元格进行填充。

（2）数组：

格式：LOOKUP(查找值 , 数组)

功能：在数组中查找值所在的行或者列，返回查找值所在数组中匹配单元格的值。

参数说明：

① 查找值为函数 LOOKUP 所要在数组中查找的值，可以是数字、文本、逻辑值或单元格引用。

② 如果 LOOKUP 在数组中找不到查找值，将使用数组中小于或等于查找值的最大值。

③ 如果查找的值小于第一行或第一列中的最小值（取决于数组维度），LOOKUP 会返回“#N/A”错误。

笔记栏

④ 数组为包含要与查找值进行比较的文本、数字或逻辑值的单元格区域。

4）引用函数 OFFSET

OFFSET 函数是 WPS 表格引用类函数中非常实用的函数之一，无论是数组动态引用，还是在数据位置变换中，该函数的使用频率都非常高。

格式：OFFSET(参照区域 , 行数 , 列数 ,[高度],[宽度])

功能：以指定的引用为参照系，通过给定偏移量得到新的引用。返回的引用可以为一个单元格或单元格区域，并可以指定返回的行数或列数。

参数说明：

（1）参照区域表示偏移量参照系的引用区域。参照区域必须为单元格或相邻单元格区域的引用；否则，OFFSET 返回错误值“#VALUE”。

（2）行数表示相对于偏移量参照系的左上角单元格上（下）偏移的行数。如果使用 2 作为参数，则说明目标引用区域的左上角单元格比参照区域低 2 行。行数可以为正数（代表在起始引用的下方）或负数（代表在起始引用的上方）。

（3）列数表示相对于偏移量参照系的左上角单元格左（右）偏移的行数。如果使用 2 作为参数，则说明目标引用区域的左上角单元格比参照区域靠右 2 行。列数可以为正数（代表在起始引用的右边）或负数（代表在起始引用的左边）。

（4）高度为可选项，是所要返回的引用区域的行数。高度必须为正数。

（5）宽度为可选项，是所要返回的引用区域的列数，宽度必须为正数。

图 2-51 在工作表 I2 单元格中输入公式：=OFFSET(F2,2,−2)，返回值为 69。

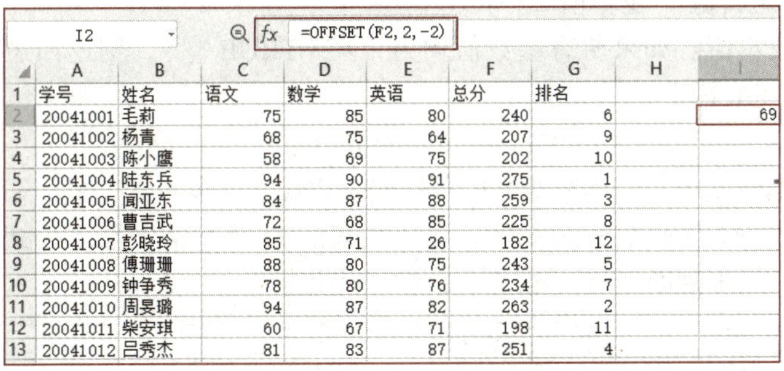
I2　fx =OFFSET(F2, 2, -2)

	A	B	C	D	E	F	G	H	I
1	学号	姓名	语文	数学	英语	总分	排名		
2	20041001	毛莉	75	85	80	240	6		69
3	20041002	杨青	68	75	64	207	9		
4	20041003	陈小鹰	58	69	75	202	10		
5	20041004	陆东兵	94	90	91	275	1		
6	20041005	闻亚东	84	87	88	259	3		
7	20041006	曹吉武	72	68	85	225	8		
8	20041007	彭晓玲	85	71	26	182	12		
9	20041008	傅珊珊	88	80	75	243	5		
10	20041009	钟争秀	78	80	76	234	7		
11	20041010	周昊璐	94	87	82	263	2		
12	20041011	柴安琪	60	67	71	198	11		
13	20041012	吕秀杰	81	83	87	251	4		

图 2-51　OFFSET 函数应用举例

第一个参数为 F2，即基点单元格为 F2，第二个参数为 2，表示从基点所在行往下偏移两行，即第 4 行，第三个参数为 −2，表示从基点所在列往左偏移两列，即 D 列，在宽度与高度省略的情况下，将引用 D4 单元格的值，即 69。

6. 逻辑函数

WPS 表格共有 11 个逻辑函数，分别为 IF、IFS、SWITCH、IFERROR、IFNA、AND、NOT、OR、TRUE、FALSE、XOR，其中 TRUE 和 FALSE 函数没有参数，表示“真”和“假”。下面重点介绍常用的几种逻辑函数。

1）条件判断函数 IF

格式：IF(测试条件 , 真值 , 假值)

功能：根据测试条件决定相应的返回结果。

参数说明：

测试条件为要判断的逻辑表达式；真值表示条件判断为逻辑“真（TRUE）”时要输出的

笔记栏

内容，如果省略返回“TRUE”；假值表示条件判断为逻辑“假（FALSE）”时要输出的内容，如果省略返回“FALSE”。具体使用 IF 函数时，如果条件复杂可以使用 IF 的嵌套实现，WPS 表格中的“.XLS”类型文件，IF 函数最多可以嵌套 7 层，“.XLSX”类型文件，IF 函数最多可以嵌套 64 层。

图 2-52 是 IF 函数的应用举例。在成绩表中 I2 单元格输入公式：=IF(G2>=70," 合格 "," 不合格 ")，第一个参数“G2>=70”表示判断当前平均分是否大于或等于 70；第二个条件表示如果表达式的结果为真，则显示值为“合格”；第三个条件表示如果表达式的结果为假，则显示值为“不合格”。得到一个等级后，使用填充柄填充其余单元格即可。

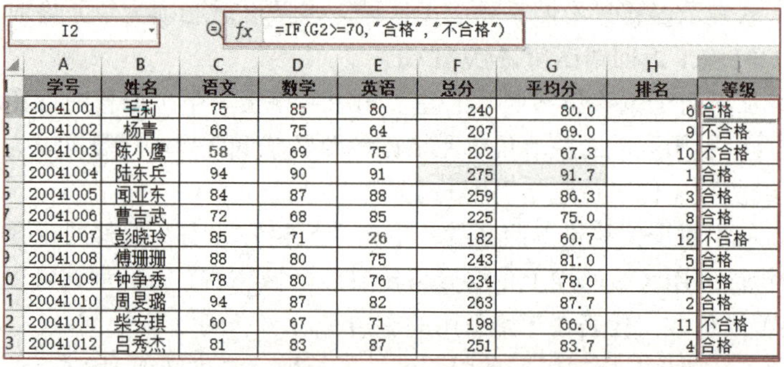
I2　=IF(G2>=70,"合格","不合格")

学号	姓名	语文	数学	英语	总分	平均分	排名	等级
20041001	毛莉	75	85	80	240	80.0	6	合格
20041002	杨青	68	75	64	207	69.0	9	不合格
20041003	陈小鹰	58	69	75	202	67.3	10	不合格
20041004	陆东兵	94	90	91	275	91.7	1	合格
20041005	闻亚东	84	87	88	259	86.3	3	合格
20041006	曹吉武	72	68	85	225	75.0	8	合格
20041007	彭晓玲	85	71	26	182	60.7	12	不合格
20041008	傅珊珊	88	80	75	243	81.0	5	合格
20041009	钟争秀	78	80	76	234	78.0	7	合格
20041010	周旻璐	94	87	82	263	87.7	2	合格
20041011	柴安琪	60	67	71	198	66.0	11	不合格
20041012	吕秀杰	81	83	87	251	83.7	4	合格

图 2-52　IF 函数举例

2）逻辑与函数 AND

格式：AND(逻辑值 1, 逻辑值 2,⋯)

功能：返回逻辑值。如果所有参数值均为“真（TRUE）”，则返回逻辑值“TRUE”，否则返回逻辑值“FALSE”。

参数说明：

逻辑值 1, 逻辑值 2,⋯：表示待测试的条件或表达式，最多为 255 个。

图 2-53 所示为 AND 函数应用举例。在成绩表的 J2 单元格中输入公式：=AND(C2>=80, D2>=80,E2>=80)，用来判断三科大于或等于 80 的情况。

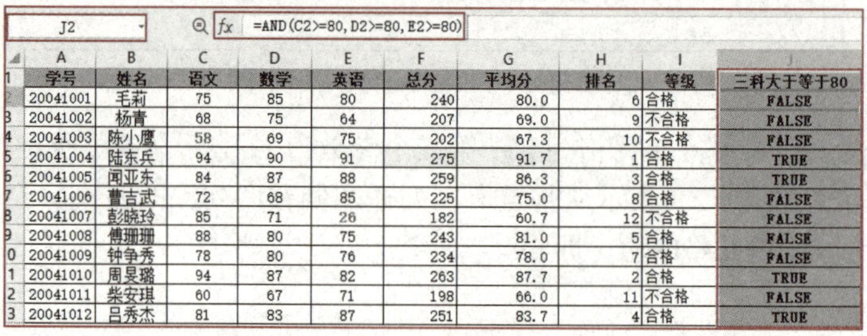
J2　=AND(C2>=80,D2>=80,E2>=80)

学号	姓名	语文	数学	英语	总分	平均分	排名	等级	三科大于等于80
20041001	毛莉	75	85	80	240	80.0	6	合格	FALSE
20041002	杨青	68	75	64	207	69.0	9	不合格	FALSE
20041003	陈小鹰	58	69	75	202	67.3	10	不合格	FALSE
20041004	陆东兵	94	90	91	275	91.7	1	合格	TRUE
20041005	闻亚东	84	87	88	259	86.3	3	合格	TRUE
20041006	曹吉武	72	68	85	225	75.0	8	合格	FALSE
20041007	彭晓玲	85	71	26	182	60.7	12	不合格	FALSE
20041008	傅珊珊	88	80	75	243	81.0	5	合格	FALSE
20041009	钟争秀	78	80	76	234	78.0	7	合格	FALSE
20041010	周旻璐	94	87	82	263	87.7	2	合格	TRUE
20041011	柴安琪	60	67	71	198	66.0	11	不合格	FALSE
20041012	吕秀杰	81	83	87	251	83.7	4	合格	TRUE

图 2-53　AND 函数应用举例

与 AND 函数类似的还有以下函数：

（1）OR(逻辑值 1, 逻辑值 2,⋯)。当且仅当所有参数值为“假（FALSE）”时，返回逻辑值“FALSE”，否则返回逻辑值“TRUE”。

（2）NOT(逻辑值) 函数对参数值求反。

3）多条件判断函数 IFS

格式：IFS(测试条件 1, 真值 1,[测试条件 2, 真值 2,⋯])。

功能：根据测试条件决定相应的返回结果。

参数说明：

测试条件 1 为要判断的条件 1；真值 1 表示当条件 1 判断为逻辑“真（TRUE）”时要输出的内容；如果测试条件为假，接着判断测试条件 2，真值 2 表示当条件 2 判断为逻辑“真（TRUE）”时要输出的内容；依此类推。IFS 函数允许测试最多 127 个不同的条件，并且条件间必须按正确的序列（升序或降序）输入。

图 2-54 所示为 IFS 函数应用举例，在采购表的 D11 单元格中输入公式：=IFS(A11=$E$4,$F$4,A11=$E$5,$F$5,A11=$E$6,$F$6)，先判断 A11 单元格是否等于 $E$4，即“裤子”，如果条件成立，输出 120，否则判断 A11 单元格是否等于 $E$5，即“鞋子”，如果条件成立，输出 80，否则继续判断 A11 单元格是否等于 $E$6，即“衣服”，如果条件成立，输出 150。

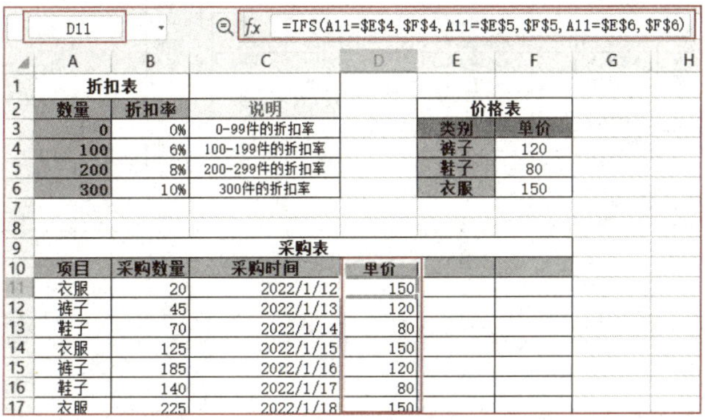
D11　=IFS(A11=$E$4, $F$4, A11=$E$5, $F$5, A11=$E$6, $F$6)

	A	B	C	D	E	F	G	H
1	折扣表							
2	数量	折扣率	说明		价格表			
3	0	0%	0-99件的折扣率		类别	单价		
4	100	6%	100-199件的折扣率		裤子	120		
5	200	8%	200-299件的折扣率		鞋子	80		
6	300	10%	300件的折扣率		衣服	150		
7								
8								
9	采购表							
10	项目	采购数量	采购时间	单价				
11	衣服	20	2022/1/12	150				
12	裤子	45	2022/1/13	120				
13	鞋子	70	2022/1/14	80				
14	衣服	125	2022/1/15	150				
15	裤子	185	2022/1/16	120				
16	鞋子	140	2022/1/17	80				
17	衣服	225	2022/1/18	150				

图 2-54　IFS 函数举例

7. 数据库函数

数据库是包含一组相关数据的列表，其中包含相关信息的行为记录，而包含数据的列称为字段。列表的第一行为字段名称。WPS 表格中具有以上特征的工作表或一个数据清单就是一个数据库。

数据库函数可对存储在数据清单或数据库中的数据进行分析、判断，并求出指定数据区域中满足指定条件的值。这一类函数具有以下共同特点：

（1）每个函数有三个参数：数据库区域、操作域和条件。

（2）函数名以 D 开头。如果去掉 D，大多数数据库函数已经在 WPS 表格的其他类型函数中出现过。例如 DMAX 将 D 去掉，就是求最大值的函数 MAX。

数据库函数的格式与参数的含义如下：

格式：函数名 (数据库区域 , 操作域 , 条件)

参数说明：

（1）数据库区域：构成数据清单或数据库的单元格数据区域。

（2）操作域：指定函数所使用的数据列，可以是文本，即两端标志引号的标志项，也可以用单元格引用，可以是代表数据清单中数据列位置的数字：1 表示第一列，2 表示第二列。

（3）条件：一组包含给定条件的单元格区域。可以为参数指定任意区域，只要它至少包含一个列标志和列标志下方用于设定条件的单元格。

如果能够灵活应用 WPS 表格的数据库函数，就可以方便地分析数据库中的数据信息。下面介绍常用的数据库函数。

笔记栏

1）DSUM

格式：DSUM(数据库区域 , 操作域 , 条件)

功能：返回列表或数据库中满足指定条件的记录字段（列）中的数值之和。

图 2-55 所示为 DSUM 函数举例。在 M3 单元格中输入公式：=DSUM(A2:J17,J2,C19:D20)，其中，A2:J17 是数据库区域，操作域为工资列，即“J2”，条件为：C19:D20。

M3　fx　=DSUM(A2:J17,J2,C19:D20)

	A	B	C	D	E	F	G	H	I	J	K	L	M
1						员工信息表							
2	员工姓名	员工代码	性别	出生年月	年龄	参加工作时间	工龄	职称	岗位级别	工资		统计条件	统计结果
3	毛莉	PA103	女	1977年12月		1995年8月		技术员	2级	5000		男性高级职称工资和：	16000
4	杨青	PA125	女	1978年2月		2000年8月		助工	5级	6000			
5	陈小鹰	PA128	男	1963年11月		1987年11月		助工	5级	6000			
6	陆东兵	PA212	女	1976年7月		1997年8月		助工	5级	6000			
7	闻亚东	PA216	男	1963年12月		1987年12月		高级工程师	8级	8000			
8	曹吉武	PA313	男	1982年10月		2006年5月		技术员	1级	5000			
9	彭晓玲	PA325	女	1960年3月		1983年3月		技术员	5级	5000			
10	傅珊珊	PA326	女	1969年1月		1987年1月		技术员	3级	5000			
11	钟争秀	PA327	男	1956年12月		1980年12月		技术员	3级	5000			
12	周旻璐	PA329	女	1970年4月		1992年4月		技术员	5级	5000			
13	柴安琪	PA330	男	1977年1月		1999年8月		工程师	6级	7000			
14	吕秀杰	PA401	男	1963年10月		1983年10月		高级工程师	8级	8000			
15	陈华	PA402	男	1948年10月		1969年10月		技术员	5级	5000			
16	姚小玮	PA403	女	1969年3月		1991年3月		工程师	6级	7000			
17	刘晓瑞	PA405	男	1979年3月		2000年8月		助工	5级	6000			
18													
19			性别	职称									
20			男	高级工程师									

图 2-55　DSUM 函数应用举例

注　意：

（1）条件区域至少应离开原始表格数据一行的距离，以便与数据库区域分开。

（2）条件区域中，条件写在同行中，标明条件与条件之间是逻辑与的关系。如果条件与条件之间是逻辑或的关系，那么条件应以错开位的方式进行表达。

2）DAVERAGE

格式：DAVERAGE(数据库区域 , 操作域 , 条件)

功能：返回列表或数据库中满足指定条件的记录字段（列）中的数值平均值。

图 2-56 所示为 DAVERAGE 函数举例。在 M4 单元格中输入公式：=DAVERAGE(A2:J17,G2,F19:G20)，其中，A2:J17 是数据库区域，操作域为工龄列，即“G2”，条件为：F19:G20。

M4　fx　=DAVERAGE(A2:J17,G2,F19:G20)

	A	B	C	D	E	F	G	H	I	J	K	L	M
1						员工信息表							
2	员工姓名	员工代码	性别	出生年月	年龄	参加工作时间	工龄	职称	岗位级别	工资		统计条件	统计结果
3	毛莉	PA103	女	1977年12月		1995年8月	27	技术员	2级	5000		男性高级职称工资和：	16000
4	杨青	PA125	女	1978年2月		2000年8月	22	助工	5级	6000		女性助工的平均年龄：	23.5
5	陈小鹰	PA128	男	1963年11月		1987年11月	35	助工	5级	6000			
6	陆东兵	PA212	女	1976年7月		1997年8月	25	助工	5级	6000			
7	闻亚东	PA216	男	1963年12月		1987年12月	35	高级工程师	8级	8000			
8	曹吉武	PA313	男	1982年10月		2006年5月	16	技术员	1级	5000			
9	彭晓玲	PA325	女	1960年3月		1983年3月	39	技术员	5级	5000			
10	傅珊珊	PA326	女	1969年1月		1987年1月	35	技术员	3级	5000			
11	钟争秀	PA327	男	1956年12月		1980年12月	42	技术员	3级	5000			
12	周旻璐	PA329	女	1970年4月		1992年4月	30	技术员	5级	5000			
13	柴安琪	PA330	男	1977年1月		1999年8月	23	工程师	6级	7000			
14	吕秀杰	PA401	男	1963年10月		1983年10月	39	高级工程师	8级	8000			
15	陈华	PA402	男	1948年10月		1969年10月	53	技术员	5级	5000			
16	姚小玮	PA403	女	1969年3月		1991年3月	31	工程师	6级	7000			
17	刘晓瑞	PA405	男	1979年3月		2000年8月	22	助工	5级	6000			
18													
19			性别	职称		性别	职称						
20			男	高级工程师		女	助工						

图 2-56　DAVERAGE 函数举例

笔记栏

8. 财务函数

财务函数是财务计算分析的重要工具，可使财务数据的计算更便捷和准确。下面介绍几个常用的财务函数。

1）求财产折旧值函数 SLN

格式：SLN(原值 , 残值 , 折旧期限)

功能：返回某项资产在一段时间内的线性折旧值。

参数说明：

原值为资产原值；残值为资产在折旧期末的价值（又称资产残值），折旧期限为资产的使用寿命。

例如，某企业拥有固定资产 200 万元，使用 20 年后估计资产残值为 30 万元，求固定资产年、月、日的折旧值，按照表 2-7 所示在不同区域插入不同公式，将分别得到年月日的折旧值，如图 2-57 所示。

表 2-7　不同位置输入公式及返回值

位　　置	公　　式	返　回　值
B3	=SLN(A2,B2,C2)	每年折旧值
B4	=SLN(A2,B2,C2*12)	每月折旧值
B5	=SLN(A2,B2,C2*365)	每日折旧值

B3　fx　=SLN(A2, B2, C2)

	A	B	C	D
1	固定资产	资产残值	使用年限	
2	2000000	300000	20	
3	每年折旧值	￥85, 000. 00		
4	每月折旧值	￥7, 083. 33		
5	每日折旧值	￥232. 88		

图 2-57　SLN 函数举例

2）求贷款按年（或月）还款数函数 PMT

格式：PMT(利率 , 支付总期数 , 现值 , 终值 , 是否期初支付)

功能：返回贷款按年（或月）还款数。

参数说明：

利率为贷款利率；支付总期数为该项贷款的总贷款期限；现值为从该项贷款开始计算时已经入账的款项（或一系列未来付款当前值的累积和）；终值为未来值（或在最后一次付款后希望得到的现金金额），默认值为 0；是否期初支付为一逻辑值，用于指定付款时间是在期初还是期末（1 表示期初，0 表示期末，默认值为 0）。

例如，某人贷款 10 万元，贷款年数为 20 年，贷款利率为 5.25%，按照表 2-8 所示在不同区域插入不同的公式，将分别获得按年偿还金额和按月偿还金额，如图 2-58 所示。

表 2-8　不同位置输入公式及返回值

位　　置	公　　式	返　回　值
B9	=PMT(C8,B8,A8,0,0)	按年偿还金额
B10	=PMT(C8/12,B8*12,A8,0,0)	按月偿还金额

贷款金额	贷款年数	贷款利率
100000	20	5. 25%
按年偿还金额	￥-8, 195. 23	
按月偿还金额	￥-673. 84	

图 2-58　PMT 函数应用举例

3）求贷款每月应付利息数函数 IPMT

格式：IPMT(利率,期数,支付总期数,现值,终值,支付类型)

功能：求指定贷款期限的某笔贷款，按固定利率及等额分期付款方式在某一给定期限内每月应付的贷款利息。

参数说明：利率为贷款利率；期数为计算利率的期数（如计算第一个月的利息为1，计算第二个月的利息为2，依此类推），支付总期数为该项贷款的总贷款期数；现值为从该项贷款开始计算时已入账的款项（或一系列未来付款当前值的累积和），终值为未来值（或在最后一次付款后希望得到的现金金额），默认值为0；支付类型为可选项，值为数字0或1，用以指定各期的付款时间是在期初还是期末。

例如，某人贷款10万元，贷款年数为20年，贷款利率为5.25%，求第1个月、第2个月、第13个月应付的贷款利息。按照表2-9所示在不同区域插入不同公式，将分别获得按年偿还金额和按月偿还金额，如图2-59所示。

表 2-9 不同位置输入公式及返回值

位 置	公 式	返 回 值
B11	=IPMT(C8/12,1,B8*12,A8,0)	第1个月利息
B12	=IPMT(C8/12,2,B8*12,A8,0)	第2个月利息
B13	=IPMT(C8/12,13,B8*12,A8,0)	第13个月利息

图 2-59 IPMT 函数应用举例

9．信息函数

信息函数共有19个，其中比较常用的是IS类函数（共12个）、TYPE测试函数和N转函数，下面重点介绍这3类函数。

1）IS 类函数

IS类函数包括ISBLANK、ISTEXT、ISERR、ISERROR、ISEVEN、ISODD、ISLOGICAL、ISNA、ISNONTEXT、ISNUMBER、ISREF、ISFORMULA等函数，统称为IS类函数，可以检验数值的数据类型并根据参数取值的不同而返回TRUE或FALSE。IS类函数具有相同的函数格式和相同的参数。

IS类函数的格式及功能见表2-10。

表 2-10 IS 类函数说明

函 数 名	格 式	功 能
ISBLANK	ISBLANK(值)	测试值是否为空
ISTEXT	ISTEXT(值)	测试值是否为文本
ISERR	ISERR(值)	测试值是否为任意错误值（#N/A）除外
ISERROR	ISERROR(值)	测试值是否为任意（包括#N/A、#VALUE、#REF、#DIV/0!、#NUM!、#NAME? 或 #NULL!）
ISLOGICAL	ISLOGICAL(值)	测试值是否为逻辑值

续表

函 数 名	格 式	功 能
ISNA	ISNA(值)	测试值是否为错误值 #N/A（值不存在）
ISNONTEXT	ISNONTEXT(值)	测试值是否不是文本的任意项（注意此函数在值为空白单元格时返回 TRUE）
ISNUMBER	ISNUMBER(值)	测试值是否为数值
ISREF	ISREF(值)	测试值是否为引用
ISODD	ISODD(值)	测试值是否为奇数
ISEVEN	ISEVEN(值)	测试值是否为偶数
ISFORMULA	ISFORMULA（值）	测试值是否存在包含公式的单元格引用

2）TYPE 类函数

格式：TYPE(值)

功能：测试数据的类型。

参数说明：值可以为任意类型的数据，如数值、文本、逻辑值等。函数的返回值为一数值，具体意义为：1 表示数字；2 表示文本；4 表示逻辑；16 表示误差值；64 表示数组。如果 VALUE 是一个公式，则 TYPE 函数将返回此公式运算结果的类型。

3）N 转数值函数

格式：N(值)

功能：将不是数值形式的值转化为数值形式。

参数说明：值可以为任意类型的值，如果值为一日期，则返回日期表示的序列值；如果值为逻辑值 TRUE，返回 1，若为 FALSE，返回 0；如果值是文本数字，则返回对应的值；如果值为其他类型值，则返回 0。

10. 工程函数

工程函数是属于工程专业领域计算分析用的函数，接下来介绍最常用的工程函数。

1）进制转换函数

WPS 表格工程函数中提供了二进制（BIN）、八进制（OCT）、十进制（DEC）、十六进制（HEX）之间的数值转换函数。其函数名非常容易记忆，用数字 2 表示转换，故二进制转换成八进制的函数是 BIN2OCT，二进制转换为十进制的函数是 BIN2DEC 等。这类函数的语法格式是：

函数名 (数值 ,[字符数])

数值表示待转换的数值，其位数不能多于 10 位，最高位为符号位，后 9 位为数字位。

字符数为可选项，表示所要使用的字符位数。如果省略，函数用能表示此数的最少字符来表示。当转换结果的位数少于指定的位数时，在返回值的左侧自动追加 0。如果需要返回的数值前置零时，字符数尤其有用。

注 意：

从其他进制转换为十进制的函数只有数值一个参数。

2）度量系统转换函数 CONVERT

格式：CONVERT(数值,初始单位,结果单位)

功能：将数值从一个度量系统转换到另一个度量系统。

参数说明：

数值表示需要进行转换的值；初始单位表示数值的单位；结果单位表示转换后的结果单位。

> **注意：**
> 单位名称区分大小写。

例如，将气温 35 摄氏度转换为华氏度的值，可以用如下公式实现：=CONVERT(35, "C","F")，转换结果为 95。

3）检验两个值是否相等函数 DELTA

格式：DELTA(待测值 1,[待测值 2])

功能：测试两个值是否相等，如果待测值 1=待测值 2，则返回 1，否则返回 0。

参数说明：

（1）待测值 1 表示第一个数值；

（2）待测值 2 为可选项，表示第二个数值。如果省略，假设待测值 2 的值为零。如果待测值 1 和待测值 2 为非数值型，则函数返回错误值 #VALUE!。

通过统计多个 DELTA 的返回值，可以知道两组数据相符的个数，如图 2-60 所示。

图 2-60　DELTA 函数应用实例

四、数组

数组公式是 WPS 表格对公式和数组的一种扩充，是以数组为参数的一种公式。利用这些公式，可以完成复杂的运算功能。下面介绍数组的概念、数组公式的建立以及数组公式的运算规则与应用。

1. 数组概念

数组是指一组数据元素集合。这些元素可以共同参与运算，也可以个别参与运算。在 WPS 表格中，数组是指一行、一列或多行多列的一组数据元素的集合。数组元素可以是数值、文本、日期、逻辑值或错误值。数组可以是一维数组，也可以是二维的，这些维对应着行和列。例如，一维数组可以存储在一行（横向数组）或一列（纵向数组）的范围内；二维数组可以存储在一个矩形的单元格范围内。

WPS 表格中的数组分为两种：一种是区域数组；一种是常量数组。

如果在公式或函数参数中引用工作表中的某个单元格区域，且其中的参数不是单元格引用或区域类型，也不是向量时，WPS 表格会自动将该区域引用转换为同维数同尺寸的数组，这个数组就称为区域数组。区域数组通常指矩形的单元格区域，如 B1:C18、D2:E20 等。

常量数组是指直接在公式中写入数组元素，并以大括号 {} 括起来的字符串表达式。

例如，{45,32,78,98} 是一个常量数组。在同一个数组中，可以使用不同类型的值，如 {45,32,78,98,"hello",false}。

常量数组不能包含公式、函数和其他数组，数字值不能包含"$""，""（""）""%"等。

常量数组可以分为一维数组和二维数组，一维数组包括行数组和列数组。一维行数组中的元素用英文符号","分隔，如 {45,32,78,98}；一维列数组中的元素用英文符号";"进行分隔，如 {23;32;78;98}。由于二维数组中包含行和列，所以，二维数组行内的元素用逗号进行分隔，行与行之间用分号分隔。例如 {1,2,3;4,5,6} 表示两行三列的二维数组。

2. 数组公式

在对 WPS 表格工作表中的数进行运算时，通常会遇到下列 3 种情况：

（1）要求运算结果返回的是一个集合。

（2）运算中存在一些需要通过复杂中间运算才能得到最终结果。

（3）要求保证公式集合的完整性，防止用户无意间修改公式。

针对以上三种情况，通常可以使用数组公式来解决。

数组公式是用于建立可以产生多个结果或对可以存放在行和列中的一组参数进行运算的单个公式，它的特点是可以执行多重计算，返回一组数据结果，并按【Ctrl+Shift+Enter】组合键产生一对 {} 完成编辑的数组公式。

数组公式最大的特征就是所引用的参数是数组参数，包括区域数组和常量数组。区域数组是一个矩形的单元格区域，如 $B$1:$C$18。

1）数组公式建立

输入数组公式时，首先选择用来存放结果的单元格区域（可以是一个单元格），在编辑栏中输入公式，然后按【Ctrl+Shift+Enter】组合键生成数组公式，将出现数组公式标识符 {}。

注　意：

如果手动输入"{}"，系统认为输入的是一个正文标签，不是数组公式标识符。因此，一定要按【Ctrl+Shift+Enter】组合键生成数组公式。

下面以任务 2 中"数据销售表"中"实际价格"列数据的获取为例，介绍数组公式的使用。

（1）选定需要输入数组公式的实际价格列 H2:H19。

（2）在编辑栏中输入公式：E2:E19*(1-F2:F19)*(1-G2:G19)。

（3）按【Ctrl+Shift+Enter】组合键，此时生成数组公式 {E2:E19*(1-F2:F19)*(1-G2:G19)}。结果如图 2-61 所示。

图 2-61　数组公式建立

2）数组公式修改

一个数组包含若干个数据和单元格，这些单元格构成一个整体，不能单独修改某个单元格的值。如果要修改数组公式，必须选中整个数组，然后再进行修改。

（1）选定数组公式所包含的所有单元格。

（2）单击编辑栏中的数组公式，便可以对数组公式进行修改。

（3）修改完毕后按【Ctrl+Shift+Enter】组合键，而不是直接按【Enter】键，才能完成对整个数组公式的修改。

3）数组公式应用

使用数组公式可以把一组数据当成一个整体来处理,传递给函数或公式。可以对一批单元格应用一个公式,返回结果可以是一个数,也可以是一组数(每个数占一个单元格)。

（1）数组公式的运算规则：

① 两个同行同列的数组间的运算是对应元素间的运算,并返回同样大小的数组。

例如,图2-62所示,两个相同大小的数组相加,运算时,对应元素间求和,运算结果为相同大小的数组。

② 一个数组与一个单元格的数据进行运算,则将数组中的每一个元素均与单元格元素进行运算,返回与数组相同大小的数组。

如图2-63所示,"数组1*B3"单元格是将每个元素与B3单元格的值相乘,得到的是与数组1相同大小的数组。

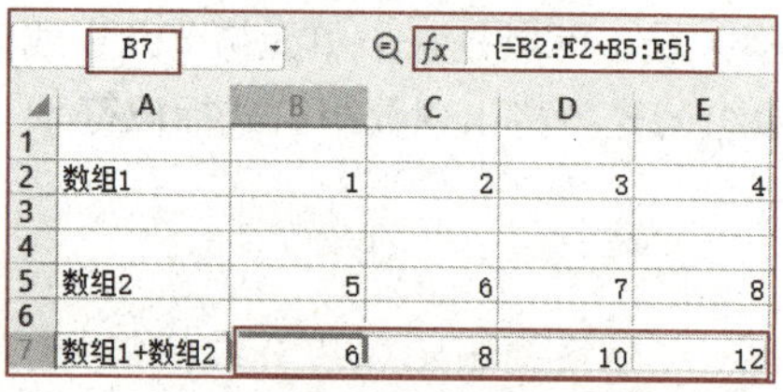

图 2-62　行列相同的数组相加 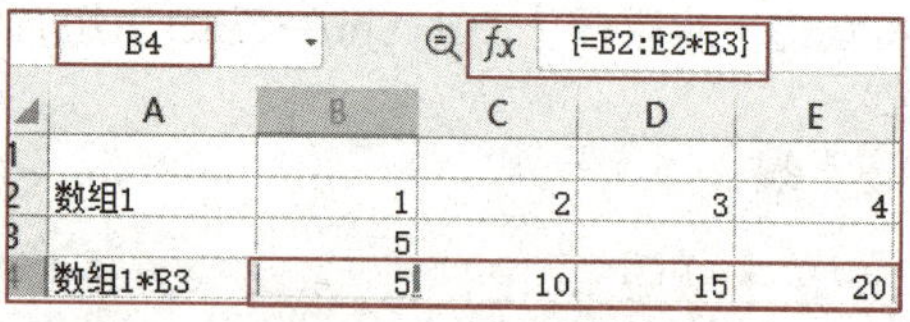　　　　图 2-63　数组与一个单元格的值相乘

③ 单行数组（M列）与单列数组（N列）运算,将返回一个M*N的数组。

如图2-64所示,一个包含3个元素的单行数组1与一个包含3个元素的单列数组2相加,得到一个3行3列的两维数组。

④ 不匹配行列的数组间运算,将返回"#N/A"错误。

如图2-65所示,数组1包含4个元素,数组2包含3个元素,将数组1和数组2相加,前三个元素为数组1和数组2对应元素之和,最后一个元素返回"#N/A"错误。

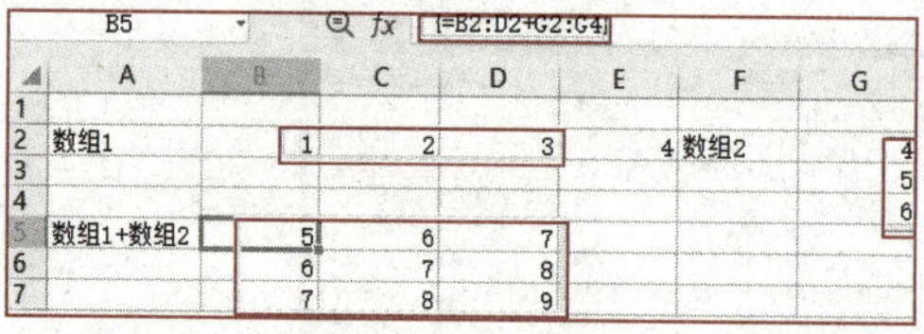

图 2-64　单行数组 + 单列数组 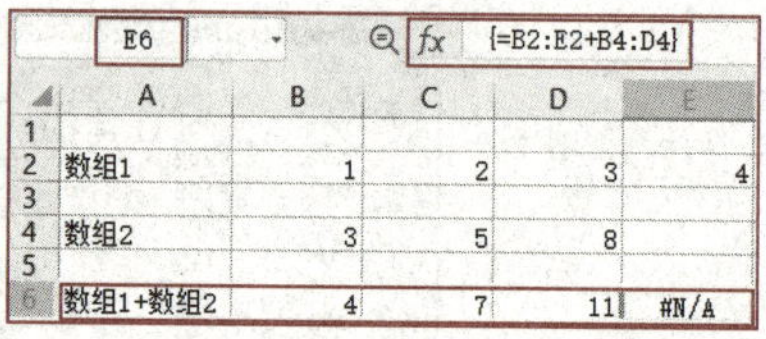　　　　图 2-65　不匹配行列数组间运算

（2）数组公式的应用：

① 计算商品销售总额。在不使用数组公式的情况下,如果要计算采购表中的"总额",需要增加一列"金额",先用公式求得每种商品的销售额,再对销售额进行求和,操作步骤相对烦琐。

如果使用数组公式,可以直接在总额列中输入公式：=SUM(B11:B17*D11:D17),然后按【Ctrl+Shift+Enter】组合键,即可获取总额,如图2-66所示。

② 计算裤子销售总额。计算裤子销售总额,是在计算总额的基础上增加了一个条件（项目为裤子）,因此增加一个判断A3:A16区域是否为"裤子"的条件判断,即"A3:A16="裤子""",这是一个关系运算表达式,如果当前单元格的值是"裤子",返回TRUE(1),否则返回FALSE(0)。再将该值与"采购数量"列及"单价"列相乘,如果当前单元格的值是"裤子",

乘积得以保留并参与求和，否则，乘积为零，不参与求和。最后对各项进行求和。完整的公式是：=SUM((A11:A17=" 裤子 ")*B11:B17*D11:D17)，输入完毕，按【Ctrl+Shift+Enter】组合键，即可获取裤子销售总额，如图 2-67 所示。

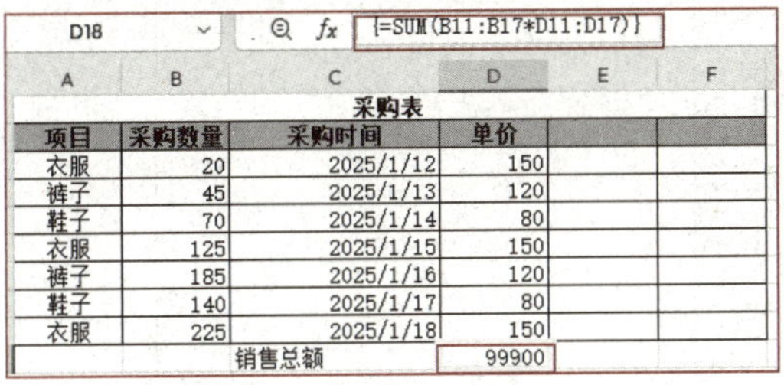

笔记栏

采购表			
项目	采购数量	采购时间	单价
衣服	20	2025/1/12	150
裤子	45	2025/1/13	120
鞋子	70	2025/1/14	80
衣服	125	2025/1/15	150
裤子	185	2025/1/16	120
鞋子	140	2025/1/17	80
衣服	225	2025/1/18	150
		销售总额	99900

图 2-66 使用数组公式获取总额

采购表			
项目	采购数量	采购时间	单价
衣服	20	2025/1/12	150
裤子	45	2025/1/13	120
鞋子	70	2025/1/14	80
衣服	125	2025/1/15	150
裤子	185	2025/1/16	120
鞋子	140	2025/1/17	80
衣服	225	2025/1/18	150
		销售总额	99900
		裤子销售总额	27600

图 2-67 使用数组公式获取裤子销售总额

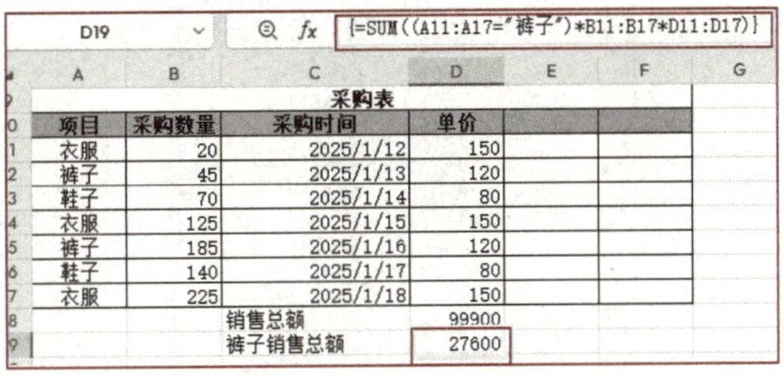

要分析上述公式的含义，可以按【F9】键查看公式分步计算的结果。

数组公式十分有用且效率很高，但真正理解和熟练掌握并不是一件容易的事情，只有通过多次实践，从中找出规律，才能不断总结与提高。

任务实现

子任务一：创建销售信息工作表

微课

拓展数据表——销售信息表制作

销售信息工作表用来描述项目销售过程中产生的各种信息，包括客户编号、楼号、预定日期、一次性付款、原价、折扣 1、折扣 2、实际价格、销售员工、总房价、平均房价等。其中，客户编号、楼号、预定日期、是否一次性付款等信息，要根据实际情况如实输入，而原价、折扣 1、折扣 2、实际价格、销售员工、总房价、平均房价等信息，需要使用公式与函数完成计算和统计。基础数据的输入此处不再赘述，下面针对原价、折扣 1、折扣 2、实际价格、销售员工、总房价、平均房价分别进行详细说明。

1. 使用 VLOOKUP 函数引用“房屋基本信息表”的价格，完成“原价”列数据获取

选中 E2 单元格，单击编辑栏左侧的“插入函数”按钮，弹出“插入函数”对话框，找到“查找与引用”中的“VLOOKUP”函数，单击“确定”按钮，弹出“函数参数”对话框，设置各项参数如图 2-68（a）所示，单击“确定”按钮完成。使用填充柄将 E2 单元格的公式复制填充到 E3:E19 单元格区域，完成原价列的获取，完成后的效果图如图 2-68（b）所示。

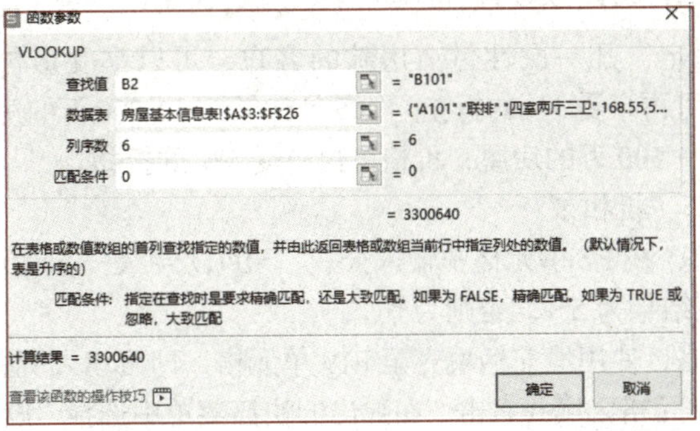

（a）

图 2-68 使用 VLOOKUP 函数获取原价列数值

笔记栏

E2　=VLOOKUP(B2,房屋基本信息表!$A$3:$F$26,6,0)

	A	B	C	D	E	F	G	H	I
1	客户编号	楼号	预定日期	一次性付款	原价	折扣1	折扣2	实际价格	销售员工
2	001	B101	2013/1/5	是	￥3,300,640.00				
3	002	A206	2013/1/12	否	￥2,438,240.00				
4	003	B201	2013/2/25	是	￥3,300,640.00				
5	003	B202	2013/2/25	是	￥3,300,640.00				
6	004	B102	2013/4/6	否	￥3,300,640.00				
7	005	C001	2013/4/15	是	￥10,662,400.00				
8	006	A106	2013/4/19	是	￥2,124,640.00				
9	007	A201	2013/4/23	否	￥2,438,240.00				
10	008	A101	2013/4/27	是	￥2,124,640.00				
11	009	A102	2013/4/30	是	￥2,124,640.00				
12	010	A202	2013/5/4	否	￥2,438,240.00				
13	011	C002	2013/5/6	是	￥10,662,400.00				
14	012	A103	2013/5/6	是	￥2,124,640.00				
15	013	A104	2013/5/12	是	￥2,124,640.00				
16	014	A105	2013/5/26	否	￥2,124,640.00				
17	015	B301	2013/6/17	是	￥5,476,240.00				
18	016	B401	2013/6/18	是	￥5,476,240.00				
19	016	B402	2013/6/18	是	￥5,476,240.00				

（b）

图 2-68　使用 VLOOKUP 函数获取原价列数值（续）

注　意：

（1）第一个参数B2即楼号“B201”作为确定原价的依据，是即将在数据表首列进行搜索的数据。

（2）第二个参数“房屋基本信息表!$A$3:$F$26”，是要搜索的数据区域。对该数据区域有如下要求：

① 选择数据区域时，从第一个参数所在的列开始选择，即保证搜索数据位于数据区域的首列。

② 数据区域默认按首列进行升序排序，如未排序，请先以首列作为关键字对表格进行升序排序。

③ 数据区域必须为绝对地址。

（3）第三个参数是待返回的匹配值的列序号，数据区域的首列列序号值为1，第三个参数的列序号是相对于搜索数据区域首列的相对列序号。

（4）第四个参数值为“0”，即FALSE，返回精确匹配值，如果找不到，则返回错误提示信息“#N/A”。

2. 使用 IF 函数及 IF 函数嵌套计算“折扣 1”“折扣 2”

按照公司的相关规定，凡一次性付清房款的客户，可以享受房价 5% 的折扣；价格在 1 000 万以上房屋，价格可再享受 3% 的折扣；价格在 500 万～1 000 万的房屋，价格可再享受 2% 的折扣；价格在 300 万～500 万的房屋，价格可再享受 1% 的折扣。

1）使用 IF 函数计算“折扣 1”

（1）根据任务要求，在 F2 单元格中输入公式“=IF(D2=" 是 ",5%,0)”，其含义是，如果 D2 的值等于“是”，则结果为 5%，否则为 0。

（2）选中 F2 单元格，使用填充柄填充至 F19 单元格，即可填入所有客户的折扣 1。

（3）选中 F2:F19 单元格区域并右击，在弹出的快捷菜单中选择“设置单元格格式”命令，弹出“单元格格式”对话框，选择“数字”选项卡，选择“百分比”分类，小数位数设置为“0”，单击“确定”按钮，完成“折扣 1”计算，如图 2-69 所示。

项目 2 数据处理

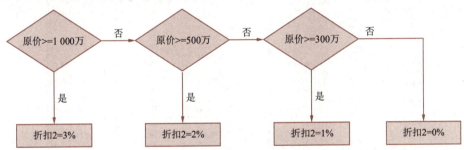

图 2-69 使用 IF 函数计算折扣 1

公式中的符号必须是英文符号。

2）使用 IF 函数嵌套计算"折扣 2"

折扣 2 的计算需要使用 IF 函数嵌套完成，判断的流程如图 2-70 所示。

图 2-70 折扣 2 判断流程图

（1）在 G2 单元格中输入公式"=IF(E2>=10000000,3%,IF(E2>=5000000,2%,IF(E2>=3000000,1%,0)))"，其含义为：判断 E2 单元格的值是否大于或等于 1 000 万，如果"是"，值为"3%"，否则继续使用 IF 函数判断 E2 单元格的值是否大于或等于 500 万，如果"是"，值为"2%"，否则继续使用 IF 函数判断 E2 单元格的值是否大于或等于 300 万，如果"是"，值为"1%"，否则值为"0%"。

（2）选中 G2 单元格，使用填充柄填充至 G19 单元格。

（3）选中 G2:G19 单元格区域并右击，在弹出的快捷菜单中选择"设置单元格格式"命令，弹出"单元格格式"对话框，选择"数字"选项卡，选择"百分比"分类，小数位数设置为"0"，单击"确定"按钮，完成"折扣 1"计算，如图 2-71 所示。

3. 使用公式计算"实际价格"

（1）在实际价格列的 H2 单元格中输入公式"=E2*(1-F2)*(1-G2)"。其含义是在原价乘以（1-折扣 1）乘以（1-折扣 2）。

（2）选中 H2 单元格，使用填充柄填充至 H19 单元格。

2-43

笔记栏

G2　=IF(E2>=10000000,3%,IF(E2>=5000000,2%,IF(E2>=3000000,1%,0)))

	A	B	C	D	E	F	G	H
1	客户编号	楼号	预定日期	一次性付款	原价	折扣1	折扣2	实际价格
2	001	B101	2013/1/5	是	¥3,300,640.00	5%	1%	
3	002	A206	2013/1/12	否	¥2,438,240.00	0%	0%	
4	003	B201	2013/2/25	是	¥3,300,640.00	5%	1%	
5	003	B202	2013/2/25	是	¥3,300,640.00	5%	1%	
6	004	B102	2013/4/6	否	¥3,300,640.00	0%	1%	
7	005	C001	2013/4/15	是	¥10,662,400.00	5%	3%	
8	006	A106	2013/4/19	是	¥2,124,640.00	5%	0%	
9	007	A201	2013/4/23	否	¥2,438,240.00	0%	0%	
10	008	A101	2013/4/27	是	¥2,124,640.00	5%	0%	
11	009	A102	2013/4/30	是	¥2,124,640.00	5%	0%	
12	010	A202	2013/5/4	否	¥2,438,240.00	0%	0%	
13	011	C002	2013/5/6	是	¥10,662,400.00	5%	3%	
14	012	A103	2013/5/6	是	¥2,124,640.00	5%	0%	
15	013	A104	2013/5/12	是	¥2,124,640.00	5%	0%	
16	014	A105	2013/5/26	否	¥2,124,640.00	0%	0%	
17	015	B301	2013/6/17	是	¥5,476,240.00	5%	2%	
18	016	B401	2013/6/18	是	¥5,476,240.00	5%	2%	
19	016	B402	2013/6/18	是	¥5,476,240.00	5%	2%	

图 2-71　使用 IF 函数嵌套完成折扣 2 计算

（3）选中 H2:H19 单元格区域并右击，在弹出的快捷菜单中选择“设置单元格格式”命令，弹出“单元格格式”对话框，选择“数字”选项卡，选择“货币”分类，单击“确定”按钮，完成“实际价格”计算，如图 2-72 所示。

H2　=E2*(1-F2)*(1-G2)

	A	B	C	D	E	F	G	H
1	客户编号	楼号	预定日期	一次性付款	原价	折扣1	折扣2	实际价格
2	001	B101	2013/1/5	是	¥3,300,640.00	5%	1%	¥3,104,251.92
3	002	A206	2013/1/12	否	¥2,438,240.00	0%	0%	¥2,438,240.00
4	003	B201	2013/2/25	是	¥3,300,640.00	5%	1%	¥3,104,251.92
5	003	B202	2013/2/25	是	¥3,300,640.00	5%	1%	¥3,104,251.92
6	004	B102	2013/4/6	否	¥3,300,640.00	0%	1%	¥3,267,633.60
7	005	C001	2013/4/15	是	¥10,662,400.00	5%	3%	¥9,825,401.60
8	006	A106	2013/4/19	是	¥2,124,640.00	5%	0%	¥2,018,408.00
9	007	A201	2013/4/23	否	¥2,438,240.00	0%	0%	¥2,438,240.00
10	008	A101	2013/4/27	是	¥2,124,640.00	5%	0%	¥2,018,408.00
11	009	A102	2013/4/30	是	¥2,124,640.00	5%	0%	¥2,018,408.00
12	010	A202	2013/5/4	否	¥2,438,240.00	0%	0%	¥2,438,240.00
13	011	C002	2013/5/6	是	¥10,662,400.00	5%	3%	¥9,825,401.60
14	012	A103	2013/5/6	是	¥2,124,640.00	5%	0%	¥2,018,408.00
15	013	A104	2013/5/12	是	¥2,124,640.00	5%	0%	¥2,018,408.00
16	014	A105	2013/5/26	否	¥2,124,640.00	0%	0%	¥2,124,640.00
17	015	B301	2013/6/17	是	¥5,476,240.00	5%	2%	¥5,098,379.44
18	016	B401	2013/6/18	是	¥5,476,240.00	5%	2%	¥5,098,379.44
19	016	B402	2013/6/18	是	¥5,476,240.00	5%	2%	¥5,098,379.44

图 2-72　使用公式完成实际价格计算

4. 使用求和函数（SUM）和求平均函数（AVERAGE）计算“总房价”和“平均房价”

（1）在“总房价”右侧单元格 H20 中输入公式“=SUM(H2:H19)”，或者单击“开始”选项卡中的“求和”下拉按钮 Σ，在下拉列表中选择“求和”命令，确认数据范围后单击“确定”按钮。

（2）在“平均房价”右侧单元格 H21 中输入公式“=AVERAGE(H2:H19)”，或者单击“开始”选项卡中的“求和”下拉按钮 Σ，在下拉列表中选择“平均值”命令 Avg 平均值(A)，确认数据范围为“H2:H19”，单击“确定”按钮，完成平均值计算。

5. 使用 LOOKUP 函数引用“客户资料表”中的服务代表，完成“销售员工”列数据的获取

在“客户资料表”中，为每一位客户指定了“服务代表”，因此，“销售数据表”的“销售员工”只需要引用该列即可，这里可以使用 VLOOKUP 函数，也可以使用 LOOKUP 函数，接下来介绍使用 LOOKUP 函数引用的过程。

选中 I2 单元格，单击编辑栏左侧的“插入函数”按钮，弹出“插入函数”对话框，找到

“查找与引用”中的“LOOKUP”函数，单击“确定”按钮，弹出“函数参数”对话框，设置各项参数如图 2-73 所示，单击“确定”按钮完成。使用填充柄将 I2 单元格的公式复制填充到 I3:I19 单元格区域，完成“销售员工”列的获取，效果如图 2-74 所示。

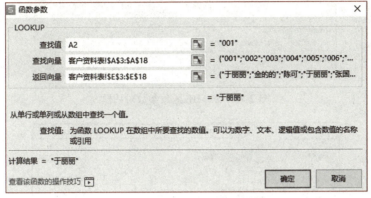

图 2-73　LOOKUP 函数对话框

I2　　=LOOKUP(A2,客户资料表!$A$3:$A$18,客户资料表!$E$3:$E$18)

	A	B	C	D	E	F	G	H	I
1	客户编号	楼号	预定日期	一次性付款	原价	折扣1	折扣2	实际价格	销售员工
2	001	B101	2013/1/5	是	￥3,300,640.00	5%	1%	￥3,104,251.92	于丽丽
3	002	A206	2013/1/12	否	￥2,438,240.00	0%	0%	￥2,438,240.00	金的的
4	003	B201	2013/2/25	是	￥3,300,640.00	5%	1%	￥3,104,251.92	陈可
5	003	B202	2013/2/25	是	￥3,300,640.00	5%	1%	￥3,104,251.92	陈可
6	004	B102	2013/4/6	否	￥3,300,640.00	0%	1%	￥3,267,633.60	于丽丽
7	005	C001	2013/4/15	是	￥10,662,400.00	5%	3%	￥9,825,401.60	张国丰
8	006	A106	2013/4/19	是	￥2,124,640.00	5%	0%	￥2,018,408.00	黄大伟
9	007	A201	2013/4/23	否	￥2,438,240.00	0%	0%	￥2,438,240.00	李思
10	008	A101	2013/4/27	是	￥2,124,640.00	5%	0%	￥2,018,408.00	王晋
11	009	A102	2013/4/30	是	￥2,124,640.00	5%	0%	￥2,018,408.00	齐明明
12	010	A202	2013/5/4	否	￥2,438,240.00	0%	0%	￥2,438,240.00	吴姗姗
13	011	C002	2013/5/6	是	￥10,662,400.00	5%	3%	￥9,825,401.60	姜新月
14	012	A103	2013/5/6	是	￥2,124,640.00	5%	0%	￥2,018,408.00	毛华新
15	013	A104	2013/5/12	是	￥2,124,640.00	5%	0%	￥2,018,408.00	黄大伟
16	014	A105	2013/5/26	否	￥2,124,640.00	0%	0%	￥2,124,640.00	姜新月
17	015	B301	2013/6/17	是	￥5,476,240.00	5%	2%	￥5,098,379.44	陈可
18	016	B401	2013/6/18	是	￥5,476,240.00	5%	2%	￥5,098,379.44	李思
19	016	B402	2013/6/18	是	￥5,476,240.00	5%	2%	￥5,098,379.44	李思
20							总房价	￥67,057,730.88	
21							平均房价	￥3,725,429.49	

图 2-74　使用 LOOKUP 完成销售员工列数据获取

子任务二：创建销售员工业绩表

在销售员工业绩表中，完成每位销售员工的销售总额、排名计算。为了让重点数据更直观地显示，可以使用条件格式和图表对图表数据进行处理。

1. 使用 SUMIF 函数计算销售总额

SUMIF 函数的作用是对指定区域中符合指定条件的值求和，本例中，销售总额的计算是有条件的求和，接下来用 SUMIF 函数计算每位销售员工的销售总额。

选中“销售业绩表”的 B2 单元格，单击编辑栏左侧的“插入函数”按钮，弹出“插入函数”对话框，找到“数学和三角函数”中的“SUMIF”函数，单击“确定”按钮，弹出“函数参数”对话框，设置各项参数如图 2-75 所示，单击“确定”按钮完成。使用填充柄将 I2 单元格的公式复制填充到 I3:I19 单元格区域，完成“销售员工”列的获取，效果图如图 2-76 所示。

拓展数据表
——销售员工业绩表

图 2-75 SUMIF 函数参数对话框

图 2-76 使用 SUMIF 完成个人总销售额计算

 注 意：

因为要复制此公式来计算其他人的总销售额，因此条件检验区域和实际求和区域应该保持不变，唯一变化的是条件中的员工姓名，所以公式中，参数"区域"和参数"求和区域"均要使用绝对地址引用（"$I$2:$I$19"和"$H$2:$H$19"），而参数条件则要使用相对地址引用（"A2"）。

2. 使用 RANK.EQ 函数计算排名

"排名"计算需要使用 RANK.EQ 函数。RANK.EQ 函数的作用是返回某一个数字在一段数字列表中的排位。其大小与列表中的其他值相关，如果多个值具有相同的排位，则返回该组数值的最高排位。

选中"销售业绩表"的 C2 单元格，单击编辑栏左侧的"插入函数"按钮，弹出"插入函数"对话框，找到"统计"中的"RANK.EQ"函数，单击"确定"按钮，弹出"函数参数"对话框，设置各项参数如图 2-77 所示，单击"确定"按钮完成。使用填充柄将 C2 单元格的公式复制填充到 C3:C19 单元格区域，完成"排名"列的获取，效果如图 2-78 所示。

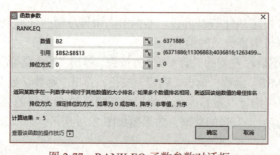

图 2-77 RANK.EQ 函数参数对话框　　图 2-78 使用 RANK.EQ 计算排名

注　意：

　　同前面个人总销售额类似，因为要复制此公式来计算其他人的名次，因此引用的数据区域应该保持不变，使用绝对引用"$B$2:$B$19"，排序的数值要发生变化，使用相对地址。参数0表示降序排序。

3．使用条件格式突出显示部分数据

　　销售业绩表中，使用条件格式突出显示个人销售总额前三名的数据，使其以"字体：粗体，颜色：红色"的方式显示。

　　选中"个人总销售额"列中的B2:B13单元格区域，单击"开始"选项卡中的"条件格式"下拉按钮，在下拉列表中选择"项目选取规则"→"前10项"命令，弹出图2-79所示的"前10项"对话框，在左侧文本框中选择"3"，右侧"设置为"下拉列表中选择"自定义格式"选项，弹出"单元格格式"对话框，在"字体"选项卡中定义"字体：粗体，颜色：红色"，单击"确定"按钮，显示效果如图2-80所示。

图2-79　"前10项"对话框

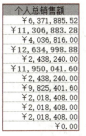

图2-80　条件格式效果

4．使用数据图表将个人总销售额可视化

　　二维表格中的数据，往往不够直观。接下来建立销售员工的销售总额柱状图表，可视化显示每位员工的销售总额。

　　将数据用图形表示出来能够更直观地进行对比分析。在WPS表格中，利用图表功能可以很方便地将表格中的数据转换成各种图形，并且图表中的图形会根据表格中数据的修改而自动调整。

　　选中"销售员工业绩表"中的A1:B13单元格区域，单击"插入"选项卡中的"全部图表"下拉按钮，在下拉列表中选择"全部图表"命令，在左侧图表类型列表中选择"柱形图"，选择簇状柱形图（预设图表），即在当前鼠标指针所在位置插入柱形图，如图2-81所示。

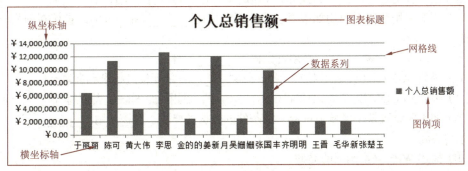

图2-81　个人总销售额柱形图

笔记栏

说明：

（1）图表标题：图表标题默认为选中区域数值列的字段名，双击可以修改。

（2）数据系列：数据系列为选中区域的数值列，选中后右击，可对数据系列的格式进行修改。

（3）纵坐标轴：又称数值轴。根据数值列数据的范围，在最小值到最大值区间内，确定主要单位和次要单位，显示主要刻度线。选中后右击，可对相关属性进行修改。

（4）横坐标轴：又称分类轴。一般选择数据区域中的文本类型列作为分类轴。选中后右击，可对横坐标轴属性进行设置。

（5）数据系列：以不同大小色块形式显示数据。如要修改属性，选中后右击即可修改。

（6）网格线：纵坐标轴主要刻度值的延伸线。

（7）图例项：标明数据系列中颜色和数据系列的对应关系。选中后右击，可以修改图例项位置及其他相关属性。

图表选中的情况下，选项卡中会增加“绘图工具”和“图表工具”两个选项卡。可以根据需要完成对图表相关属性的修改。

销售业绩表完成后的效果如图 2-82 所示。

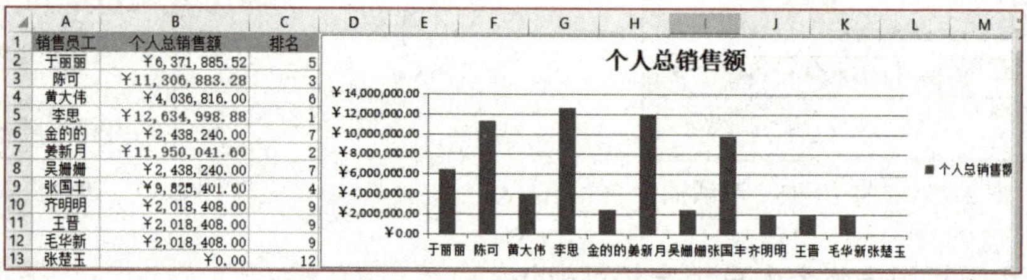

	A	B	C
1	销售员工	个人总销售额	排名
2	于丽丽	￥6,371,885.52	5
3	陈可	￥11,306,883.28	3
4	黄大伟	￥4,036,816.00	6
5	李思	￥12,634,998.88	1
6	金的的	￥2,438,240.00	7
7	姜新月	￥11,950,041.60	2
8	吴姗姗	￥2,438,240.00	7
9	张国丰	￥9,825,401.60	4
10	齐明明	￥2,018,408.00	9
11	王晋	￥2,018,408.00	9
12	毛华新	￥2,018,408.00	9
13	张楚玉	￥0.00	12

图 2-82　销售业绩表效果图

测　评

1．知识测评

1）填空题

（1）运算符分为四种不同类型：________、________、________和________。

（2）可以使用________连接一个或多个文本字符串，以生成一段文本。

（3）绝对引用是指在公式中引用单元格时单元格名称的行列坐标前加“________”符号。

（4）相对引用和绝对引用如果要切换，可以使用________键，也可以直接在列号与行号前添加________符号。

（5）在编辑栏中编辑公式，必须首先输入________符号。

（6）函数 SUM(b2:b5) 表示对 b2 到 b5 总共________单元格进行求和运算。

（7）函数 VLOOKUP(a2,sheet1!a3:f12,2,0) 中，引用的是 Sheet1 表中的________列数据。

（8）如果要设置某个区域中符合一定条件的数据的格式，应该使用________。

2）简答题

（1）简述 WPS 表格函数的类型。

（2）简述本任务中使用过的函数。

2. 能力测评

按表 2-11 中所列的操作要求，对自己完成的文档进行检查，操作完成得满分，未完成或错误得 0 分。

表 2-11　能力测评表

序　号	操作要求（具体见任务实现）	分　值	完成情况	自　评　分
1	销售信息表中使用 VLOOKUP 函数获取"原价"	10		
2	销售信息表中使用 IF 函数获取"折扣1"	10		
3	销售信息表中使用 IF 嵌套函数获取"折扣2"	10		
4	销售信息表中使用数组公式获取"实际价格"	10		
5	销售信息表中使用 LOOKUP 函数获取"销售员工"	10		
6	销售信息表中使用 SUM 函数获取"销售总额"	10		
7	销售业绩表中使用 SUMIF 函数获取"个人总销售额"	10		
8	销售业绩表中使用 RANK.EQ 函数获取"排名"	10		
9	销售业绩表中使用条件格式突出显示排名前 3 的销售总额（格式自定）	10		
10	销售业绩表中插入销售总额的柱形图表	10		
总　分				

3. 素质测评

针对表 2-12 中所列出的素质与素养观察点，反思任务实现的过程，思考总结相关项目，做到即得分，未做到得 0 分。

表 2-12　素质测评表

序　号	素质与素养	分　值	总结与反思	得　分
1	信息意识——数据处理过程中具备使用公式与函数进行数据运算的意识和能力，能主动地寻求恰当的方式分析数据、计算数据	25		
2	数字化创新与发展——能合理运用 WPS 表格的公式与函数解决专业学习中的问题，养成使用 WPS 表格解决生活、学习、工作中的数据处理问题的习惯	25		
3	信息社会责任——具备使用 WPS 表格中查找和引用函数保证数据的一致性的意识和能力	25		
4	计算思维——具备利用 WPS 表格界定问题、抽象特征、建立模型、组织数据、管理数据、解决问题的能力	25		
总　分				

拓展训练

本阶段的任务是在任务 1 拓展训练作业中所建立的班级同学学籍表、宿舍安排表、成绩表的基础上，使用公式与函数、条件格式、图表等工具，完成"学生成绩表"的完善。具体要求如下：

（1）在"学生成绩表"中最右侧增加一列"总分1"，使用公式与函数计算总分1；

（2）在"学生成绩表"中最右侧增加一列"总分2"，使用数组公式计算总分2；

（3）在"学生成绩表"中最右侧增加一列"平均分"，使用公式与函数计算平均分；

（4）在"学生成绩表"中最右侧增加一列"名次"，使用公式与函数计算名次；

（5）在"学生成绩表"中学号列右侧增加一列"姓名"，使用公式与函数引用"学籍表"中的"姓名"列；

（6）设置"学生成绩表"中"英语""现代信息技术""高等数学""体育"各列对应的单科成绩的条件格式，大于或等于90分的用蓝色粗体格式，小于90分的使用红色粗体格式；

（7）建立总分的柱形图表，根据表格需要，设置柱形图表的位置、大小及其他相关属性。

技巧与提高

AI 写公式

WPS AI 可以对语义进行分析转换，自动生成公式，帮助用户完成对数据的运算和统计。下面介绍简单公式与复杂公式的 AI 生成应用。

1. 简单公式

我们以最常用的求和公式为例介绍 AI 写公式的基本应用。

（1）单击选项卡栏中的 WPS AI 按钮，在弹出的菜单中选择"AI 写公式"命令，进入图 2-83 所示对话框。对话框中会给出提问示例，按照示例输入提示词，这里输入"帮我写个公式，计算实际价格列的总和"，按【Enter】键。

（2）AI 会对提示词进行分析，并生成公式"SUM(F2:F19)"，如图 2-84 所示。如果公式参数需修改，可单击公式右侧的折叠按钮，折叠当前对话框，对参数重新进行选择。如果想了解该公式的功能及参数要求，可通过单击"fx 对公式的解释"和"函数教学视频"按钮进行学习。

图 2-83 AI 写公式对话框 1

图 2-84 AI 写公式对话框 2

（3）对公式确认无误后，单击图 2-84 左上方的"完成"按钮，即可快速完成求和运算。

注　意：

AI 对语义的理解是有限的，在设计提示词时，应尽可能准确、直观、避免歧义出现。

2. 复杂公式

这里仍以本任务"房屋销售资料表"中"销售信息表副表"中的数据统计为例,使用 WPS AI 完成销售员工于丽丽 4 月的销售总额,操作步骤如下:

(1)单击选项卡栏中的 WPS AI 按钮,在弹出的菜单中选择"AI 写公式"命令,进入图 2-83 所示对话框。按照示例输入提示词,本例输入"帮我写个公式,计算销售员工于丽丽 4 月的销售总额",按【Enter】键。

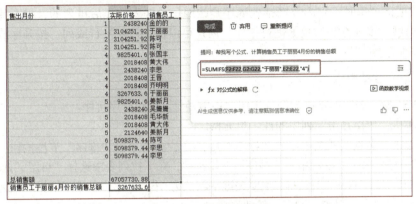

图 2-85　AI 写复杂公式

(2)AI 对提示词分析后,自动生成公式"=SUMIFS(F2:F22,G2:G22," 于丽丽 ",E2:E22,"4")",并在原数据表中高亮显示参数区域,如图 2-85 所示。公式确认无误后单击"完成"按钮,即可完成多条件求和运算。

正如前文所示,WPS AI 之所以能够帮助用户快速生成公式,是建立在用户对 WPS 表格功能的正确理解和认知的前提下。如果一个完全没有表格处理经验的人使用 WPS AI 写公式,那他对提示词的设计会存在诸多歧义,从而导致问题得不到正确解决。更重要的是,如果用户不知道 WPS 表格提供了哪些函数,能够进行哪些方面的运算,那他就不会让 WPS AI 帮他写相应的公式。

所以,用户是谁,决定了 WPS AI 是谁。用户掌握了多少 WPS 表格函数,就能够让 WPS AI 写多少 WPS 公式。

任务 3　房产销售汇总数据表制作——WPS 表格数据分析与统计

任务描述

为了公司能够更好地发展,作为公司的管理层,通常都会关注诸如此类的一些问题:
- 5 月的销售数据如何?
- 4 月于丽丽的销售数据是怎样的?
- 每个月的销售总额是多少?
- 什么样的户型最好卖?
- 不同的别墅类型每个月销售套数是多少?

为了解答这些问题,可以使用 WPS 表格的数据分析工具对数据进行对比分析,分类比较,从中找出规律。同时为了能够更直观地观察和分析,还需要利用图表、数据透视图等工具将数据可视化后进行研究。

本任务将在前面两个任务的基础上，利用筛选、排序、分类汇总、数据透视表与数据透视图等数据分析工具，完成对数据销售表数据的分析和统计。

WPS表格数据分析与统计知识准备

知识准备

一、排序

创建数据记录单时，它的数据排列顺序是按照记录输入的先后排列的，没有什么规律。WPS 表格提供了多种方法对数据进行排序，用户可以根据需要按行或列、按升序或降序或使用自定义序列进行排序。

1. 按单一关键字排序

以图 2-86 所示的数据排序为例，按照"售出月份"进行升序排序。

（1）单击"售出月份"列中的任一单元格。

（2）单击"数据"选项卡中的"排序"按钮，或者单击"排序"下拉按钮，在下拉列表中选择"升序"命令，或者单击"排序"下拉按钮，在下拉列表中选择"自定义排序"命令，弹出图 2-87 所示的"排序"对话框，主要关键字默认为"售出月份"，排序依据默认为"数值"，次序默认为"升序"，单击"确定"按钮完成排序。

图 2-86 按"售出月份"升序排序

图 2-87 "排序"对话框

2. 按多关键字排序

遇到排序字段的数据出现相同值时，单个关键字无法确定数据顺序。此时可以通过添加关键字的方式确定数据的准确顺序。

仍以图 2-86 中的销售数据为例，先按"售出月份"升序排序，如果"售出月份"相同，再按"实际价格"降序排序。

操作步骤如下：

（1）单击"售出月份"列中的任一单元格，单击"数据"选项卡中的"排序"下拉按钮，在下拉列表中选择"自定义排序"命令，弹出"排序"对话框。

（2）在"排序"对话框中单击"添加条件"按钮，在"主要关键字"中选择"售出月份"，排序依据选择"数值"，次序选择"升序"。在"次要关键字"中选择"实际价格"，排序依据选择"数值"，次序选择"降序"，如图 2-88 所示。

为了防止数据记录单的标题被加入排序数据区中，在"排序"对话框中可勾选"数据包含标题"复选框。

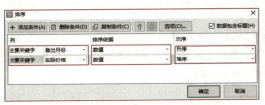

图 2-88　多关键字“排序”对话框

3. 自定义序列排序

用户在使用 WPS 表格对相应数据进行排序时，无论是按拼音还是按笔画，可能都达不到所需要求。在图 2-89 所示的工作表中，如果要按照销售员工的级别排序，必须要按照自定义序列进行排序，即按照“一级”“二级”“三级”“四级”“五级”进行排序。操作步骤如下：

	A	B	C	D	E	F	G	H
1	客户编号	楼号	别墅类型	户型	售出月份	实际价格	销售员工	销售级别
2	005	C001	独栋	七室三厅五卫	4	￥9,825,401.60	张国丰	一级
3	010	A202	联排	五室三厅四卫	5	￥2,438,240.00	吴姗姗	一级
4	002	A206	联排	五室三厅四卫	1	￥2,438,240.00	金的的	二级
5	011	C002	独栋	七室三厅五卫	5	￥9,825,401.60	姜新月	二级
6	014	A105	联排	四室两厅三卫	5	￥2,124,640.00	姜新月	二级
7	012	A103	联排	四室两厅三卫	5	￥2,018,408.00	毛华新	二级
8	007	A201	联排	五室三厅四卫	4	￥2,438,240.00	李思	三级
9	008	A101	联排	四室两厅三卫	4	￥2,018,408.00	王晋	三级
10	009	A102	联排	四室两厅三卫	4	￥2,018,408.00	齐明明	三级
11	016	B401	联排	四室两厅三卫	6	￥5,098,379.44	李思	三级
12	016	B402	双拼	五室三厅五卫	6	￥5,098,379.44	李思	三级
13	003	B201	双拼	四室三厅四卫	2	￥3,104,251.92	陈可	四级
14	003	B202	双拼	四室三厅四卫	2	￥3,104,251.92	陈可	四级
15	006	A106	联排	四室两厅三卫	4	￥2,018,408.00	黄大伟	四级
16	013	A104	联排	四室两厅三卫	5	￥2,018,408.00	黄大伟	四级
17	015	B301	双拼	五室三厅五卫	6	￥5,098,379.44	陈可	四级
18	001	B101	双拼	四室三厅四卫	1	￥3,104,251.92	于丽丽	五级
19	004	B102	双拼	四室三厅四卫	4	￥3,267,633.60	于丽丽	五级

图 2-89　自定义序列排序

1）创建一个自定义序列

选择“文件”→“选项”命令，弹出“选项”对话框，如图 2-90 所示。在左侧列表中选择“自定义序列”选项卡，打开“自定义序列”列表，在“输入序列”文本框中输入“一级,二级,三级,四级,五级”，单击“添加”按钮，此时此序列被添加到左侧“自定义序列”列表中。

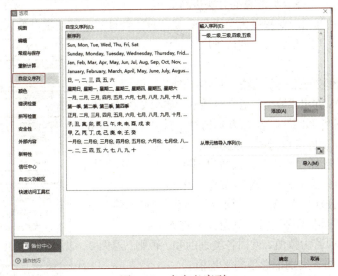

图 2-90　自定义序列

2）应用自定义序列

（1）单击数据区域中的任一单元格。

（2）单击"数据"选项卡中的"排序"下拉按钮，在下拉列表中选择"自定义排序"命令，弹出"排序"对话框，如图 2-91 所示。

图 2-91 "排序"对话框

（3）"主要关键字"选择"销售级别"，"排序依据"选择"数值"，"次序"选择"自定义序列"，弹出"自定义序列"对话框，选择刚添加的序列，单击"确定"按钮，完成排序。

二、分类汇总

分类汇总可以将数据记录单中的数据按某一字段进行分类，并实现按类求和、计数、平均值、最大值、最小值等运算，还能将计算的结果进行分级显示。

1. 创建分类汇总

创建分类汇总的前提是：先按照分类字段进行排序，使相同数据集中在一起后汇总。分类汇总分为单级分类汇总、多级分类汇总、嵌套分类汇总三类。下面以某公司报考人员数据为例，讲述分类汇总的创建。

在某公司报考人员数据表中，创建以下分类汇总：

① 按"报考部门"对报考人员进行分类计数，统计每个部门报考的人数（单级分类汇总）。

② 按"报考部门"对报考人员进行分类计数，并求最高分（多级分类汇总）。

③ 统计不同"报考部门"报考总人数及不同"性别"的人数（嵌套分类汇总）。

下面分别对以上三种分类汇总的方法进行介绍。

（1）按"报考部门"对报考人员进行分类计数，统计每个部门报考的人数。

① 按分类字段"报考部门"进行排序（排序升序和降序都可以）。

② 单击数据区域的任一单元格，单击"数据"选项卡中的"分类汇总"按钮，弹出"分类汇总"对话框，如图 2-92 所示。分类字段选择"报考部门"，汇总方式选择"计数"，选定汇总项选择"姓名"（也可以选择其他项目，汇总结果将出现在汇总项下方。此处选择"姓名"，人数出现在"姓名"列下方，更容易理解汇总的意义），汇总结果如图 2-93 所示。

"汇总方式"分别有"求和""平均值""计数""最大值""最小值""乘积""标准偏差"等，其意义分别如下：

- 求和：汇总项若为数值，返回各类别的和，否则，返回 0。
- 平均值：返回各类别汇总项的平均值。

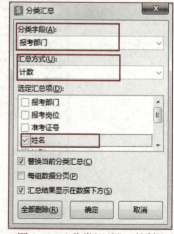

图 2-92 "分类汇总"对话框

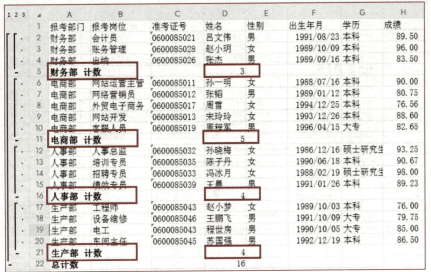

图 2-93 按"报考部门"统计人数

- 计数：返回各类别汇总项单元格个数。
- 最大值：返回各类别汇总项中的最大值。
- 最小值：返回各类别汇总项中的最小值。
- 乘积：返回各类别汇总项乘积值。
- 标准偏差：返回各类别汇总项中所包含的数据相对于平均值的离散程度。

对话框的下面有三个复选框，其意义分别是：

- 替换当前分类汇总：用新分类汇总的结果替换原有的分类汇总结果。
- 每组数据分页：表示以每个分类值作为一组分页显示。
- 汇总结果显示在数据下方：每组的汇总结果放在该组数据下方，如果不选，汇总结果放在该数据的上方。

（2）按"报考部门"对报考人员分类计数，并求最高分。

第（1）种方式的汇总中，已经完成了按"报考部门"对报考人员分类计数，因此只需要在前面操作的基础上，完成对"成绩"列最高分的分类汇总。

单击数据区域的任一单元格，单击"数据"选项卡中的"分类汇总"按钮，弹出"分类汇总"对话框（见图2-92）。分类字段选择"报考部门"，汇总方式选择"最高分"，选定汇总项选择"成绩"，取消勾选"替换当前分类汇总"复选框，汇总结果如图2-94所示。

（3）统计不同"报考部门"报考总人数及不同"性别"的人数。

① 因分类关键字是两个字段，因此要先按照主要关键字"报考部门"，次要关键字"性别"进行排序。

② 单击数据区域的任一单元格，单击"数据"选项卡中的"分类汇总"按钮，弹出"分类汇总"对话框，分类字段选择"报考部门"，汇总方式选择"计数"，选定汇总项选择"姓名"，完成按"报考部门"统计人数的分类汇总。

③ 在上述分类汇总的基础上，单击数据区域的任一单元格，单击"数据"选项卡中的"分类汇总"按钮，弹出"分类汇总"对话框，分类字段选择"性别"，汇总方式选择"计数"，选定汇总项选择"性别"，取消勾选"替换当前分类汇总"复选框，完成按"性别"统计人数的操作，汇总结果如图2-95所示。

笔记栏

	A	B	C	D	E	F	G	H
1	报考部门	报考岗位	准考证号	姓名	性别	出生年月	学历	成绩
2	财务部	会计员	0600085021	吕文伟	男	1991/08/23	本科	89.50
3	财务部	账务管理	0600085028	赵小玥	女	1989/10/09	本科	96.00
4	财务部	出纳	0600085026	张杰	男	1989/09/16	本科	83.50
5	**财务部 最大值**							96.00
6	**财务部 计数**			3				
7	电商部	网站运营主管	0600085011	孙一明	女	1988/07/16	本科	90.00
8	电商部	网络营销员	0600085012	张韬	男	1989/01/12	本科	80.75
9	电商部	外贸电子商务	0600085017	周雪	女	1994/12/25	本科	76.56
10	电商部	网站开发	0600085013	宋玲玲	女	1993/12/26	本科	88.60
11	电商部	客服人员	0600085019	周程军	男	1996/04/15	大专	82.65
12	**电商部 最大值**							90.00
13	**电商部 计数**			5				
14	人事部	人事总监	0600085032	孙晓梅	女	1986/12/16	硕士研究生	93.25
15	人事部	培训专员	0600085035	陈子丹	女	1990/06/18	本科	90.67
16	人事部	招聘专员	0600085033	冯冰月	女	1988/02/19	硕士研究生	98.00
17	人事部	绩效专员	0600085039	王晨	男	1991/01/26	本科	89.23
18	**人事部 最大值**							98.00
19	**人事部 计数**			4				
20	生产部	工程师	0600085043	赵小梦	女	1989/10/03	本科	76.00
21	生产部	设备维修	0600085046	王鹏飞	男	1991/10/09	大专	79.75
22	生产部	电工	0600085043	程世房	男	1990/10/05	大专	85.00
23	生产部	车间主任	0600085045	苏国强	男	1992/12/19	本科	86.50
24	**生产部 最大值**							86.50
25	**生产部 计数**			4				
26	**总最大值**							98.00
27	**总计数**			16				

图 2-94　按“报考部门”对报考人员分类计数，并求最高分

	A	B	C	D	E	F	G	H
1	报考部门	报考岗位	准考证号	姓名	性别	出生年月	学历	成绩
2	财务部	会计员	0600085021	吕文伟	男	1991/08/23	本科	89.50
3	财务部	出纳	0600085026	张杰	男	1989/09/16	本科	83.50
4				**男 计数**	2			
5	财务部	账务管理	0600085028	赵小玥	女	1989/10/09	本科	96.00
6				**女 计数**	1			
7	**财务部 计数**			4				
8	电商部	网络营销员	0600085012	张韬	男	1989/01/12	本科	80.75
9	电商部	客服人员	0600085019	周程军	男	1996/04/15	大专	82.65
10				**男 计数**	2			
11	电商部	网站运营主管	0600085011	孙一明	女	1988/07/16	本科	90.00
12	电商部	外贸电子商务	0600085017	周雪	女	1994/12/25	本科	76.56
13	电商部	网站开发	0600085013	宋玲玲	女	1993/12/26	本科	88.60
14				**女 计数**	3			
15	**电商部 计数**			6				
16	人事部	绩效专员	0600085039	王晨	男	1991/01/26	本科	89.23
17				**男 计数**	1			
18	人事部	人事总监	0600085032	孙晓梅	女	1986/12/16	硕士研究生	93.25
19	人事部	培训专员	0600085035	陈子丹	女	1990/06/18	本科	90.67
20	人事部	招聘专员	0600085033	冯冰月	女	1988/02/19	硕士研究生	98.00
21				**女 计数**	3			
22	**人事部 计数**			5				
23	生产部	设备维修	0600085046	王鹏飞	男	1991/10/09	大专	79.75
24	生产部	电工	0600085043	程世房	男	1990/10/05	大专	85.00
25	生产部	车间主任	0600085045	苏国强	男	1992/12/19	本科	86.50
26				**男 计数**	3			
27	生产部	工程师	0600085043	赵小梦	女	1989/10/03	本科	76.00
28				**女 计数**	1			
29	**生产部 计数**			5				
30				**总计数**	16			
31	**总计数**			23				

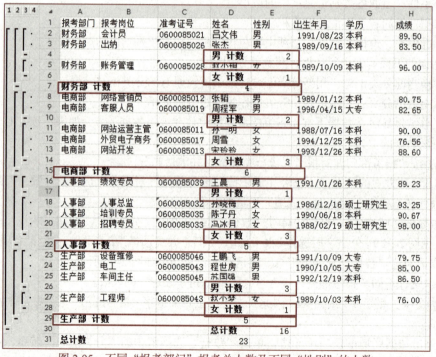

图 2-95　不同“报考部门”报考总人数及不同“性别”的人数

2. 删除分类汇总

（1）单击分类汇总结果中的任一单元格。

（2）单击数据区域的任一单元格，单击“数据”选项卡中的“分类汇总”按钮，弹出“分类汇总”对话框，单击“全部删除”按钮即可完成删除。

3. 汇总结果分级显示

在图 2-95 所示分类汇总结果中，左边有几个标有"1""2""3""4"的按钮，利用这些按钮可以实现数据的分级显示。单击外括号下的"-"，则将数据折叠，仅显示汇总的总计，单击"+"展开。单击左上方"1"，仅显示汇总总计；单击左上方"2"，显示二级汇总；单击左上方"3"，显示三级汇总；单击左上方"4"，显示所有数据。

三、筛选

数据筛选是在数据表中只显示出满足条件的行，而隐藏不满足条件的行。WPS 表格提供了筛选和高级筛选两种操作来筛选数据。

1. 筛选

筛选是一种简单方便的方法，当用户确定筛选条件后，可以只显示符合条件的数据，隐藏不符合条件的数据。

在公司报考人员数据表中，筛选以下数据：

① 硕士研究生的数据；
② 成绩在 80～90 分的报考人员数据；
③ 生产部的成绩 80 分及以上的报考人员数据。

通过完成上述三个示例，介绍筛选的用法。

（1）硕士研究生的数据筛选。

① 单击数据区域中的任一单元格。
② 单击"数据"选项卡中的"筛选"按钮，或者单击"筛选"下拉按钮中的"筛选"命令，每个字段右边出现一个下拉按钮，如图 2-96 所示。
③ 单击"学历"下拉按钮，打开的下拉列表中提供了有关"筛选"和"排序"的详细选项，如图 2-97 所示。

图 2-96 "筛选"示意图　　　　图 2-97 筛选选项

④ 在"名称"列表框中勾选"硕士研究生"复选框，即可完成数据的筛选，筛选结果如图 2-98 所示。

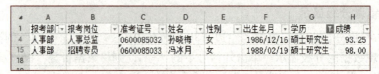

图 2-98 "硕士研究生"筛选数据

注 意：

自动筛选完成以后，数据记录单中只显示满足筛选条件的记录，不满足条件的记录被隐藏。如果需要显示全部数据，单击"数据"选项卡中的"全部显示"按钮即可。

（2）成绩在 80～90 分的报考人员数据筛选。

① 单击表格中的任一单元格。

② 单击"数据"选项卡中的"筛选"按钮，单击"成绩"下拉按钮，选择"数字筛选"→"介于"命令，弹出"自定义自动筛选方式"对话框，如图 2-99 所示。

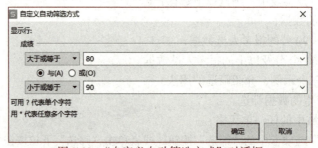

图 2-99 "自定义自动筛选方式"对话框

③ 在"大于或等于"文本框中输入"80"，在"小于或等于"文本框中输入"90"，单击"确定"按钮。完成成绩在 80～90 分的报考人员数据筛选。

（3）生产部的成绩 80 分及以上的报考人员数据筛选。

① 单击表格中的任一单元格。

② 单击"数据"选项卡中的"筛选"按钮，单击"报考部门"下拉按钮，"内容筛选"中选择"生产部"，将完成"生产部"的数据筛选，再单击"成绩"下拉按钮，选择"数字筛选"→"大于或等于"命令，弹出"自定义自动筛选方式"对话框，在"大于或等于"文本框中输入"80"，即可完成生产部的成绩 80 分及以上的报考人员数据筛选。

总结前面三个案例，可以看到筛选操作能够解决如下三种情况的筛选：

- 只有一个条件的数据筛选；
- 针对同一列的多条件数据筛选；
- 条件针对多列数据，且条件与条件之间是逻辑"与"的关系。

如果条件针对多列数据，且条件与条件之间是逻辑"或"的关系时，就必须使用高级筛选进行筛选。

2. 高级筛选

仍以公司报考人员数据表为例，筛选学历为硕士研究生或者分数在 85 分及以上的人员数据。高级筛选在进行数据筛选之前，先要完成条件区域的定义。条件区域有如下要求：

（1）条件区域要放在与数据列表至少隔开一行或者一列的位置，以便与数据列表区分开。

（2）条件区域的第一行输入所有作为筛选条件的字段名，这些字段名与数据列表中的字段名必须一致。

（3）条件区域的构造规则：不同行的条件之间是"或"关系，同一行中的条件之间是"与"关系。

操作步骤如下：

（1）建立条件区域：将条件涉及的字段名"学历"和"成绩"复制到数据记录下方的空白区域，然后在不同的字段中输入筛选条件"硕士研究生"和">=85"，用条件错开位的方式表达条件与条件之间的"或者"关系，如图 2-100 所示。

学历	成绩
硕士研究生	
	>=85

图 2-100　条件区域

（2）单击数据记录表中的任一单元格。

（3）单击"数据"选项卡中的"筛选"下拉按钮，在下拉列表中选择"高级筛选"命令，弹出"高级筛选"对话框，如图 2-101 所示。方式选择"在原有区域显示筛选结果"，列表区域默认为数据列表区域，条件区域选择第 1 步建立的条件区域，单击"确定"按钮，完成高级筛选，筛选结果如图 2-102 所示。

	A	B	C	D	E	F	G	H
1	报考部门	报考岗位	准考证号	姓名	性别	出生年月	学历	成绩
2	电商部	网站运营主管	0600085011	孙一明	女	1988/07/16	本科	90.00
3	财务部	会计员	0600085021	吕文伟	男	1991/08/23	本科	85.00
7	人事部	人事总监	0600085032	孙晓梅	女	1986/12/16	硕士研究生	93.25
8	人事部	培训专员	0600085035	陈子丹	女	1990/06/18	本科	90.67
10	财务部	账务管理	0600085028	赵小羽	男	1989/10/09	本科	96.00
11	电商部	网站开发	0600085013	宋玲玲	女	1993/12/26	本科	88.60
12	生产部	电工	0600085043	程世房	男	1990/10/05	大专	85.00
15	人事部	招聘专员	0600085033	冯冰月	女	1988/02/19	硕士研究生	98.00
16	生产部	车间主任	0600085045	苏国强	男	1992/12/19	本科	86.50
17	人事部	绩效专员	0600085039	王晨	男	1991/01/26	本科	89.23

图 2-101　"高级筛选"对话框　　　　图 2-102　高级筛选结果

用于筛选数据的条件，有时并不能明确指定某项内容，而是指定某一类内容，如所有"陈"姓考生，这种情况下，可以使用 WPS 表格提供的通配符进行筛选。

通配符仅用于文本型数据，对数字和日期无效。WPS 表格允许两种通配符："?"和"*"。"*"表示任意多个字符，"?"表示任意一个字符，如果要表示字符"*"本身，则需要用"~*"表示。如果要表示字符"?"本身，则需要用"~?"表示。

四、数据透视表

数据透视表是一种对大量数据快速汇总和建立交叉列表的交互式报表。它可以快速分类汇总、比较大量数据，并可以随时选择其中页、行和列中的不同元素，以达到快速查看源数据的不同统计结果的目的。使用数据透视表可以深入分析数值数据，以不同的方式查看数据，从而挖掘数据之间的关系与规律。合理使用数据透视表进行计算和分析，能将复杂问题简单化，并能极大地提高工作效率。

1．创建数据透视表

（1）单击数据表的任一单元格。

（2）单击"插入"或者"数据"选项卡中的"数据透视表"按钮，弹出图 2-103 所示的数据透视表对话框。

（3）由于在插入数据透视表之前，单击了数据表中的任一单元格，所以数据表区域会默认被选中。如果"请选择单元格区域"中不是数据表区域，可以单击右侧的折叠按钮，对数据区域进行重新选择。

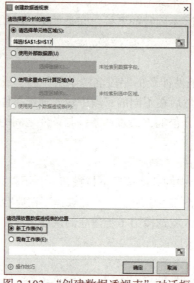

图 2-103 "创建数据透视表"对话框

（4）如果在"请选择放置数据透视表的位置"区域选中"新工作表"单选按钮，单击"确定"按钮之后，将会添加一张新的工作表，数据透视表被放置到新的工作表中。如果选中"现有工作表"单选按钮，需要指定数据透视表所在的区域。本案例选择"新工作表"单选按钮，单击"确定"按钮，弹出数据透视表布局窗口，如图 2-104 所示。

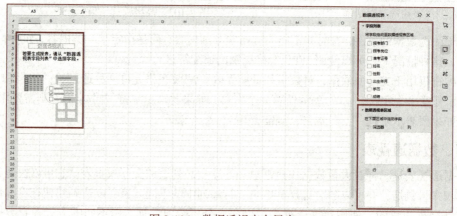

图 2-104 数据透视表布局窗口

（5）数据透视表布局窗口中，被划分成三个区域。左侧主窗口区域为"数据透视表"，生成的数据透视表即将显示在此处。右侧窗口区域的上方区域为"字段列表"区域，该区域中显示的是数据表中的所有字段名。下方区域为"数据透视表区域"，对数据透视表的"行字段""列字段""值""筛选器"设置均在此处完成。

（6）通过选中字段名，拖动鼠标的方式，可将字段添加到数据透视表中。如果完成不同"报考部门"的人员的平均分统计，可选中"报考部门"拖动到行字段，然后将"成绩"字段拖到值字段，值字段默认的统计方式为"求和"，可单击值字段中"求和项：成绩"的下拉按钮，选择"值字段设置"，弹出"值字段设置"对话框，如图 2-105 所示，计算类型选择"平均值"。即可完成对不同报考部门的人员平均分的计算，如图2-106所示。

图2-105 "值字段设置"对话框

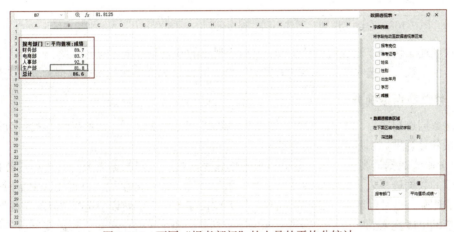

图2-106 不同"报考部门"的人员的平均分统计

（7）如果想要汇总每个报考部门不同学历人员的平均成绩，可以在第（6）步操作的基础上，将"学历"字段拖动到列字段中，汇总结果如图2-107所示。

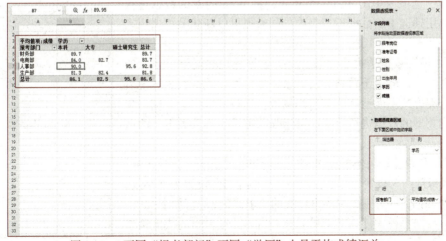

图2-107 不同"报考部门"不同"学历"人员平均成绩汇总

如果希望上述步骤（7）的汇总数据，能够通过"性别"进行筛选，可以将"性别"字段拖动在筛选器中，汇总结果如图 2-108 所示。

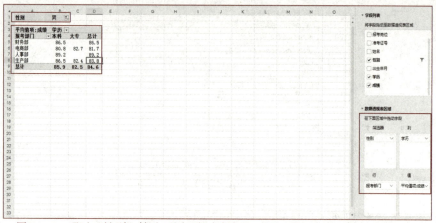

图 2-108　通过"性别"筛选不同"报考部门"不同"学历"人员平均成绩汇总

通过上述案例操作过程可以认识到，数据透视表的本质是分类汇总＋筛选。通过对行字段、列字段、值字段、筛选字段进行不同方式的组合，可以根据需要快速实现数据的分析与统计。

2. 修改数据透视表

创建数据透视表后，根据需要可以对布局、样式、数据汇总方式、值的显示方式、字段分组、计算字段和计算项、切片器等进行修改。

（1）修改数据透视表结构。数据透视表创建完成后，可以根据需要对其布局进行修改。对已创建的数据透视表，如果要改变行、列、数字、筛选器中的字段，可直接选中字段，拖动鼠标完成删除，也可以单击标签编辑框右侧的下拉按钮，在下拉列表中选择"删除字段"命令，然后将新的字段拖入到相应位置即可。如果一个标签中添加了多个字段，想改变字段的顺序，只需选中字段向上拖动或向下拖动即可调整字段的顺序。字段顺序发生改变，透视表的外观也将发生改变。

（2）修改数据透视表样式。数据透视表可以像工作表一样进行样式的设置，用户可以单击"设计"选项卡中的任意一个样式，将 WPS 内置的数据透视表样式应用到选中的数据透视表中，同时也可以新建数据透视表样式。

（3）设置数据透视表字段分组。数据透视表提供了强大的分类汇总功能，但由于数据分析需求的多样性，使得数据透视表的常规分类方式不能适用所有应用场景。通过对数字、日期、文本等不同类型的数据进行分组，可增强数据透视表分类汇总的适应性。

例如，如果要统计不同报考部门不同出生年份的人员的人数，可将"报考部门"设置为行字段，将"出生年月"设置为列字段，计数项为"姓名"。为完成按年份计数的要求，需要进行如下操作：

单击数据透视表任一日期单元格并右击，在弹出的快捷菜单中选择"组合"命令，弹出图 2-109 所示的"组合"对话框，步

图 2-109　"组合"对话框

长选择"年",即可完成对不同报考单位不同出生年月的人员按年份分组计数的要求,完成后的结果如图 2-110 所示。

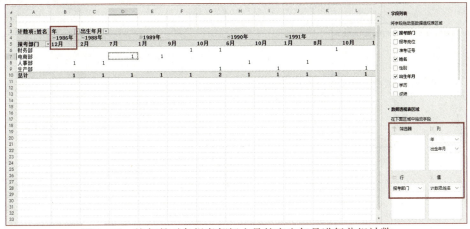

图 2-110　按年份对各报考部门人员的出生年月进行分组计数

（4）使用计算字段和计算项。数据透视表创建完成后,不允许手工更改或者移动数据透视表中的任何区域,也不能在数据透视表中插入单元格或者添加公式进行计算。如果需要在数据透视表中添加自定义计算,则必须使用"计算字段"或"计算项"功能。

计算字段是指通过对数据透视表中现有的字段执行计算后得到的新字段。

计算项是指在数据透视表的现有字段中插入新的项,通过对该字段的其他项执行计算后得到该项的值。

例如,完成对公司人员报考信息表中笔试成绩折算列的计算。首先将行字段设置为"姓名",将值字段设置为"成绩"求和（由于分类字段是"姓名",每个人成绩只有一个,因此此处求和即意味着显示每个人的成绩）,通过添加计算字段,完成"笔试成绩折算"列的添加,使其值为成绩*0.5。操作步骤如下：

① 单击数据透视表中的任一单元格。

② 单击"分析"选项卡中的"字段、项目"下拉按钮,在下拉列表中选择"计算字段"命令,弹出图 2-111 所示的"插入计算字段"对话框,在"名称"文本框中输入"笔试成绩折算",在"公式"文本框中输入"=",

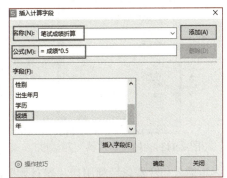

图 2-111　"插入计算字段"对话框

然后选择字段中的"成绩",单击"插入字段"按钮,此时"成绩"将出现在公式中,输入"*0.5",完成公式编辑,单击"确定"按钮。

③ 此时在数据透视表"成绩"列右侧将显示"笔试成绩折算"列,如图 2-112 所示。

（5）插入切片器。数据透视表中的"切片器"功能,不仅能对数据透视表进行筛选操作,而且可以直观地在切片器内查看该字段的所有数据项信息。

例如,对不同"报考部门"人员的平均成绩进行汇总查看时,可以使用切片器,快速了解两个不同学历的人员的平均成绩,操作步骤如下：

① 将行字段设置为"报考部门",值字段设置为"成绩",将汇总方式设置为"平均值"。

图 2-112 笔试成绩折算列的添加

② 单击数据透视表中任一单元格。
③ 单击"分析"选项卡中的"插入切片器"按钮,弹出图 2-113 所示的"插入切片器"对话框。
④ 在对话框中选择"学历","学历"切片器将插入透视表区域,结果如图 2-114 所示。

图 2-113 "插入切片器"对话框

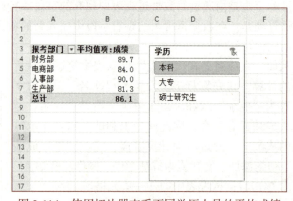

图 2-114 使用切片器查看不同学历人员的平均成绩

插入切片器以后利用切片器对数据透视表筛选后如果要恢复到筛选前的状态,只要单击切片器右上角的按钮,即可清除筛选。如果要删除切片器,只需右击切片器,在弹出的快捷菜单中选择"删除***"(***表示切片器名称)命令即可。

单击不同学历,即可快速查看相应人员不同报考部门的平均成绩。

3. 创建数据透视图

数据透视图是利用数据透视表的结果制作的图表,它将数据以图形的方式进行表达,更形象、直观地表达了汇总数据之间的对比关系和变化规律。

建立"数据透视图"需要单击"插入"选项卡中的"数据透视图"按钮即可。建立"数据透视图"的步骤和操作与建立"数据透视表"类似。

例如,使用"学历"切片器快速查看不同"报考部门"人员的平均成绩的数据透视图。在前面所创建的数据透视表的基础上,单击数据透视表中的任一单元格,单击"插入"选项卡中的"数据透视图"按钮,弹出"图表"窗口,选择"柱形图",即可完成"数据透视图"的插入,完成后效果如图 2-115 所示。

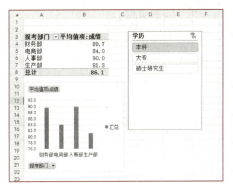

图 2-115 数据透视图

五、模拟分析

模拟分析是指通过改变某些单元格的值来观察工作表中引用这些单元格的特定公式的计算结果的变化过程。也就是说,系统允许用户提问"如果…",系统回答"怎么样…"。例如,要达到预期的利润,商品的单价应该如何调整等。通过模拟分析工具,可以定量地了解当某些参数变动时对相关指标的影响。

WPS 表格提供了两种模拟分析工具:单变量求解和规划求解。单变量求解和规划求解是通过设定预期的结果确定可能的输入值。

1. 单变量求解

单变量求解,顾名思义,变量的引用单元格只能是一个,它是解决假定一个公式要取某一目标结果,其中变量的引用单元格应取值多少的问题。(类似数学中的若 $y=f(x)$,已知 y,求 x 的过程)。

例如,图 2-116 所示的水果定价表,当前利润值之所以都是负数,是因为"单价"列当前值没有确定,默认值为 0,假定每种水果的利润值都确定为 500 元,使用"单变量求解"确定每种水果的单价,操作步骤如下:

(1)选中 E3 单元格,单击"数据"选项卡中的"模拟分析"下拉按钮,在下拉列表中选择"单变量求解"命令,弹出"单变量求解"对话框,如图 2-117 所示。单击"确定"按钮后,系统将对可变单元格(此处为 B3)的值进行计算,显示求解值,单击"确定"按钮,可变单元格将获得已求解的值,如图 2-118 所示。

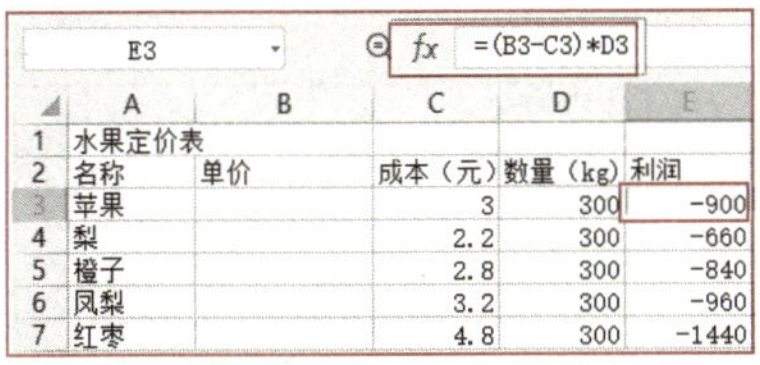

图 2-116 水果定价表   图 2-117 "单变量求解"对话框

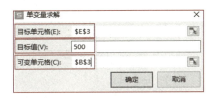

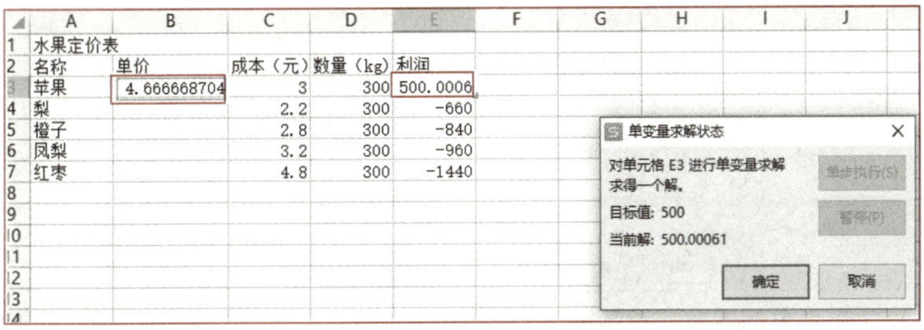

图 2-118 单变量求解结果

(2)使用同样方法获得"单价"列其余单元格的值,并统一设置小数点后位数为"1",效果如图 2-119 所示。

笔记栏

2. 规划求解

单变量求解功能非常有用，但只能针对一个单元格变量进行求解，存在一定的局限性。规划求解可以针对多个单元格变量求解，并可对多个可变的单元格设置约束条件，求出最大值、最小值或目标值的解。

下面举例说明如何建立规划求解。

例如，图 2-120 所示为水果定价表，假如 5 种商品单价均不高于 10 元，总利润要达到 3 000 元，如何确定每种水果的单价呢？操作步骤如下：

	A	B	C	D	E
1	水果定价表				
2	名称	单价	成本（元）	数量（kg）	利润
3	苹果	4.7	3	300	500
4	梨	3.9	2.2	300	500
5	橙子	4.5	2.8	300	500
6	凤梨	4.9	3.2	300	500
7	红枣	6.5	4.8	300	499.9999

图 2-119 “单价”计算结果

	A	B	C	D	E
1	水果定价表				
2	名称	单价	成本（元）	数量（kg）	利润
3	苹果		3	300	
4	梨		2.2	300	
5	橙子		2.8	300	
6	凤梨		3.2	300	
7	红枣		4.8	300	

图 2-120 水果定价表

（1）输入公式计算利润。在 E3 单元格中输入“=SUM((B3-C3)*D3,(B4-C4)*D4,(B5-C5)*D5,(B6-C6)*D6,(B7-C7)*D7)”，按【Enter】键完成利润计算。因为单价为空，因此当前的计算结果都是负数。

（2）选中 E3 单元格，单击“数据”选项卡中的“模拟分析”下拉按钮，在下拉列表中选择“规划求解”命令，弹出“规划求解”对话框，如图 2-121 所示。

（3）设置目标值为“$E$3”，选择“目标值”，并设定为“3000”，通过更改可变单元格为“$B$3:$B$7”，单击“添加”按钮，弹出“改变约束”对话框，如图 2-122 所示设置 B3>=C3，即单价高于成本价，单击“添加”按钮，设置 B3<=10。同时设置其余单价列的值的约束条件，全部设置完成后，单击“确定”按钮，完成约束条件设置，选择求解方法为“非线性内点法”，单击“求解”按钮，弹出“规划求解结果”对话框，提示规划求解找到一组值，可满足所有的约束及最优情况，此时工作表中可看到求解结果，如图 2-123 所示。

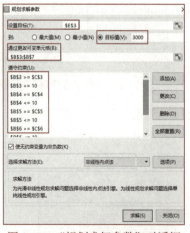

图 2-121 “规划求解参数”对话框

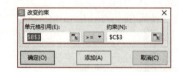

图 2-122 “改变约束”对话框

	A	B	C	D	E
1	水果定价表				
2	名称	单价	成本（元）	数量（kg）	利润
3	苹果	5.0	3	300	
4	梨	3.9	2.2	300	
5	橙子	4.7	2.8	300	3000
6	凤梨	5.3	3.2	300	
7	红枣	7.2	4.8	300	

图 2-123 规划求解结果

如果规划模型设置的约束条件矛盾，或者在限制条件下无解，系统将给出规划求解失败的信息。规划求解失败也有可能是当前设置的最大求解时间太短，或者目标值太大，约束条件与目标值冲突等问题引起。可以通过修改规划求解选项来解决。

任务实现

笔记栏

子任务一：筛选 5 月的销售数据

筛选“新销售数据表”中 5 月的销售数据，只有一个条件，因此只需要筛选功能即可完成筛选，操作步骤如下：

（1）单击“新销售数据表”中的数据区域的任一单元格。

（2）单击“数据”选项卡中的“筛选”按钮，或者单击“筛选”下拉按钮中的“筛选”命令，每个字段右侧出现一个下拉按钮。

（3）单击“售出月份”下拉按钮，在“内容筛选”中选择“5”，单击“确定”按钮，完成 5 月销售数据筛选，如图 2-124 所示

微　课

筛选与分类汇总

	A	B	C	D	E	F	G
1	客户编号	楼号	别墅类型	户型	售出月份	实际价格	销售员工
12	011	C002	独栋	七室三厅五卫	5	￥9, 825, 401. 60	姜新月
13	010	A202	联排	五室三厅四卫	5	￥2, 438, 240. 00	吴姗姗
14	012	A103	联排	四室两厅三卫	5	￥2, 018, 408. 00	毛华新
15	013	A104	联排	四室两厅三卫	5	￥2, 018, 408. 00	黄大伟
16	014	A105	联排	四室两厅三卫	5	￥2, 124, 640. 00	姜新月

图 2-124　5 月销售数据

子任务二：筛选 4 月和于丽丽的销售数据

同时筛选 4 月和于丽丽的销售数据，两个条件分别涉及两个不同的字段，条件与条件之间是逻辑“或”的关系，因此应该使用高级筛选完成任务。操作步骤如下：

（1）在离原始表格至少一行的空白位置处建立条件区域，将涉及的两个字段名“售出月份”和“销售员工”复制到第一行。

（2）“售出月份”列输入筛选条件“4”，“销售员工”列输入筛选条件“于丽丽”，用条件错开位的方式表达条件与条件之间的“或”关系。建立条件区域如图 2-125 所示。

（3）单击数据记录表中的任一单元格。

（4）单击“数据”选项卡中的“筛选”下拉按钮，在下拉列表中选择“高级筛选”命令，弹出“高级筛选”对话框，方式选择“在原有区域显示筛选结果”，列表区域默认为数据列表区域，条件区域选择第 1 步建立的条件区域，单击“确定”按钮，完成高级筛选，筛选结果如图 2-126 所示。

售出月份	销售员工
4	
	于丽丽

图 2-125　条件区域

	A	B	C	D	E	F	G
1	客户编号	楼号	别墅类型	户型	售出月份	实际价格	销售员工
3	001	B101	双拼	四室三厅四卫	1	￥3, 104, 251. 92	于丽丽
6	005	C001	独栋	七室三厅五卫	4	￥9, 825, 401. 60	张国丰
7	006	A106	联排	四室两厅三卫	4	￥2, 018, 408. 00	黄大伟
8	007	A201	联排	五室三厅四卫	4	￥2, 438, 240. 00	李思
9	008	A101	联排	四室两厅三卫	4	￥2, 018, 408. 00	王晋
10	009	A102	联排	四室两厅三卫	4	￥2, 018, 408. 00	齐明明
11	004	B102	双拼	四室三厅四卫	4	￥3, 267, 633. 60	于丽丽

图 2-126　4 月和于丽丽的销售数据

子任务三：计算每个月的销售总额

要计算每个月的销售总额，可以使用分类汇总实现，也可以通过数据透视表实现。

1. 使用分类汇总计算每个月的销售总额

（1）按分类字段排序。单击“新销售数据表”中“销售月份”字段列中的任一单元格，单击“数据”选项卡中的“排序”下拉按钮，在下拉列表中选择“升序”命令，数据表按照月份的升序排序（降序排序也可以），相同月份的数据汇聚到一起。

（2）单击数据表中任一单元格，单击"数据"选项卡中的"分类汇总"按钮，弹出"分类汇总"对话框，如图 2-127 所示。分类字段设置为"售出月份"，汇总方式选择"求和"，汇总项选择"实际价格"，其他保持默认设置，单击"确定"按钮，完成每个月销售总额计算，如图 2-128 所示。

图 2-127 "分类汇总"对话框

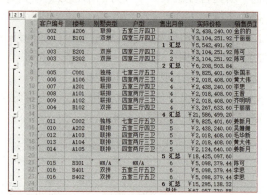

图 2-128 每个月销售总额汇总

2. 使用数据透视表计算每个月的销售总额

（1）单击"新销售数据表"中的任一单元格。

（2）单击"数据"或者"插入"选项卡中的"数据透视表"按钮，弹出"数据透视表"对话框，选择"现有工作表"，位置选择"新销售数据表"中的任一空白单元格。

（3）行字段设置为"售出月份"（列字段设置为"售出月份"也可以），值字段设置为"实际价格"求和。完成每个月的汇总计算，如图 2-129 所示。

图 2-129 每个月销售总额汇总

子任务四：分析各户型销售情况，确定最受欢迎的户型

要确定最受欢迎的户型，可以使用分类汇总和排序两个功能完成统计和分析。

（1）按分类字段排序。单击"新销售数据表""户型"列中任一单元格，单击"数据"选项卡中的"排序"下拉按钮，在下拉列表中选择"降序"命令，数据表按照"户型"降序排序（升序排序也可以），相同户型的数据汇聚到一起。

（2）单击数据表中任一单元格，单击"数据"选项卡中的"分类汇总"按钮，弹出"分类汇总"对话框，如图 2-130 所示。分类字段设置为"户型"，汇总方式选择"计数"，汇总项选择"户型"，其他保持默认设置，单击"确定"按钮，完成不同户型销售套数统计。

（3）为了更清晰地对汇总数据进行分析，单击窗口左侧“2”级显示级别，仅显示汇总数据，如图 2-131 所示。

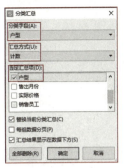

图 2-130 “分类汇总”对话框

	A	B	C	D	E	F	G
1	客户编号	楼号	别墅类型	户型	售出月份	实际价格	销售员工
8			四室两厅三卫	6			
13			四室三厅四卫	4			
17			五室三厅五卫	3			
21			五室三厅四卫	3			
24			七室三厅五卫	2			
25			总计数	18			

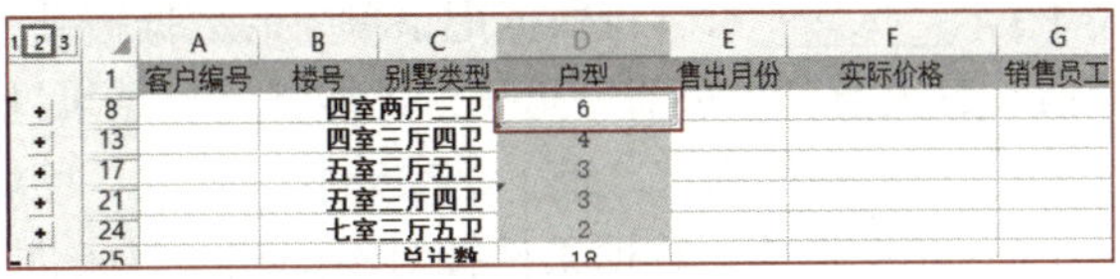

图 2-131 不同户型销售套数汇总并排序

（4）对图 2-131 进行分析，可得出最受欢迎的户型是“四室两厅三卫”。

要达到子任务四的目的，还可以使用数据透视表完成统计，此处不再赘述。

子任务五：统计不同的别墅类型每个月销售套数

要统计不同别墅类型每个月的销售套数，同时，为了更直观地实现统计数据之间的对比，可以使用数据透视图完成统计任务。

（1）单击“新销售数据表”中的任一单元格。

（2）单击“数据”或者“插入”选项卡中的“数据透视图”按钮，弹出“数据透视表”对话框，选择“现有工作表”，位置选择“新销售数据表”中的任一空白单元格。

（3）单击“确定”按钮后可以看到，数据透视图和数据透视表同步插入。选中“字段列表”中的“售出月份”字段，拖动鼠标指针至“轴字段”；选中“字段列表”中的“别墅类型”字段，拖动鼠标指针至“值字段”；选中“字段列表”中的“别墅类型”字段，拖动鼠标指针至图例（系列），数据透视图和数据透视表同步生成。数据透视图默认为柱形图。

（4）观察数据透视图，发现纵坐标最大值为“4.5”，主要刻度单位为“0.5”，而作为汇总数据的套数，应该是一个整数，因此需要修改。选中纵坐标并右击，在弹出的快捷菜单中选择“坐标轴选项”命令，弹出图 2-132 所示的对话框，在坐标轴选项中，边界最大值设置为“5”，主要单位设置为“1”。完成的数据透视表和数据透视图如图 2-133 所示。

图 2-132 “坐标轴选项”对话框

计数项:别墅类型	别墅类型			
售出月份	独栋	联排	双拼	总计
1		1	1	2
2			2	2
4	1	4	1	6
5	1	4		5
6			3	3
总计	2	9	7	18

图 2-133 不同的别墅类型每个月销售套数数据透视图（表）

笔记栏

微课

数据透视表与数据透视图

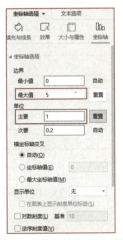

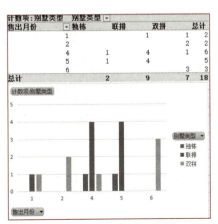

图 2-133 清晰地表达了独栋、连排、双拼三种不同类型的别墅类型在不同月份的销售情况。数据透视图的使用更是让数据之间形成鲜明对比。

测评

1. 知识测评

1）填空题

（1）_____可以将数据记录单中的数据按某一字段进行分类，并实现按类求和、计数、平均值、最大值、最小值等运算，还能将计算结果进行分级显示。

（2）进行高级筛选之前，必须建立_____区域。

（3）如果筛选的数据条件针对不同列，且条件与条件之间是_____逻辑关系，必须使用_____筛选。

（4）WPS 表格允许两种通配符："_____"和"_____"。"_____"表示任意多个字符，"_____"表示任意一个字符。

（5）_____是一种对大量数据快速汇总和建立交叉列表的交互式报表。它可以快速分类汇总、比较大量数据，并可以随时选择其中页、行和列中的不同元素，以达到快速查看源数据的不同统计结果。

（6）合并计算也是数据分析和统计时常用的工具，有两种类型的合并计算，分别是_____和_____计算。

（7）WPS 提供了两种模拟分析工具：_____求解和_____求解。

2）简答题

（1）常用的 WPS 表格数据分析工具有哪些？

（2）结合本任务，描述你最喜欢的数据分析工具及其使用方法和使用场景。

2. 能力测评

按表 2-13 中所列的操作要求，对自己完成的文档进行检查，操作完成得满分，未完成或错误得 0 分。

表 2-13 能力测评表

序号	操作要求（具体见任务实现）	分值	完成情况	自评分
1	筛选 5 月的销售数据	20		
2	筛选 4 月和于丽丽的销售数据	20		
3	使用分类汇总计算每个月的销售总额	20		
4	使用数据透视表计算每个月的销售总额	20		
5	使用数据透视图统计不同的别墅类型每个月销售套数	20		
总分				

3. 素质测评

针对表 2-14 中所列出的素质与素养观察点，反思任务实现的过程，思考总结相关项目，做到即得分，未做到得 0 分。

表 2-14 素质测评表

序号	素质与素养	分值	总结与反思	得分
1	计算思维——具备利用WPS表格中的筛选、分类汇总、数据透视表等工具对数据进行分析和统计的意识和能力	25		
2	信息意识——能主动地寻求恰当的方式提取和分析数据，能使用数据分析工具对数据隐藏的规律、趋势、可能产生的影响进行预期分析，能自觉地充分利用WPS表格数据分析工具解决生活、学习和工作中的实际问题	25		
3	数字化创新与发展——具备使用数据分析统计工具创造性地支持专业发展问题的意识和能力	25		
4	信息社会责任——具备使用WPS表格数据分析工具进行数据分析、理性判断和选择的能力	25		
总分				

拓展训练

本阶段的任务是在任务 2 拓展训练作业中所建立的学生成绩表的基础上，使用排序、分类汇总、数据透视表和数据透视图等工具，完成"学生成绩表"的数据分析与统计。具体要求如下：

（1）在"学生成绩表"中姓名列右侧增加一列"性别"，使用公式与函数引用"学籍表"中的"性别"列。

（2）在"学生成绩表"中最右侧增加一列"寝室号码"，使用公式与函数引用"宿舍安排表"中的"寝室号码"列。（若"寝室号码"列在任务 1 中已完成相同内容单元格合并，请在引用前完成拆分。）

（3）按照性别统计"学生成绩表"中"平均分"的最高分。

（4）统计"学生成绩表"中不同寝室的人员的平均成绩。

（5）建立"学生成绩表"的数据透视图，显示每个寝室的平均分的对比图。

技巧与提高

AI 条件格式

AI 条件格式，能够通过对提示词的语义分析，自动生成条件格式应用。在本项目任务 2 知识准备部分已经介绍过条件格式的应用，条件格式通过为满足某些条件的数据应用特定的格式来改变单元格区域的外观，以达到突出显示、识别一系列数值中存在的差异效果。通过前面任务的学习，我们已经理解进行条件格式设置需要设定三个要素，即数据区域、条件、格式。

因此，在使用 AI 条件格式时，应在提示词中明确以上三个要素。下面介绍两个 AI 条件格式应用。

微 课

WPS AI–
条件格式

1. AI 单条件格式设置

以图 2-134 所示的数据为例，使用 AI 对 C 列低于 80 分的单元格内容设置为红色粗体。

（1）单击选项卡栏中的 WPS AI 按钮，在弹出的菜单中选择"AI 条件格式"命令，进入图 2-135 所示对话框。对话框中会给出提问示例，按照示例输入提示词，本例输入"请将 C 列低于 80 分的单元格标记为红色粗体"，按【Enter】键。

笔记栏

	A	B	C	D	E	F	G	H	I
1	第一小组参赛成绩								
2									
3	工号	姓名	工序1	工序2	工序3	工序4	工序5	工序6	总分
4	001	张三	88	65	82	85	82	89	
5	002	李四	85	76	90	87	99	50	
6	003	王五	89	87	77	85	83	92	
7	004	赵六	93	86	45	89	75	61	
8	005	钱七	73	79	87	87	80	88	
9	006	隋八	81	91	89	90	89	23	
10	007	邓州	86	76	78	86	85	80	
11	平均分								

图 2-134　数据分析

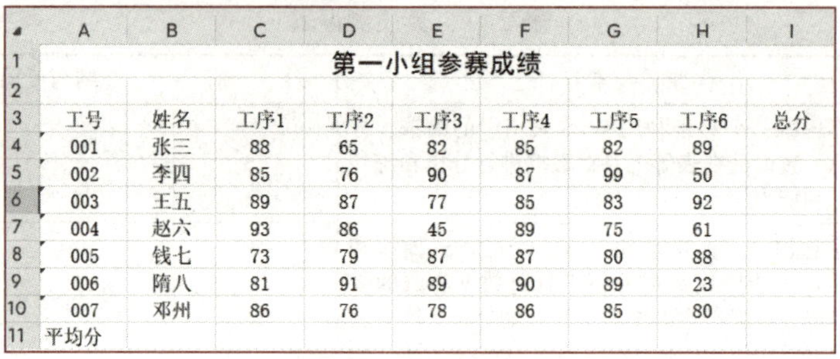

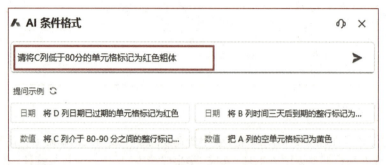

图 2-135　AI 条件格式对话框

（2）AI 对提示词进行语义分析后，进入图 2-136 所示的条件格式参数设置对话框，在对话框中，可以对区域、规则、格式三个参数进行修改，并且在数据区应用条件格式。确定后单击“完成”按钮，即可完成条件格式设置。

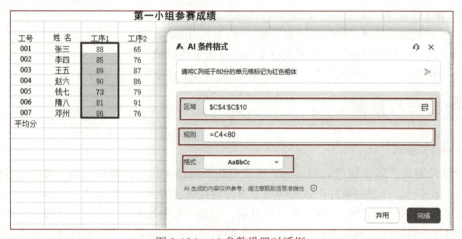

图 2-136　AI 参数设置对话框

2. AI 多条件格式设置

通过 AI 单条件格式设置，我们应该理解提示词在设计时，应该明确区域、规则和格式三个要素。假如对某些不连续区域的数据进行多条件格式设置，提示词设计时，更要注意三个要素的表述方式，尽量避免歧义，尽可能使用规范的语句进行表述。

下面仍以图 2-134 数据为例，使用 AI 将 C 列和 H 列中高于 90 分或者低于 60 分的单元格标记为蓝色、下划线。

（1）单击选项卡栏中的 WPS AI 按钮，在弹出的菜单中选择"AI 条件格式"命令，进入图 2-135 所示对话框，输入"将 C 列和 H 列中高于 90 分或者低于 60 分的单元格标记为蓝色、下划线"，按【Enter】键。

（2）AI 对提示词进行语义分析后，进入图 2-137 所示的条件格式参数设置对话框。发现 AI 将数据区域处理成了 C 列，格式也设置成了填充色为蓝色，需要重新修改区域与格式。

图 2-137　多条件 AI 参数设置对话框

（3）单击区域对话框右侧的折叠按钮，重新选择数据区域（按住【Ctrl】键选择不连续区域）。

（4）单击格式对话框右侧的下拉按钮，在弹出的菜单中选择"高级设置"命令，进入图 2-138 所示的"新建格式规则"对话框，在其中可以修改规则，因为此处规则是正确的，本例不做修改。单击"格式"按钮，在"格式"对话框中完成图案修改和字体颜色修改。

（5）参数修改完毕后，单击"完成"按钮即可。

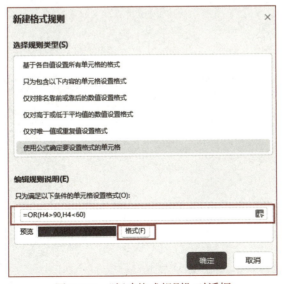

图 2-138　"新建格式规则"对话框

条件格式设置完成后的效果如图 2-139 所示。

第一小组参赛成绩							
工号	姓名	工序1	工序2	工序3	工序4	工序5	工序6	总分
001	张三	88	65	82	85	82	89	
002	李四	85	76	90	87	99	50	
003	王五	89	87	77	85	83	92	
004	赵六	93	86	45	89	75	61	
005	钱七	73	79	87	87	80	88	
006	隋八	81	91	89	90	89	23	
007	邓州	86	76	78	86	85	80	
平均分								

图 2-139　条件格式完成后的效果

使用 AI 完成条件格式设置时应注意如下几点：

（1）使用规范语句设计提示词。

（2）提示词中应明确范围、规则和格式三个要素。

（3）AI 对语义的分析和处理能力有限，因此提供了参数修正对话框。在使用时，应仔细核对参数。

项目 3 演示文稿制作

随着多媒体设备的普及和应用，演示文稿的应用场景也越来越广泛。公司会议、商业推广、产品介绍、培训教育、投标竞标等，都要用到演示文稿，因此演示文稿的设计与制作能力也越来越成为办公一族必备的职场技能。本项目将以"弘扬红船精神 争做红船优秀学子"演示文稿制作为例，讲述演示文稿的设计原则和制作流程、图片与多媒体应用、演示文稿的美化与修饰、动画设计与制作、演示文稿的放映与输出等内容。通过本项目的学习，提高 WPS 演示软件以及 WPS 演示 AI 的应用能力，提升演示文稿的设计能力和创新水平，培养艺术审美素养和文化素质。

知识目标

1. 了解演示文稿的应用场景，熟悉相关工具的功能、操作界面和制作流程；
2. 掌握演示文稿的创建、打开、保存、退出等基本操作；
3. 熟悉演示文稿不同视图方式的应用；
4. 掌握幻灯片的创建、复制、删除、移动等基本操作；
5. 理解幻灯片的设计及布局原则；
6. 掌握在幻灯片中插入各类对象的方法，如文本框、图形、图片、表格、音频、视频等对象；
7. 理解幻灯片母版的概念，掌握幻灯片母版、备注母版的编辑及应用方法；
8. 掌握幻灯片切换动画、对象动画的设置方法及超链接、动作按钮的应用方法；
9. 了解幻灯片的放映类型，会使用排练计时进行放映；
10. 掌握幻灯片不同格式的导出方法；
11. 掌握 WPS 演示 AI 应用方法。

能力目标

1. 能进行演示文稿的创建、打开、保存、退出等基本操作；
2. 能创建、复制、删除、移动幻灯片；
3. 能在幻灯片中插入各类对象的方法，如文本框、图形、图片、表格、音频、视频等对象并进行属性设置；
4. 会使用母版完成幻灯片的共性设置；
5. 能设置动画、超链接、动作按钮；
6. 会根据不同的应用场景设置放映方式，进行排练计时；
7. 能理解并应用演示文稿设计的原则和理念；
8. 能根据需要导出不同的幻灯片格式；
9. 能使用 WPS 演示 AI 辅助演示文稿制作。

笔记栏

素质目标

1. 具备数字化创新与发展意识，能够用 WPS 演示文稿技术解决工作、学习、生活中的实际问题；
2. 具有团队协作精神，善于与他人合作、共享信息，实现信息的更大价值；
3. 具备基本的审美素养，善于通过演示文稿制作表达美、传递美、分享美；
4. 具备信息意识，善于使用 WPS 演示工具提取、分析、表达、分享信息；
5. 具备计算思维，能利用 WPS 演示软件界定问题、抽象特征、表达信息、管理信息。

【强国视界】　集成电路产业：方寸之间铸就科技强国之"芯"

集成电路是信息技术产业的基石，广泛应用于计算机、通信、消费电子、汽车电子等领域。其技术的不断进步和创新，推动着电子产品性能的提升、功能的丰富以及智能化的发展。

在科技强国的道路上，强大的集成电路产业意味着：

（1）自主创新能力的提升：能够自主研发和生产先进的集成电路芯片，摆脱对外部技术的依赖，掌握核心科技。

（2）经济增长的新引擎：带动相关产业的发展，创造大量的就业机会和经济效益。

（3）国家安全的保障：在国防、通信等关键领域，确保信息安全和技术自主性。

党的二十届三中全会审议通过的《中共中央关于进一步全面深化改革、推进中国式现代化的决定》提出，抓紧打造自主可控的产业链供应链，健全强化集成电路、工业母机、医疗装备、仪器仪表、基础软件、工业软件、先进材料等重点产业链发展体制机制，全链条推进技术攻关、成果应用。

作为信息技术领域的"心脏"，集成电路产业在我国"遍地开花"，高性能集成电路（IC）已成为推动产业变革的核心力量，更是点燃产业发展新引擎的关键火种。

目前，中国集成电路已经形成了较为完善的产业链，成为全球市场的重要力量，不仅在中央处理器、通信 SoC 等部分关键芯片领域取得突破，而且在 RISC-V（开源指令集）架构等新兴领域，实现了快速发展，在模拟、功率、存储、逻辑计算等领域，也在持续拓展成熟可靠的芯片产品。

我国集成电路产业发展势头良好，但在高端设备、EDA（电子设计自动化）软件、光刻胶等领域依赖进口，制约着我国集成电路走向更先进工艺制程。此外，部分技术与材料被限制，封测等环节附加值有待提升，部分企业向高端市场拓展不足、对市场变化反应滞后、技术突破转化难等问题逐步凸显。

集成电路产业所面临的机遇与挑战并存。要在这一领域实现真正的全面突破，各方必须紧密合作，形成合力，才能奋楫赶超，为发展新质生产力注入更为强大的"芯"动能。

微课　方寸之间铸就科技强国之"芯"

微课　拓展–中国首创碳纳米管 TPU 芯片

任务 1　演示文稿框架搭建—首页、目录页、主题页制作

设计与制作演示文稿之前，必须要了解演示文稿与语言之间的关系，明确演示文稿制作的目的，如果不思考这一点，做出来的演示文稿可能就成了各种图片和内容堆积的容器，变成设计者炫技的载体，变成可有可无的装饰品。

演示文稿通常用在需要向观众展示思想观点、推广产品、分享知识的场景，在这些场景中，演讲者通过演示文稿配合语言、肢体动作等，通过声音、幻灯片中的图像、动画、视频等媒介，传达和分享演讲者的思想。也就是说，演示文稿需要与演讲者语言配合，共同提升演示效果。

既然演示文稿要跟语言配合,那就必须了解语言表达的特点。

1. 语言表达的主要特点

1)抽象性

语言是一种约定的符号,使用语言沟通需要双方具有共同的知识背景和语言表达习惯。假定需要向观众描述清楚一个人的长相、一个建筑物的外部特征、一个单位的地址,这对演讲者的语言表达能力是个不小的挑战,无论演讲者语言表达能力有多强,都不如一张图片直接明了。

2)瞬时性

语言表达是瞬时的,留给观众理解和记忆的时间非常有限。一旦观众没听清或者忘记了,语言的效应就失去了。

3)线性

语言表达是个线性的过程,传输效率低,准确性差,容易隐藏复杂的逻辑关系,让观众很难认清全貌。

2. 设计目的

基于语言上述三个特点,作为辅助表达的演示文稿,其设计目的有五个:

1)提纲挈领

使用演示文稿,概括语言表述的核心和关键,克服语言表达瞬时性缺陷,帮助观众理解、记忆演讲者的思想内容。

2)使用图片、图形、视频等多媒体元素,弥补语言表达过于抽象的缺陷

一张图胜过千言万语,一段视频胜过无数推理和逻辑。演示文稿设计时,要充分利用多媒体元素,帮助观众理解、具象演讲者的思想内容。

3)利用目录将内容整体呈现和管理,克服语言表达的线性缺陷

利用目录对内容进行纲要列述,通过超链接和按钮等工具对内容页进行管理,从而帮助观众理解演讲内容的整体框架。

4)利用动画、切换等手段,强调和突出表达重点内容

人类的眼睛天生对动画敏感。演示文稿可以通过动画和切换的设计,强调主题和关键内容,呈现内容之间的先后顺序、逻辑关系等。

5)美化页面,满足观众审美需要

演示文稿制作是一门综合的视觉表达艺术,优秀的演示文稿作品,不仅可以满足内容表达的需要,更可以满足观众的审美需要。

任务描述

本阶段的任务将为"弘扬红船精神 争做优秀红船学子"演讲比赛准备一份演示文稿。在制作演示文稿之前,前期的素材收集和准备工作已经完成,主题也已经确定,当前阶段的任务是完成演示文稿首页、目录页和主题页制作,搭建演示文稿的框架。

知识准备

一、演示文稿的设计原则

要制作一个专业的演示文稿并非一件容易的事情,明确演示文稿的设计原则之后,演示文

演示文稿设计原则与制作流程

稿的制作才能得心应手。

1. 主题明确

制作演示文稿之前，先要明确演示文稿应用的场景，分析制作演示文稿的核心目标和使用场合。了解听众的年龄、社会角色等基础属性，大致推断观众喜欢的文字风格、设计风格和演讲风格，了解听众的知识结构与所讲的内容是否存在较大的专业跨度，如果存在跨度，要避免使用太多专业术语，尽量用简单易懂的方式讲述专业的内容。

在上述分析的基础上，确定演示文稿的主题。主题是演示文稿的灵魂和核心。要对内容提炼归纳，形成鲜明的主题。

2. 内容精练

演示内容是一个演示文稿成功的关键，如果内容不恰当，无论演示文稿制作得多精美，都无法达到预期目的。初学者往往把幻灯片当成筐，什么都往里装。如果文字充满了整张幻灯片，观众不仅无法从幻灯片获取有效信息，甚至会因此放弃对演讲内容的关注。

3. 逻辑清晰

明确主题，提炼内容之后，如何组织、管理这些内容成为当务之急。成功的演示文稿必须有清晰而完整的逻辑，所有的幻灯片内容围绕着主题表达的需要缓缓展开，各司其职，相互配合，相互呼应，从而达到有效传输信息的目的。

通常一个完整的演示文稿应该包含首页、目录页、主题页、内容页、小结页、致谢页等页面。各自的角色和内容为：

（1）首页：演示文稿的封面，也是演示文稿的"门面"。首页中应明确主题，明确作者、时间，如果还有其他关键性信息，必须在首页中明确。

（2）目录页：展示演示文稿的整体结构，是演示文稿的提纲，是观众了解认识整体演讲内容的页面。

（3）主题页：又称过渡页、章节页，把不同的内容部分划分开，呼应目录页，保障整个演示文稿的连贯。

（4）内容页：对主题页主题的详细说明。如果说首页、目录页、主题页是演示文稿的骨架，那内容页就是演示文稿的血肉。

（5）小结页：对演讲内容的总结，引导观众回顾重点，归纳要点。

（6）致谢页：用来结束演讲，向观众致谢。

4. 风格一致

统一的外观、配色背景会给观众一种规范专业的感觉，所以正式的演示文稿往往都会设置统一的演示文稿模板。这里所讲的统一并不是说从头到尾都需要一模一样。比如说在介绍某个产品时，风格、色彩、文字的格式应该做到统一。但就整个演示文稿而言，标题，封面，目录，摘要内容和片尾的幻灯片，则可以在统一的前提下进行适当的变化。

（1）不同主题的幻灯片，应选取不同的风格。比如年终表彰大会上用的演示文稿，应该选取红色、金色等喜庆色调的主题风格，毕业论文答辩时用的演示文稿，则应该选择蓝色、白色、黑色等客观理性的主题风格。

（2）所有幻灯片的格式应保持一致，包括字体、颜色、背景等。

5. 形象生动

为了能够让观众更好地记住演示文稿的内容，在设计演示文稿时应尽量采用简洁大方的风格，而且要避免过多的文字呈现，介绍事物之间的关系时能用图形来表达的，尽量不要用整段的文字来描述，在分析数据结果时能用表格的就不要用文字。

二、演示文稿的制作流程

演示文稿的制作流程大致分为如下几个步骤：

1. 提炼大纲，搭建框架

设计演示文稿的第一步就是在明确主题的前提下，提炼演示文稿的核心内容，搭建整体框架，可以通过首页、目录页、主题页的制作来实现。

2. 设计内容页，充实内容

利用文本、图片、图形、视频等元素对各个主题进行详细说明。在设计内容页时，应注意如下几个原则：

（1）一张幻灯片表达一个主题，如不够，可以添加多张幻灯片。

（2）能用图片，不用表格；能用表格，不用文字。

（3）图片要满足内容表达的需要，不要选择无关图片。

3. 选择主题和模板

利用主题和模板可以统一幻灯片的颜色、字体和效果，使幻灯片具有统一的风格，如果WPS演示提供的主题不能满足需要，可以通过母版进行修改，添加背景图、logo图片、装饰图片等。

4. 美化页面

（1）要将演示文稿内容可视化，将表格中的数据信息转变成更直观的饼形图、柱形图、条形图、折线图等。

（2）将文字删减、条列化后根据其内在的并列、递进、冲突、总分等逻辑关系制作成对应的图表，尝试将复杂的原理通过进程图和示意图等表达。

（3）避免演示文稿制作过程中的各种随意，让一切设置都有理有据。排版是对信息的进一步组织。根据接近、对齐、重复、对比四个原则，区分出信息的层次和要点，通过点、线、面三种要素对页面进行修饰，并通过稳定和变化改善页面版式，使其更有美感。

5. 动画设计

动画是吸引观众注意力的重要手段。除了完成对页面元素动画的设计，还要根据需要制作自然、无缝的页面切换。动画设计时，首先根据演示文稿使用场合考虑是否使用动画，然后谨慎选择动画形式，保证每一个动画都有存在的道理。套用他人的动画可能很省力，但并不一定完全适合自己，必须抵制绚丽动画的诱惑，避免华而不实的动画效果。动画完成之后需要多次放映，仔细地检查，修改顺序错误的动画以及看起来稍显刻意的效果。

6. 计时和排练

演示型演示文稿是为了提升演讲效果设计的，因此制作讲稿，多次进行计时和排练是绝对不能跳过的，是需要非常重视的一步。如果对演示文稿的内容不熟练，记不清动画的先后顺序，甚至准备站在台上即兴发挥，演示文稿的存在就毫无意义，因此在演示文稿完成后，演讲者应该在每页幻灯片的备注中写下每一页的详细讲稿，然后多次排练、计时、修改讲稿，直至完全能将演讲内容和演示文稿完美配合为止。

三、认识 WPS 演示窗口构成

启动 WPS 演示软件，进入图 3-1 所示窗口。

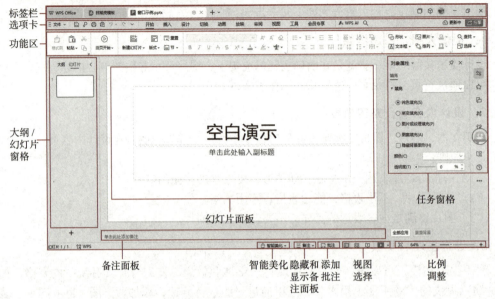

图 3-1　WPS 演示窗口

（1）标签栏：显示正在编辑文档的文件名及常用按钮，包括标准的"最小化""还原""关闭"按钮。可使用微信、钉钉、QQ、手机短信等方式登录 WPS，登录后将在标题栏中显示用户头像。

（2）选项卡：WPS 演示采用选项菜单的方式组织管理功能选项。选择不同的选项，功能区将出现不同的命令组合。

（3）功能区：功能区以选项组的方式组织管理相应的功能按钮。单击选项卡最右侧的"隐藏功能区"按钮 ∧，可以将功能区隐藏起来。

（4）大纲 / 幻灯片窗格：选择"幻灯片"视图，窗格中显示每张幻灯片的缩略图，可以完成整张幻灯片的复制、粘贴、移动、删除等操作。选择"大纲"视图，可以快速完成演示文稿大纲框架的搭建。如图 3-2 所示，可以按【Tab】键完成文本降级，按【Shift+Tab】组合键完成文本升级。

图 3-2　大纲视图快速完成框架搭建示例

（5）幻灯片面板：幻灯片编辑区域，对幻灯片内容编辑、格式设置、动画设置在此窗格中完成。

（6）备注面板：对幻灯片的解释、说明和补充可以在该窗格中进行编辑，幻灯片放映时不会显示备注窗格的内容。

（7）智能美化：为 WPS 会员提供的付费美化功能，可以自主选择风格、颜色，系统会自动美化页面。

（8）隐藏和显示备注面板：实现备注窗格的显示、隐藏切换。

（9）批注：可以为幻灯片内容添加批注。

（10）视图选择区：

① 普通视图：该视图是幻灯片编辑使用的视图，主窗口默认分成三个区域，即"大纲/幻灯片窗口""幻灯片面板""批注面板"。

② 幻灯片浏览视图：该视图中，将以缩略图的形式对幻灯片进行显示。当幻灯片设计完毕，需要浏览幻灯片的整体构成时，可以使用该视图。在该视图中，可以完成对幻灯片整体的复制、粘贴、移动和删除等操作。

③ 阅读视图：阅读视图是以阅读视角放映幻灯片的。在这种视图中，幻灯片放映窗口中提供了"标签栏"和"视图切换"区域以及"菜单"，在"菜单"中可以选择"前一张""后一张"来切换幻灯片。

④ "从当前幻灯片开始播放"按钮：从当前幻灯片开始放映，整张幻灯片的内容占满整个屏幕，这也是最终的演示效果。

（11）比例调整区：可以根据个人需求调整窗口显示比例。

四、图片处理和应用

在演示文稿中，图片比文字能够产生更大的视觉冲击力，也能够使页面更加简洁、美观。制作演示文稿，经常需要对图片进行各种处理，以达到更好的视觉效果。WPS 演示提供了丰富的图片处理工具，选中任一图片时，在图 3-3 所示的"图片工具"选项卡中可以完成对图片的多图轮播、图片拼接、抠除背景、压缩图片、裁剪、重新着色、设置图片轮廓以及图片效果等操作。

演示文稿图片处理和应用

图 3-3 "图片工具"选项卡

1. 给图片添加边框

如果图片是文本截图，为了让图片边界更加清晰，轮廓更加分明，可以为图片添加边框。选中图片并右击，在弹出的快捷菜单中选择"设置对象格式"命令，打开"对象属性"任务窗格，如图 3-4 所示。选择"形状选项"选项卡，选择"实线"线条，完成颜色、宽度设置。添加边框前后的效果对比如图 3-5 所示。

2. 图片重新着色

利用 WPS 制作演示文稿时，如果插入的图片不符合内容和主题表达的需要，可以对图片进行重新着色。选中图片，单击"图片工具"选项卡中的"色彩"下拉按钮，下拉列表中有四个选项，分别是"自动""灰度""黑白""冲蚀"效果。图 3-6 所示为同一张图片的不同色彩对比图。

图 3-4 "对象属性"任务窗格　　图 3-5 图片及图片加边框效果对比

（a）原图　　（b）灰度　　（c）黑白　　（d）冲蚀

图 3-6 "色彩"四个选项对比效果

3. 多图拼接

如果一张幻灯片中有多张图片，可以通过"多图拼接"工具完成多张图片的组合，从而克服因图片大小、位置等不同造成的对齐困难问题，让图片组合更加专业。

选中需要拼接的多张图片，单击"图片工具"选项卡中的"图片拼接"下拉按钮，显示图 3-7 所示的拼图样式窗口，根据选中的图片数量，WPS 演示将自动推荐同等数量的样式，完成图片拼接。拼接的前后效果对比如图 3-8 所示。

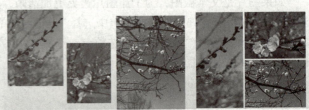

（a）未拼接前　　　　（b）拼接后

图 3-7 图片拼接样式　　图 3-8 图片拼接前后对比图

4. 多图轮播

如果幻灯片中有多图需要依次播放，可以选择"多图轮播"功能。WPS 演示为 VIP 会员提供了品类丰富的多图轮播方式。选中需要轮播的多张图片，单击"图片工具"选项卡中的"多图轮播"下拉按钮，显示图 3-9 所示的"多图动画"窗口，根据图片属性及播放需求，选择相应的播放方式，完成多图轮播设置。

5. 图片清晰化

如果插入的图片清晰化程度不够，或者图片中的文字清晰度不够，可以使用"清晰化"功能对图片和文字的清晰度进行改善。如果需要提高图中文字的清晰度，选中该图，单击"图片工具"选项卡中的"清晰化"下拉按钮，在下拉列表中选择"文字增强"命令，弹出"图片清晰化"对话框，如图 3-10 所示。

有三种增强效果，分别是色彩增强，对比增强和黑白增强。

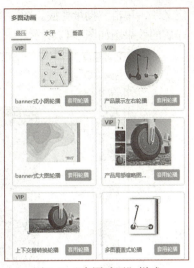

图 3-9 "多图动画"样式

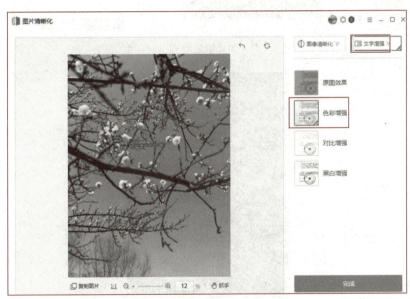

图 3-10 "图片清晰化"对话框

6. 批量处理

WPS 演示提供了图片的批量处理功能，单击"图片工具"选项卡中的"批量处理"下拉按钮，弹出图 3-11 所示的下拉列表，可以完成演示文稿中所有图片的批量导出、批量压缩、批量裁剪等操作，下面以为图片批量加文字水印为例，说明批量处理的应用。

在演示文稿中选中任一图片，单击"图片工具"选项卡中的"批量处理"下拉按钮，在下拉列表中选择"批量加文字水印"命令，弹出"图片批量处理"对话框，如图 3-12 所示。对话框左侧将列出演示文稿中所有的图片，文本水印的文本框默认位于图片中央，调整文本框大小和位置，然后在右侧"文字水印"文本框中输入文字水印的内容："信息技术基础"，位置选择"自

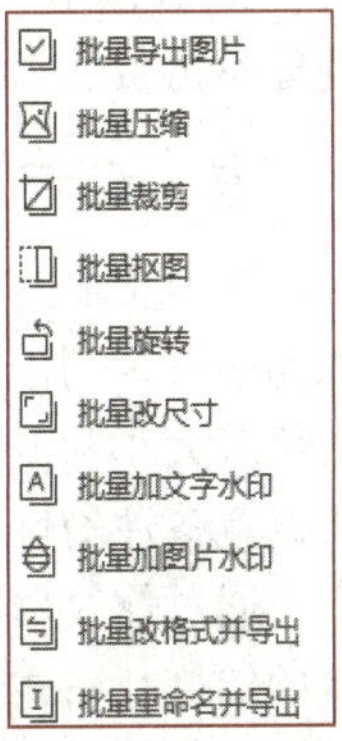

图 3-11 批量处理

定义",单击"批量替换原图"按钮,完成演示文稿中所有图片添加文字水印的操作,添加水印后的效果图如图 3-13 所示。

图 3-12 "图片批量处理"对话框

图 3-13 添加文字水印效果

WPS 演示"图片处理"还提供了"剪裁""抠除背景""设置透明色""效果"等工具,此处不再赘述。

五、母版

演示文稿的母版可以分成三类:幻灯片母版、讲义母版和备注母版。幻灯片母版是一种特殊的幻灯片,用于存储有关演示文稿的主题和幻灯片版式的信息,包括背景、颜色、字体、效果、占位符大小和位置等,讲义母版主要用于控制幻灯片以讲义形式打印的格式,备注母版主要用于设置备注幻灯片的格式。下面介绍幻灯片母版的使用方法。

通过修改母版的格式和内容,可以修改幻灯片的一些共性,母版修改以后,所有使用该母版的幻灯片格式都会修改,从而提升演示文稿设计的效率,提高设计的专业性。例如,如果要在所有幻灯片中添加一个 logo 图片,只需要在幻灯片母版中添加 logo 图片,该图片即可被添

微 课
演示文稿母版与版式

加到所有幻灯片中。

每个演示文稿至少包含一个幻灯片母版。新建一个空白演示文稿，单击"视图"选项卡中的"幻灯片母版"按钮，打开图 3-14 所示的幻灯片母版视图。

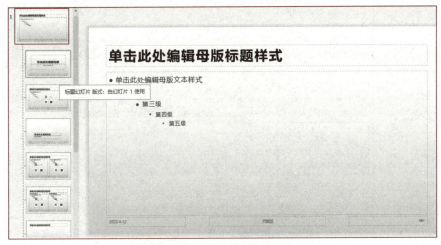

图 3-14　幻灯片母版视图

在左侧缩略图窗格中，第一张较大的幻灯片缩略图是幻灯片母版，对第一张母版的修改将会应用到所有版式幻灯片中。下方的幻灯片缩略图是各不同版式的幻灯片母版，对这些母版的修改只会应用到使用该版式的幻灯片中。

在幻灯片母版视图中，可以通过以下操作对幻灯片母版进行修改：

（1）插入母版：插入一个新的幻灯片母版。每个演示文稿可以包含多个不同格式的幻灯片母版，每个母版可以应用不同的模板。如果演示文稿较长，不同的模块体现不同的风格，就可以应用不同的幻灯片母版。

（2）插入版式：插入一个包含标题样式的自定义版式。

（3）主题、字体、颜色和效果：可以统一修改所有幻灯片的主题、字体、颜色和效果。

（4）母版版式：可以设置母版中的占位符元素。

（5）保护母版：保护选定幻灯片母版。

（6）重命名母版：对母版进行重命名。

（7）背景：统一更换所有幻灯片的背景。

（8）另存背景：可以将所设定的背景保存至云端或本地。

（9）关闭：关闭幻灯片母版视图并返回演示文稿编辑模式。

六、版式

幻灯片的版式包含要在幻灯片上显示的全部内容的格式设置、位置和占位符。占位符是版式中文本、图片、图表、视频等内容的容器。

一套幻灯片母版中，包含数个关联的幻灯片版式。WPS 演示提供了 11 种常用的内置版式，如图 3-15 所示。

下面介绍几种最常用的版式：

（1）标题版式：一般用于演示文稿的首页，包含主标题和副标题两个占位符。

（2）标题和内容版式：可用于除了封面外的其他幻灯片，包含标题和内容占位符，其中内容占位符可以输入文本，插入图片、图表、表格、视频等对象。

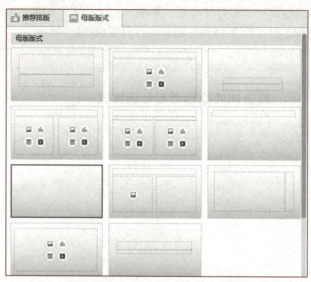

图 3-15　WPS 演示内置的 11 种版式

（3）节标题版式：当演示文稿分成不同模块呈现的时候，可以使用节标题版式进行各个模块之间的过渡。

（4）空白版式：该版式没有任何占位符，可以让制作者自由选择内容和位置。

（5）末尾版式：一般用于结束页。

如果要修改幻灯片的版式，可以在选中幻灯片的前提下，单击"开始"选项卡中的"版式"下拉按钮，在打开的版式列表中选择相应的版式即可。

用户也可以根据需要创建自定义版式。单击"视图"选项卡中的"幻灯片母版"按钮，单击"幻灯片母版"选项卡中的"插入版式"按钮即可完成一个自定义版式的创建。

任务实现

子任务一：创建"弘扬红船精神　争做优秀红船学子"演示文稿首页

演示文稿的首页，即封面页，是整个演示文稿的门面。首页中应该明确演示文稿的主题、作者及相关关键信息。同时在本阶段，要完成幻灯片母版设计与制作，为高效完成其他幻灯片的设计与制作奠定基础。

1. 利用母版修改幻灯片背景

（1）选择"文件"→"新建"→"空白演示文稿"命令。

（2）单击"视图"选项卡中的"幻灯片母版"按钮，进入"幻灯片母版"视图，如图 3-16 所示。选中左侧母版缩略图窗格中的第一张，即"幻灯片母版"（如果选择下方的版式母版修改背景，则该背景只能应用到相应版式的幻灯片中），单击"幻灯片母版"选项卡中的"背景"按钮，窗口右侧将出现"对象属性"窗格，在"填充"区域选择"图片或纹理填充"单选按钮，单击"图片填充"下拉按钮，选择"本地文件"，找到事先准备好的素材图片，即可完成母版的背景设置。

（3）单击"幻灯片母版"选项卡中的"关闭"按钮，回到普通视图。

图 3-16　母版背景设置

2. 首页设计与制作

1）标题设置

单击首页标题处的"空白演示",分两行输入"弘扬红船精神　争做优秀红船学子"标题,为突出显示主题,选中"红船精神"四个字,设置字体颜色为"红色"。选中整个标题,单击"开始"选项卡中的"文本效果"→"发光"→"珊瑚红,11 pt 发光,着色 5"样式,如图 3-17 所示。设置完毕后标题效果如图 3-18 所示。

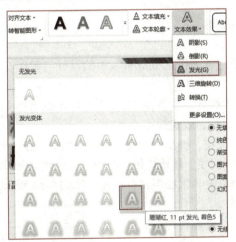

图 3-17　文本效果——发光　　　　图 3-18　标题设置效果

2）作者信息及时间设置

在副标题占位符中输入班级、姓名及时间等信息,字体设置为"粗体",字号设置为"32"。

3）关键信息设置

由于本演示文稿的主题是"弘扬红船精神 争做优秀红船学子",为了强调主题,在首页中以艺术字的形式显示"开天辟地 敢为人先 坚定理想 百折不挠 立党为公 忠诚为民"文字内容。

单击"插入"选项卡中的"艺术字"下拉按钮,在艺术字样式中选择"渐变填充,番茄红",

输入文本内容,设置字体大小为"28"。调整艺术字占位符的位置至页面上端。完成的首页效果如图 3-19 所示。

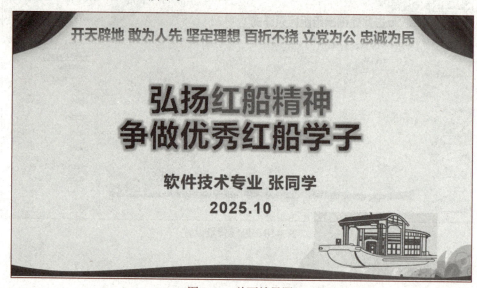

图 3-19　首页效果图

子任务二：创建目录页

目录页对于整个演示文稿来说非常重要,通过目录页展示演示文稿的整体结构,列出演示文稿的提纲,使观众了解、认识整体演讲内容的页面。

目录页至少应包含两个方面的内容：

（1）内容纲要：以列表形式展示演讲内容的提纲。

（2）继续深入强调主题。

鉴于目录内容之间是一种列表关系,可以使用智能图形完成目录页的设计与制作。步骤如下：

（1）单击"开始"选项卡中的"新建幻灯片"按钮,或者在"幻灯片"缩略图窗格中单击"新建幻灯片"按钮 +,弹出"新建幻灯片"对话框,版式选择"空白"。

（2）单击"插入"选项卡中的"智能图形"按钮,弹出"智能图形"对话框,在"列表"选项卡中选择"图片条纹"样式。由于纲要内容有四项,默认提供三个项目,因此需要添加一个项目。单击最后一个项目,在右侧快捷列表中单击"添加项目"按钮,如图 3-20 所示,可快速完成项目添加。

（3）编辑文本,依次输入"红船精神由来""红船精神内涵""践行红船精神""争做优秀红船学子"。

图 3-20　添加项目

（4）为了进一步深入表达主题,列表左侧用图片的形式显示"红船精神"。单击图片占位符 ,依次添加四张图片。

（5）选中文本所在文本框,在"格式"选项卡中单击"轮廓" 轮廓 下拉按钮,设置轮廓颜色为"红色",完成效果如图 3-21 所示。

（6）单击"插入"选项卡中的"文本框"下拉按钮,选择"横排文本框"命令,输入"目录",设置其对齐方式为"居中",字体为"微软雅黑""粗体",颜色为"红色",字号为"44"。

（7）目录页设置完毕后,效果如图 3-21 所示。

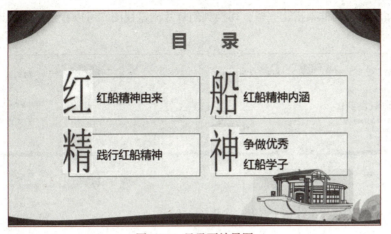

图 3-21 目录页效果图

子任务三：创建主题页

主题页又称过渡页、章节页，把不同的内容划分开，呼应目录页，保障整个演示文稿的连贯。

由于主题页具有相同的格式，可以选择一个适合主题页的幻灯片母版进行修改，设置好母版之后，即可快速建立主题页。操作步骤如下：

（1）单击"视图"选项卡中的"幻灯片母版"按钮，在左侧母版缩略图列表中选择"仅标题"版式。

（2）将标题占位符置于幻灯片中央位置。设置对齐方式为"居中"，字体颜色为"红色"。

（3）单击"插入"选项卡中的"艺术字"下拉按钮，在艺术字样式中选择"渐变填充，番茄红"，输入文本内容"开天辟地 敢为人先 坚定理想 百折不挠 立党为公 忠诚为民"，设置字体大小为"28"。调整艺术字占位符的位置至页面上端，母版设置完成后效果如图 3-22 所示。

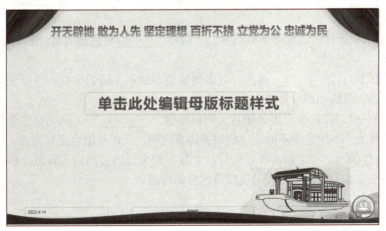

图 3-22 "仅标题"版式母版设置效果图

（4）单击"幻灯片母版"选项卡中的"关闭"按钮，切换回"普通视图"。

（5）单击"开始"选项卡中的"新建幻灯片"按钮，选择刚刚设置完成的"仅标题"版式，在标题处输入"红船精神由来"。同样步骤完成另外三张主题页制作。

至此，演示文稿的框架搭建完毕，切换到幻灯片浏览视图，可以看到整体效果，如图 3-23 所示。

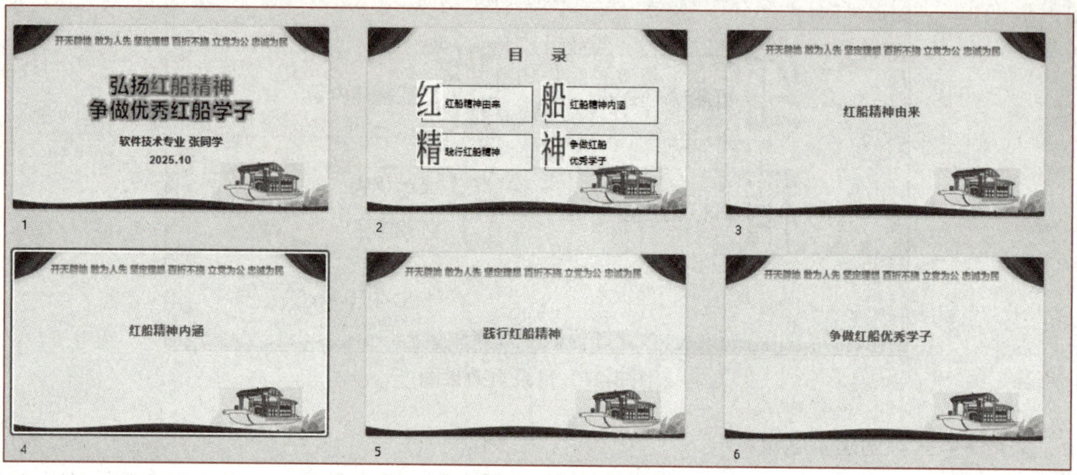

图 3-23 演示文稿框架

测　　评

1. 知识测评

1）填空题

（1）如果需要在所有幻灯片中添加一张背景图片，可以在_____视图中选择_____母版添加图片并修改图片属性。

（2）幻灯片的首页应该包含_____和_____及其他关键信息。

（3）_____可以展示演示文稿的整体结构，是演示文稿的提纲，使观众了解、认识整体演讲内容的页面。

（4）演示文稿设计中，色彩不可过多，一般以_____种色彩为宜，分别是_____色、_____色和_____色。

（5）通过幻灯片的_____视图，可以浏览整个演示文稿的全貌，可以完成对整张幻灯片的复制、移动、剪切和删除等操作。

（6）如果一张幻灯片中有多张图片，可以通过"_____"工具完成多张图片的组合，从而克服因图片大小、位置等不同造成的对齐困难问题，让图片组合更加专业。

（7）幻灯片的_____包含要在幻灯片上显示的全部内容的格式设置、位置和占位符。占位符是版式中文本、图片、图表、视频等内容的容器。

2）简答题

（1）简述演示文稿设计与制作的基本流程。

（2）简述演示文稿制作的基本原则。

2. 能力测评

按表 3-1 中所列的操作要求，对自己完成的文档进行检查，操作完成得满分，未完成或错误得 0 分。

表 3-1　能力测评表

序号	操作要求（具体见任务实现）	分值	完成情况	自评分
1	首页内容设计和格式设置	30		
2	目录页内容设计和格式设置	40		
3	主题页内容设计和格式设置	30		
	总　　分			

3. 素质测评

针对表 3-2 中所列出的素质与素养观察点，反思任务实现的过程，思考总结相关项目，做到即得分，未做到得 0 分。

表 3-2　素质测评表

序号	素质与素养	分值	总结与反思	得分
1	信息意识——具备使用 WPS 演示工具与他人合作、共享信息，实现信息的更大价值的意识	20		
2	数字化创新与发展——具备使用 WPS 演示工具对表达内容进行可视化创新表达的意识和能力	20		
3	审美素养——具备基本的审美素养，善于通过演示文稿制作表达美、传递美、分享美	20		
4	工匠精神——具备通过图片、文字、艺术字的位置、大小、对齐等格式设置的细节提升幻灯片美观度的能力，具备精益求精、追求卓越的工匠精神	20		
5	红船精神——具备以"首创、奋斗、奉献"为底色的红船工匠精神	20		
	总　　分			

拓展训练

在接下来的任务中，以小组为单位，搜集本专业的历史沿革、发展趋势、就业岗位等素材，以"职业生涯规划"为主题设计制作演示文稿，完成首页、目录页、主题页、内容页、总结页、致谢页等页面制作，组织主题班会，以小组为单位进行"职业生涯规划"演讲比赛。通过任务实施，提高 WPS 演示的应用能力、团队协作能力、演讲汇报能力，提升审美素养和审美能力，培养创新能力，培养计算思维。

本阶段的任务是建立演示文稿的框架，具体要求如下：
（1）在首页中明确主题、小组名称、小组成员姓名、时间、比赛信息等内容；
（2）利用母版完成演示文稿的背景设置；
（3）利用智能图形、艺术字等完成目录页设计；
（4）利用母版完成主题页格式设置；
（5）完成主题页内容制作。

技巧与提高

AI 生成 PPT 之输入主题生成

WPS AI 能够根据主题、上传文档、粘贴大纲三种方式,帮助用户快速生成演示文稿。下面介绍输入主题 AI 生成 PPT。

1. 唤醒 AI

有两种方式可以唤醒 AI 生成 PPT。

1)新建演示文稿时唤醒

单击 WPS 首页中的"新建"→"演示"按钮,进入图 3-24 所示窗口,单击"WPS AI 一键生成幻灯片"按钮,如图 3-24 所示。唤醒之后,将进入图 3-25 所示对话框。

图 3-24 新建演示文稿唤醒 AI

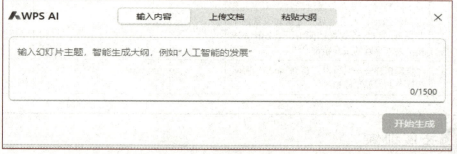

图 3-25 WPS AI 对话框

2)制作演示文稿时唤醒

在"WPS 演示"窗口中单击选项卡栏中的 WPS AI 按钮,弹出的菜单如图 3-26 所示,选择"AI 生成 PPT"命令或者"文档生成 PPT"命令,会以不同的方式唤醒 AI。

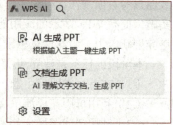

图 3-26 选项卡唤醒 AI

2. 通过输入主题利用 AI 生成 PPT

下面以"WPS AI 应用培训"主题演示文稿制作为例,通过输入主题,让 AI 快速完成演示文稿制作,操作步骤如下:

(1)在新建演示文稿时唤醒 AI(见图 3-25),选择"输入内容"选项卡,在对话框中输入主题"WPS AI 应用培训"(主题内容不超过 1500 字),单击"开始生成"按钮,WPS AI 将自动生成"WPS AI 应用培训"演示文稿大纲,如图 3-27 所示。

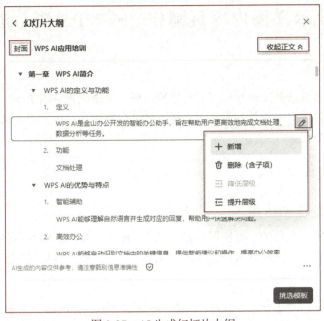

图 3-27　AI 生成幻灯片大纲

（2）在幻灯片大纲窗口中，可以对大纲内容进行修改和调整。单击相关内容右侧的"编辑"按钮，弹出的菜单中包含"新增""删除""提升层级"等功能命令，可完成对大纲内容的调整和修改。

（3）单击"挑选模板"按钮，进入图 3-28 所示的选择幻灯片模板窗口。根据当前主题，在右侧列出的幻灯片模板中选择"黑金庆商业典科技风"主题，单击"创建幻灯片"按钮，AI 将完成幻灯片创建。

图 3-28　选择幻灯片模板窗口

任务 2　演示文稿内容页制作——WPS 演示进阶应用

任务描述

本阶段的任务将在任务 1 搭建的"弘扬红船精神　争做优秀红船学子"演示文稿框架基础上，完成演示文稿内容页的设计与制作。本任务将综合使用多媒体元素，完成单主题页面、多主题页面的设计与制作。

知识准备

一、多媒体处理和应用

演示文稿制作的一个目的，是使用声音、图片、图形、视频、图表等多媒体元素，弥补语言表达过于抽象的不足。同时，恰当使用多媒体元素，可以使幻灯片更富有感染力和吸引力。

1. 音频

演示文稿设计是一门集文本、声音、图像、视频等多种元素的综合艺术，恰当地使用声音，可以让幻灯片更富有表现力。

1）插入音频

（1）选择要插入音频的幻灯片，单击"插入"选项卡中的"音频"下拉按钮，可以根据需要选择"嵌入音频""链接到音频""嵌入背景音乐""链接背景音乐"。

嵌入音频和链接到音频的主要区别是在演示文稿中插入音频后，音频的存储位置不同。

① 嵌入音频：嵌入音频会成为演示文稿的一部分，演示文稿发送到其他设备中也可以正常播放。

② 链接到音频：在演示文稿中只存储源文件的位置，如果想要在其他设备中播放演示文稿，需要将音频文件和演示文稿一起打包，再将打包后的文件发送到其他设备才可以正常播放。

如果设为背景音乐，音频在幻灯片放映时会自动播放，当切换到下一张幻灯片时不会中断播放，一直循环播放到幻灯片放映结束。

（2）在打开的"插入音频"对话框中选择声音文件插入幻灯片，幻灯片将会出现图 3-29 所示的音频图标，在此可以预览音频播放效果，调整播放进度和音量大小等。

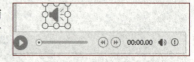

图 3-29　音频图标

（3）选中插入的音频图标，在图 3-30 所示的"音频工具"选项卡中根据需要设置"跨幻灯片播放""放映时隐藏""循环播放，直到停止""播放完返回开头"等选项。

图 3-30　"音频工具"选项卡

（4）假如音频长度过长，单击"裁剪音频"按钮，弹出图 3-31 所示的对话框，可对音频进行裁剪。

2）使用多个背景音乐

在演示文稿中将音频直接设为背景音乐，该音频将一直循环播放到幻灯片放映结束。如果想要在一个演示文稿中使用多个背景音乐，例如 1～3 张幻灯片使用一个背景音乐，4～7 张幻灯片使用另一个背景音乐，具体步骤如下：

（1）选中第 1 张幻灯片，单击"插入"选项卡中的"音频"下拉按钮，在下拉列表中选择"嵌入音频"命令，在打开的第一个声音文件中插入幻灯片。

图 3-31 "裁剪音频"对话框

（2）选中插入的音频，在"音频工具"选项卡中，"开始"选择"自动"，勾选"放映时隐藏""循环播放，直到停止""播放完返回开头"复选框，"跨幻灯片播放"设置为至第 3 页停止，如图 3-32 所示。

图 3-32 第一段音频选项设置

（3）选中第 4 张幻灯片，单击"插入"选项卡中的"音频"下拉按钮，在下拉列表中选择"嵌入音频"命令，将打开的第二个声音文件插入幻灯片。

（4）选中插入的音频，在"音频工具"选项卡中，"开始"选择"自动"，勾选"放映时隐藏""循环播放，直到停止""播放完返回开头"复选框，"跨幻灯片播放"设置为至第 7 页停止。

设置完成后，演示文稿将在 1～3 页幻灯片中播放一段背景音乐，在 4～7 页播放另一段背景音乐。

2. 视频

在演示文稿中添加一些视频并进行相应的处理，可以大大丰富演示文稿的内容和表现力。WPS 演示提供了丰富的视频处理功能。

1）插入本地视频

插入本地视频有两种方式：嵌入本地视频和链接到本地视频。嵌入本地视频后演示文稿将变大，通过链接到本地视频可以有效减小演示文稿的大小，但如果要在其他设备播放，必须将演示文稿和视频一起打包复制，否则视频将无法播放。

单击"插入"选项卡中的"视频"下拉按钮，在下拉列表中选择"嵌入本地视频"或者"链接到本地视频"命令，弹出"插入视频"对话框，选择合适的视频文件插入幻灯片，如果插入的是手机竖屏录制的视频，视频将横屏显示，可选中视频对象，按住控制点 旋转视频。通过拖动视频周边的控制点，可调整视频的大小；选中视频，可移动视频位置，预览视频播放效果，调整播放进度和音量大小等。在"视频工具"选项卡中，可以完成是否全屏播放、是否隐藏播放等选项设置，如图 3-33 所示。

图 3-33 "视频工具"选项卡

2）为视频添加封面

视频封面可以是事先制作的图片，也可以选择当前视频中某一帧画面。

（1）图片作为封面。单击"视频工具"选项卡中的"视频封面"下拉按钮，在下拉列表中选择"来自文件"命令,找到事先准备好的图片即可。

(2)某一帧画面设置为封面。定位到某帧画面后,在播放条上方将显示"将当前画面设为视频封面"提示,单击"设为视频封面"按钮,即可将当前帧设置为视频封面,如图 3-34 所示。

若要恢复到以前的设置,可以单击"视频工具"选项卡中的"重置视频"按钮。

(3)裁剪视频。选中视频,单击"视频工具"选项卡中的"裁剪视频"按钮,弹出图 3-35 所示的"裁剪视频"对话框,通过调整开始时间和结束时间,可以完成视频的裁剪工作。

图 3-34 设置视频封面

图 3-35 "裁剪视频"对话框

二、图表

演示文稿制作过程中,如果需要直观、明确地表达数据之间的对比关系、数据呈现的规律和趋势,可以使用图表。下面以项目 2 中的房屋销售资料表中的员工销售业绩图表制作为例来说明演示文稿中图表的应用。

1. 图表插入

单击"插入"选项卡中的"图表"下拉按钮,在下拉列表中选择"图表"命令,弹出图 3-36 所示的"图表"对话框。WPS 提供了非常丰富的图表类型,如柱形图、折线图、饼图、面积图等,用户可以根据需要选择图表类型,本例选择"簇状柱形图",插入后效果如图 3-37 所示。

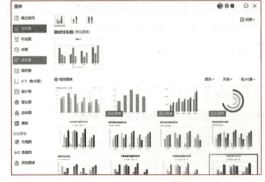

图 3-36 "图表"对话框

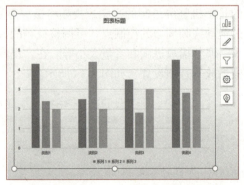

图 3-37 "簇状柱形图"效果图

笔记栏

2. 数据选择或编辑

选中图表后右击，在弹出的快捷菜单中选择“选择数据”或“编辑数据”命令，WPS 将自动调用 WPS 表格组件，打开“WPS 演示中的图表”窗口，数据表中将显示默认数据，紫色边框范围内的是水平(分类)轴数据，蓝色边框范围内的是数据系列，默认有三个系列，如图 3-38 所示。将房屋销售资料表中的员工销售业绩中的“销售员工”和“个人总销售额”列，复制到水平轴数据列和“系列 1”列，调整蓝色边框范围，选择“个人总销售额”数据作为图表数据系列，调整紫色边框范围，选择“销售员工”作为水平轴数据，删除“系列 2”及“系列 3”，如图 3-39 所示。关闭“WPS 演示中的图表”窗口。

	系列 1	系列 2	系列 3
类别 1	4.3	2.4	2
类别 2	2.5	4.4	2
类别 3	3.5	1.8	3
类别 4	4.5	2.8	5

图 3-38 数据表中默认数据

	A	B
1		个人总销售额
2	于丽丽	￥6,371,885.52
3	陈可	￥11,306,883.28
4	黄大伟	￥4,036,816.00
5	李思	￥12,634,998.88
6	金的的	￥2,438,240.00
7	姜新月	￥11,950,041.60
8	吴姗姗	￥2,438,240.00
9	张国丰	￥9,825,401.60
10	齐明明	￥2,018,408.00
11	王晋	￥2,018,408.00
12	毛华新	￥2,018,408.00
13	张楚玉	￥0.00

图 3-39 复制数据后效果图

3. 图表属性设置

完成图表数据编辑之后，通过图 3-40 所示的“图表工具”选项卡中的命令，可以完成对图表属性的设置。单击标题，输入“个人总销售额”，单击“图表工具”选项卡中的“预设样式”下拉按钮，在下拉列表中选择“样式 1”，图表完成后的效果如图 3-41 所示。

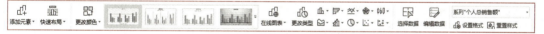

图 3-40 “图表工具”选项卡

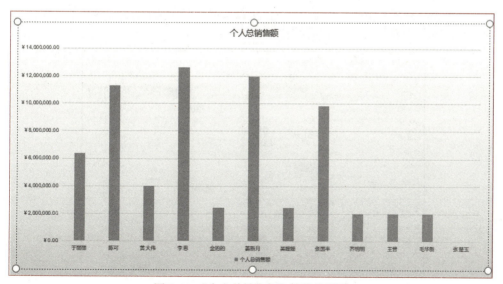

图 3-41 “个人总销售额”簇状柱形图

三、模板

利用模板可以让普通用户快速地制作出具有专业设计水准的演示文稿,WPS 演示提供了大量的演示文稿模板。在联网状态下,用户可以通过不同条件的筛选或搜索,选取喜欢的模板。

1. 基于模板创建演示文稿

操作步骤如下:

打开 WPS Office 软件,在首页中选择"新建"→"新建演示"命令,打开图 3-42 所示的"新建演示"窗口,可选择不同的模板,也可以通过搜索相关主题选择相应的模板。

图 3-42 基于模板新建演示文稿窗口

2. 新建幻灯片套用模板

幻灯片的种类繁多,有封面页、目录页、章节页、结束页、纯文本页等多种类型。WPS 演示提供了模板素材库,几乎覆盖演示文稿的所有内容。对于不同种类的幻灯片,可以套用合适的模板,使得幻灯片的设计更加高效、专业。

操作步骤如下:

单击"开始"选项卡中的"新建幻灯片"下拉按钮,根据演示文稿整体风格、即将完成页面的类型、页面的内容等因素,选择模板,如图 3-43 所示。

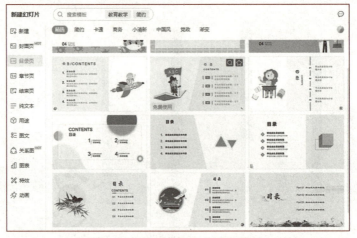

图 3-43 "新建幻灯片"套用模板

3. 演示文稿套用模板

如果想要快速改变已经创建好的演示文稿的外观，可以直接套用本地或线上的模板，套用完成后，整个演示文稿的幻灯片版式、文本样式、背景、配色方案等都会随之改变。

套用在线模板的操作步骤如下：

单击"设计"选项卡中的"更多设计"按钮，进入图3-44所示的"主题方案"窗口。可根据需要选择不同内容、不同格式的模板。选中模板后，右侧将出现应用后的效果图，如果满意，单击"确定"按钮即可完成设置。

图3-44 "主题方案"窗口

四、配色方案

配色是演示文稿制作过程中的重要元素，不同的配色代表不同的主题。在选择演示文稿配色时，首先要了解不同颜色代表的风格和气质。例如，红色代表喜庆、热烈，适合节日、党政主题等；橙色代表活泼轻快，适合儿童品牌、美食等；蓝色代表科技、商务，适合展示科技产品、商务会议等；绿色代表自然环保，适合农业、医药等主题；紫色代表优雅华丽，适合服装、酒店等主题；粉色代表浪漫可爱，适合婚庆、服装等主题；灰色代表质感、成熟、低调，适合电子产品、机械等主题表达；黑色代表神秘、庄严，适合电子科技、高端定制等。在制作演示文稿时，需根据主题表达的需要，为演示文稿选择合适的配色。

WPS演示提供了专业的文档配色设计，用户可以根据演示文稿的主题选择符合主题的色彩搭配，一键套用，轻松快捷。

操作步骤如下：

单击"设计"选项卡中的"配色方案"下拉按钮，打开图3-45所示的"配色方案"下拉面板，在"推荐方案"中，可以"按颜色""按色系""按风格"进行"配色方案"选择，如果"推荐方案"中没有合适方案，可以选择"自定义"选项卡，进入"自定义颜色"窗口，如图3-46所示。在"自定义颜色"窗口中，可以对文字/背景-深色1、2和浅色1、2，着色1、着色2、着色3、着色4、着色5、着色6、超链接、已访问的超链接等进行颜色选择和定义。定义完毕后，单击"保存"按钮，可以将修改后的配色添加到配色方案中。

当选择不同的配色方案时，幻灯片的色板会随着变化，相应的图形、表格、背景颜色也会跟着变化。另外，需要注意的是，在一个演示文稿中配色用色不宜过多，一般控制在三种颜色以内。

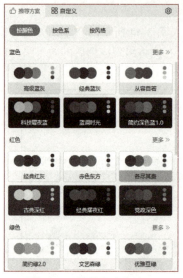

图 3-45　"推荐方案"窗口

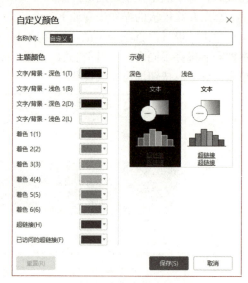

图 3-46　"自定义颜色"窗口

五、背景设置

在 WPS 演示中，用户可以为幻灯片设置不同的颜色、图案或纹理、图片等背景，如果只是设置单张或几张幻灯片的背景，可以在普通视图中完成背景设置，如果需要设置一批或者全部幻灯片的背景，可以选择母版视图进行背景设置。

1. 纯色填充

（1）选择想要设置背景的幻灯片，单击"设计"选项卡中的"背景"下拉按钮，在下拉列表中选择"背景"命令，在右侧的"对象属性"窗格中选中"纯色填充"单选按钮，单击"填充"下拉按钮，打开的下拉列表如图 3-47 所示，完成背景颜色选择。

（2）确定颜色后，可以通过左右拖动下方的标尺调整透明度。

（3）如果需要将背景应用到所有幻灯片，单击"全部应用"按钮，否则将只应用到当前幻灯片中。

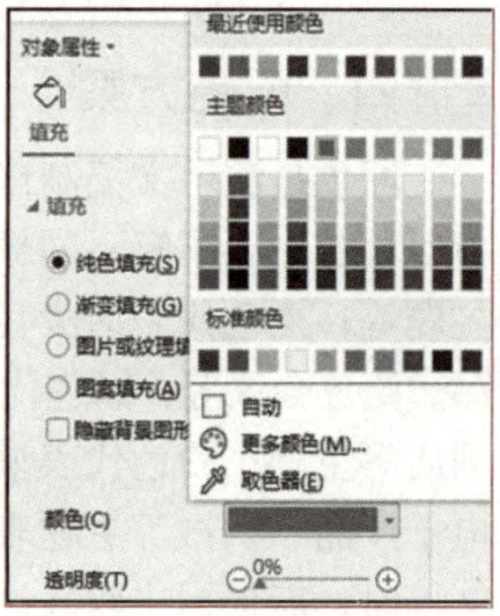

图 3-47　纯色填充

2. 渐变填充

渐变填充背景的操作步骤如下：

（1）选择想要设置背景的幻灯片，单击"设计"选项卡中的"背景"下拉按钮，在下拉列表中选择"背景"命令，在右侧的"对象属性"窗格中选中"渐变填充"单选按钮，在"颜色"面板中选择渐变填充的预设颜色，完成渐变颜色选择，如图 3-48 所示。

（2）完成颜色选择后，可以对"渐变样式""角度""色标颜色""位置""透明度"等选项进行设置。

（3）如果需要将背景应用到所有幻灯片，单击"全部应用"按钮，否则将只应用到当前幻灯片中。

3. 图片或纹理填充

图片或纹理填充背景的操作步骤如下：

（1）选择想要设置背景的幻灯片，单击"设计"选项卡中的"背景"下拉按钮，在下拉列表中选择"背景"命令，在右侧的"对象属性"窗格中选中"图片或纹理填充"单选按钮，如图 3-49 所示。

图 3-48　渐变填充

图 3-49　图片或纹理填充

（2）如果需要设置图片作为背景，可以单击"请选择图片"下拉按钮，选择"本地文件""剪贴板""在线文件"作为背景图片。如果需要设置纹理作为背景，单击"纹理填充"下拉按钮，完成纹理选择。

（3）完成图片或纹理选择后，可以选择放置方式，有"拉伸"和"平铺"两种选择。设置向左偏移、向右偏移、向上偏移的百分比，可以调整图片的位置。

（4）如果需要将背景应用到所有幻灯片，单击"全部应用"按钮，否则将只应用到当前幻灯片中。

4. 图案填充

操作步骤如下：

（1）选择想要设置背景的幻灯片，单击"设计"选项卡中的"背景"下拉按钮，在下拉列表中选择"背景"命令，在右侧的"对象属性"窗格中选中"图案填充"单选按钮，如图 3-50 所示。

（2）在图案下拉按钮中选择相应的图案，可以设置"前景""背景"颜色。

（3）如果需要将背景应用到所有幻灯片，单击"全部应用"按钮，否则将只应用到当前幻灯片中。

图 3-50　图案填充

任务实现

子任务一：制作"红船精神的由来"内容页 1

在任务 1 创建的框架基础上，设计制作演示文稿的内容页。

1. 选择版式

"红船精神的由来"第一张内容页，要设计一个左侧为文本说明，右侧插入视频的幻灯片，因此，新建演示文稿时选择"两栏内容"的版式，如图 3-51 所示。

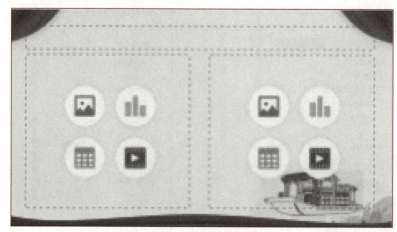

图 3-51 两栏内容版式

2. 标题设置

在标题中输入"红船精神的由来"，并设置"居中""加粗"。

3. 文本内容设置

输入相关文本内容，在设置文本内容的字体大小等属性时，一定要考虑与右侧内容对齐的问题。可以通过调整文本字体大小，占位符的高度与宽度等要素，完成文本内容与右侧内容的对齐。

4. 视频插入与剪辑

1）插入视频

单击占位符中"视频"的提示图片，找到事先准备好的视频素材，插入视频后，调整视频的大小和位置，完成与左侧文本对齐。

2）视频裁剪

选中视频并右击，在弹出的快捷菜单中选择"视频裁剪"命令，或者单击"视频工具"选项卡中的"视频裁剪"按钮，根据需要设置视频开始的时间和结束的时间，完成视频裁剪。

3）设置视频封面

播放视频，当播放至合适的画面时，暂停视频播放，此时视频页面将显示"将当前画面设为视频封面"提示，如图 3-52 所示，单击"设为视频封面"按钮，即可完成视频封面设置。设置完成的"红船精神的由来"内容页的效果如图 3-53 所示。

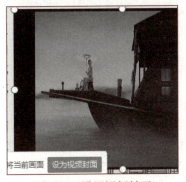

图 3-52 设置视频封面   图 3-53 "红船精神的由来"内容页 1 效果

子任务二：制作"红船精神的由来"内容页 2

1. 选择版式

为了与第一页"红船精神的由来"内容页风格保持一致，继续选择"两栏内容"版式。

2. 内容设置

标题设置不再赘述。在左侧单击"图片"提示按钮，将事先准备好的素材图片插入。右侧输入相关文本。通过调整图片大小和占位符大小、字体大小等属性，完成图片与文本内容的对齐，设置完成后的效果如图 3-54 所示。

图 3-54 "红船精神的由来"内容页 2 效果

> **注 意：**
> 为了突出显示文本内容中的关键点，应该使用字体颜色、格式的变化来突出强调重点。

子任务三：制作"红船精神内涵"内容页

1. 选择版式

选择"空白"版式，即没有任何占位符的版式。

2. 标题设置

本页使用图形完成标题内容的处理。
单击"插入"选项卡中的"形状"下拉按钮，在下拉列表中选择"矩形"命令，此时鼠标

微 课
红船精神内涵

指针变成十字加号，拖动鼠标，确定矩形的大小和位置。输入标题内容为"红船精神内涵"，设置字体为"微软雅黑"，字号为32，颜色为红色，加粗显示。

3. 文本内容设置

使用图形组合完成文本内容设置。

（1）单击"插入"选项卡中的"形状"下拉按钮，在下拉列表中选择"圆形"命令，此时鼠标指针变成十字加号，拖动鼠标，确定"圆形"的大小和位置，选中已完成的"圆形"，复制之后粘贴，继续单击"插入"选项卡中的"形状"下拉按钮，在下拉列表中选择"矩形"命令，此时鼠标指针变成十字加号，拖动鼠标，完成"矩形插入"，如图 3-55 所示。

（2）选中两个"圆形"并右击，在弹出的快捷菜单中选择"置于底层"命令。确定"矩形"的大小和位置，使其左端与圆形重叠，覆盖一半圆形，右端与另一个圆形重叠，覆盖一半圆形。

（3）同时选中两个"圆形"和"矩形"，单击"绘图工具"选项卡中的"合并形状"下拉按钮，在下拉列表中选择"结合"命令，三个图形结合成一个图形，完成组合后的图形如图 3-56 所示。

图 3-55　未组合前的图形

图 3-56　组合后的图形

（4）选中组合后的图形，设置填充色为"红色渐变"，边框颜色为"黄色"。复制图形两次，分别在三个图形中输入"开天辟地、敢为人先的'首创精神'""坚定理想、百折不挠的'奋斗精神'""立党为公、忠诚为民的'奉献精神'"，并设置字体为"28 号""加粗""白色"。

4. 图片插入

在三个组合图形左侧插入素材中的图片，调整大小和位置，让图片与组合图形对齐。

5. 插入图形，完成图片与组合图形连接

单击"插入"选项卡中的"形状"下拉按钮，在下拉列表中选择"线条"→"曲线箭头连接符"命令，连接图片中部分内容与组合图形的内容，继续重复以上操作两次完成连接。选中"曲线箭头连接符"并右击，在弹出的快捷菜单中选择"设置形状格式"命令，设置线条颜色为"红色"，宽度为"2 磅"。设置完成后的效果如图 3-57 所示。

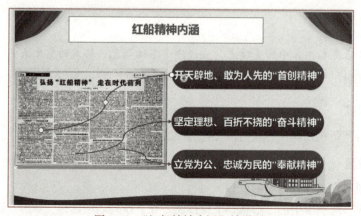
图 3-57　"红船精神内涵"效果图

子任务四：制作"践行红船首创精神"内容页

为了突出显示我国高校和企业"践行红船首创精神"的成绩，本页页面主体部分使用图表来显示"2021 中国发明专利授权量 TOP10"榜单数据。

（1）单击"开始"选项卡中的"新建幻灯片"下拉按钮，在下拉列表中选择"空白"版式，插入一张新的幻灯片。

（2）单击"插入"选项卡中的"图表"下拉按钮，在下拉列表中选择"图表"→"簇状条形图"命令，插入后的效果如图 3-58 所示。

（3）选中图表并右击，在弹出的快捷菜单中选择"编辑数据"命令，打开"WPS 演示中的图表"组件对数据进行编辑，如图 3-59 所示。其中，紫色边框范围内的 A 列"类别1，类别2，…"是分类轴数据，蓝色边框范围内的"系列1，系列2，…"是数值轴数据。选中"系列2""系列3"，将其删除。

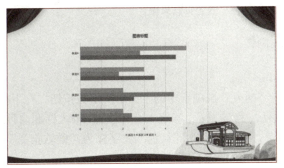

图 3-58　未编辑数据的"簇状条形图"

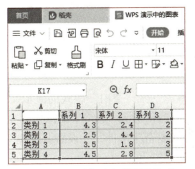

图 3-59　"WPS 演示中的图表"窗口

（4）打开本任务提供的素材数据："发明专利原始数据.xlsx"文件，将"单位组织""授权量"两列数据复制粘贴至 A 列和 B 列。调整蓝色边框范围，使其包括所有数值数据，调整紫色边框范围，使其包括所有单位名称，如图 3-60 所示。关闭"WPS 演示中的图表"窗口，幻灯片中的图表如图 3-61 所示。

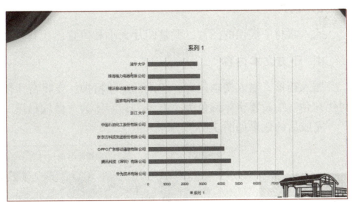

图 3-60　数据编辑效果　　　　　图 3-61　完成编辑数据后的图表效果

（5）单击图表标题，内容输入"2021 中国发明专利授权量 TOP10"。选中图表右击，在弹出的快捷菜单中选择"设置绘图区格式"命令，图表填充色修改为"红色渐变"，调整图表大小和范围。

（6）图表上方插入艺术字，内容为："践行红船首创精神"，图表下方插入艺术字，内容为：

"践行红船首创精神：将首创精神转化为敢于突破锐意求新的时代朝气。"调整艺术字的大小和位置，设置颜色等，最后完成的效果如图 3-62 所示。

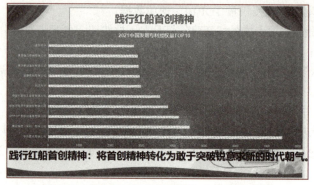

图 3-62 "践行红船首创精神"内容页效果图

子任务五："践行红船奋斗精神"内容页制作

1. 标题

新建一张"空白"版式的演示文稿，单击"插入"选项卡中的"图形"下拉按钮，在下拉列表中选择"矩形"命令，鼠标指针变成十字形后，拖动鼠标，确定大小和位置，输入标题内容："践行红船奋斗精神"，设置其边框为"红色"，字体颜色为"红色"，字体为"微软雅黑"，字号为"32 号"。

2. 文本内容

插入"矩形"，输入文本内容："我们的国家，我们的民族，从积贫积弱一步一步走到今天的发展繁荣，靠的就是一代又一代人的顽强拼搏，靠的就是中华民族自强不息的奋斗精神。"设置其填充色为"红色渐变"，字体为"微软雅黑"，字号为"28 号"，颜色为"白色"。

3. 图片

插入素材中提供的图片，调整图片大小和位置，让其与文本内容对齐。

4. 下方文本内容

插入矩形，输入文本内容："践行红船精神：要将奋斗精神内化为历经艰险、不言放弃的时代韧劲。"设置字体颜色为"黑色"，字体为"微软雅黑"，字号为"32 号"。

完成后的效果如图 3-63 所示。

图 3-63 "践行红船奋斗精神"内容页效果图

子任务六：其他页面制作

使用图形及图片组合完成其他页面的制作，此处不再赘述，其他页面的效果如图 3-64、图 3-65、图 3-66 所示。

图 3-64 "践行红船奉献精神"内容页效果图

图 3-65 "争做红船优秀学子"内容页效果图

图 3-66 "致谢页"效果图

测　　评

1. 知识测评

确定任务的关键词，以重要程度进行关键词排序，见表 3-3，每一关键词得分 10 分，总分 100 分。

表 3-3　知识测评表

序　号	关　键　词	序　号	关　键　词
1		6	
2		7	
3		8	
4		9	
5		10	
总　分			

2. 能力测评

按表 3-4 中所列的操作要求，对自己完成的文档进行检查，操作完成得满分，未完成或错误得 0 分。

表 3-4　能力测评表

序 号	操作要求（具体见任务实现）	分　值	完成情况	自 评 分
1	"红船精神的由来"内容页 1 设计与制作	10		
2	"红船精神的由来"内容页 2 设计与制作	20		
3	"红船精神内涵"内容页设计与制作	20		
4	"践行红船首创精神"内容页设计与制作	10		
5	"践行红船奋斗精神"内容页设计与制作	10		
6	"践行红船奉献精神"内容页设计与制作	10		
7	"争做优秀红船学子"内容页设计与制作	10		
8	"致谢页"设计与制作	10		
总　分				

3. 素质测评

针对表 3-5 中所列出的素质与素养观察点，反思任务实现的过程，思考总结相关项目，做到即得分，未做到得 0 分。

表 3-5　素质测评表

序 号	素质与素养	分　值	总结与反思	得　分
1	创新意识——具备根据主题和内容表达需要创造性设计的意识与能力	20		
2	审美素养——具备基本的审美素养，善于通过演示文稿制作表达美、传递美、分享美	20		
3	大局意识——具备使用母版进行演示文稿的共性设置、保持演示文稿前后风格一致的意识与能力	20		
4	工匠精神——具备精益求精、追求卓越的工匠精神	20		
5	红船精神——理解红船精神的内涵、要义，思考当代大学生如何践行红船精神	20		
总　分				

拓展训练

本阶段将在任务 1 "职业生涯规划"主题演示文稿制作框架的基础上继续完成内容页的设计与制作。通过内容页的设计与制作，深化利用图形、图片、图表、音频、视频等多种元素进行幻灯片平面设计的能力，提升审美素养和审美能力，培养创新能力，培养计算思维。

本阶段的任务是建立演示文稿的内容页，具体要求如下：

（1）最少完成 6 张内容页制作。

（2）每张内容页尽可能做到图文并茂，尽可能使用图形、图片、图表、音频、视频等元素完成页面内容设计和格式设置。

（3）内容页设计时，尽可能体现技术应用的深度与广度。

（4）围绕主题进行素材选择，所有素材不能出现与主题无关的内容。

（5）每个页面设计和谐美观。

（6）页面与页面之间风格一致。

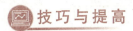

AI 生成 PPT 之上传文档生成

WPS AI 可以通过上传文档，快速生成 PPT。

（1）单击 WPS 首页中的"新建"→"演示"，按钮，进入图 3-24 所示窗口，单击"WPS AI 一键生成幻灯片"按钮，打开 WPS AI 对话框，单击"上传文档"按钮。或者在"WPS 演示"窗口中单击选项卡栏中的 WPS AI 按钮，在弹出的菜单中选择"文档生成 PPT"命令，如图 3-67 所示。

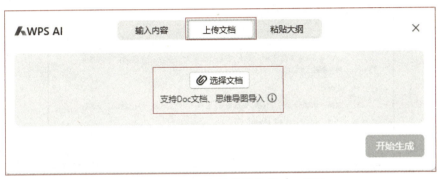

图 3-67　WPS AI 上传文档生成 PPT 窗口

（2）WPS AI 支持 .doc 文档和思维导图。单击"选择文档"按钮，找到需要创建 PPT 的文档并上传，进入图 3-68 所示对话框。

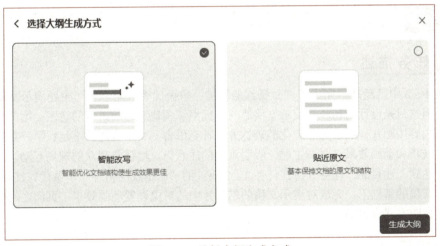

图 3-68　选择大纲生成方式

（3）WPS AI 提供两种大纲生成方式：①"智能改写"模式将对所上传文档进行纲要提炼，对内容进行智能缩写；②"贴近原文"模式将基本保持原文档的内容和结构。根据原文档的情况选择生成方式，如果原文档纲要清晰，不需要 AI 进行改写，可以选择"贴近原文"。如果原文档文本级别区分度不大，需要借助 AI 进行文本纲要整理，则选择"智能改写"。

（4）AI 将生成文档大纲，进入图 3-69 所示界面。单击文本右侧的"编辑"按钮，可以对文本进行编辑，编辑整理完毕后，单击"挑选模板"按钮，根据文本内容选择合适主题的模板。

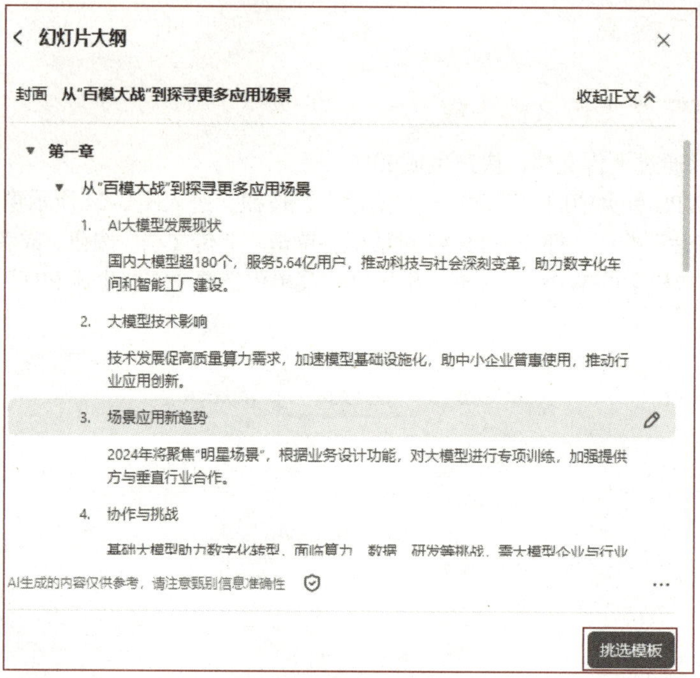

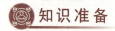

图 3-69　幻灯片大纲窗口

思维导图文件的扩展名为 .pos，WPS AI 通过上传思维导图快速生成 PPT 的步骤与上传 .doc 文件的步骤类似，此处不再赘述。

任务 3　演示文稿放映设置——WPS 演示动画设计与放映设置

任务描述

任务 1、2 中已经基本完成了"弘扬红船精神　争做优秀红船学子"主题演示文稿的设计与制作，但这只是设计的初步。演示文稿第一要提纲挈领地表达演讲者的意图；第二是对演讲者所讲的内容用图片、图表等形象化的表达方式补充语言、文字表达的不足；第三是适当使用各种放映技巧和动画效果，强调主题，吸引观众的注意力，增强与观众的现场互动。

为了达到上述目的，任务 3 将在任务 1、2 设计的"弘扬红船精神　争做优秀红船学子"主题演示文稿的基础上，完成对演示文稿的幻灯片中的对象设置动画效果、页面之间的切换方式设置、放映方式设置等。

知识准备

一、动画

制作演示文稿是为了辅助语言表达，让沟通更加有效，表达更加精彩。通过排版、配色、配图、多媒体等多种手段，提升演示文稿的平面设计表达效果，是演示文稿设计的一个重点。同时，通过动画设计提升演示文稿的动感和美感，是演示文稿设计的另一个重点。

1. 动画设计的目的

人类对运动和变化具有天生的敏感。不管这个运动有多么微不足道，变化多么微小，都会抓住我们的视线，吸引我们的注意力。动画设置要达到以下效果：

（1）抓住观众的视觉焦点，如逐条显示，通过放大、变色、闪烁等方法突出关键词。

（2）显示各个页面的层次关系，如通过页面之间的过渡区分页面的层次。

（3）帮助内容可视化。动画本身也是有含义的，它与图片刚好形成互补关系。与图片可以表示人、物、状态等含义类似，动画可以表示动作、关系、方向、进程和变化、序列以及强调等含义。

2. 动画设计的误区

初学者设计动画往往存在如下误区：

（1）动画本身成为焦点。动画设计的目的是强调或突出显示某些内容，不能让动画喧宾夺主，把观众的注意力吸引到动画本身。

（2）动作设计不自然，不得体。与人穿衣服一样，动画设计要得体。所谓得体，指的是动画的设计符合内容的需要，符合幻灯片整体风格的需要，符合观众的审美需要。不能把动画设计得跟奇装异服一般，更不能把动画设计当成炫技表演。

3. 动画设计的原则

在演示文稿中添加动画时，掌握以下几个动画设计原则，可以让演示文稿更专业：

1）强调原则

如果一页幻灯片内容比较多，要突出强调某一点，可以单独对某个元素添加动画，其他页面元素保持静止，达到强调的效果。

2）符合自然规律原则

自然的基本思想就是要符合常识。

由远及近时肯定也会由小到大；球形物体运动时往往伴随着旋转；两个物体相撞时肯定会发生抖动；场景的更换最好是无接缝效果；物体的变化往往与阴影的变化同步发生；不断重复的动画往往让人感到厌倦。

自然在视觉上的集中体现就是连贯。比如制造空间感极强或者颜色渐变的页面切换，在不知不觉中转换背景。

3）把握节奏，依次呈现原则

把握节奏的本质是隐藏信息，不让所有信息一次性全部出现，而是按照设计逻辑以某种节奏依次出现。这样做的目的是抓住观众的注意力，引导观众按照设计者的思路和逻辑思考问题。

4）展现逻辑原则

为了表达内容之间的各种逻辑关系，比如平衡、交叉、聚集、平行、包含等关系，仅仅靠平面空间上的设计无法准确呈现。通过动画设计，可以更好地表达内容之间的逻辑关系。

4. 智能动画

利用 WPS 演示提供的"智能动画"功能，可以让用户方便快捷地制作出炫酷的动画效果。假如有如图 3-70 所示的有三张幻灯片的演示文稿。

图 3-70　演示文稿范例

第一张幻灯片中,想要强调标题。可以选中文本框,单击"动画"选项卡中的"智能动画"按钮,WPS 演示会推荐一个智能动画列表,如图 3-71 所示。选择"放大强调",一个酷炫的动画效果就制作好了。

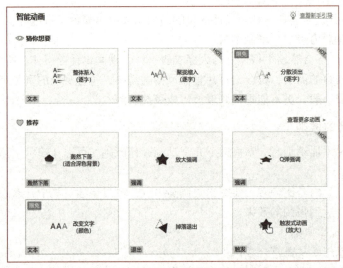

图 3-71　标题推荐的智能动画列表

在第二张幻灯片中,选中四张图片,单击"智能动画"按钮,选择"依次 Q 弹"。

在第三张幻灯片中,选中三组文本,单击"智能动画"按钮,选择"依次缩放飞入",即可快速完成动画效果设置。

5. 自定义动画

"智能动画"效果设置是系统推荐的动画方案,当预设的动画效果不能满足需求时,用户可以使用自定义动画详细设置动画效果。

1)动画类型

WPS 演示提供了五种类型的动画,分别是进入、强调、退出、动作路径、自定义动作路径。

(1)进入:用于设置对象进入幻灯片时的动画效果。常用的进入效果如图 3-72 所示。单击右侧的扩展按钮 ⌄ ,可以看到更多的进入效果,进入效果分为"基本型""细微型""温和型""华丽型"等类型。

图 3-72　常用"进入"动画列表

（2）强调：用于强调已经在幻灯片中的对象设置的动画效果，常用的强调效果如图 3-73 所示。同样单击右侧的扩展按钮，可以看到更多的强调效果。

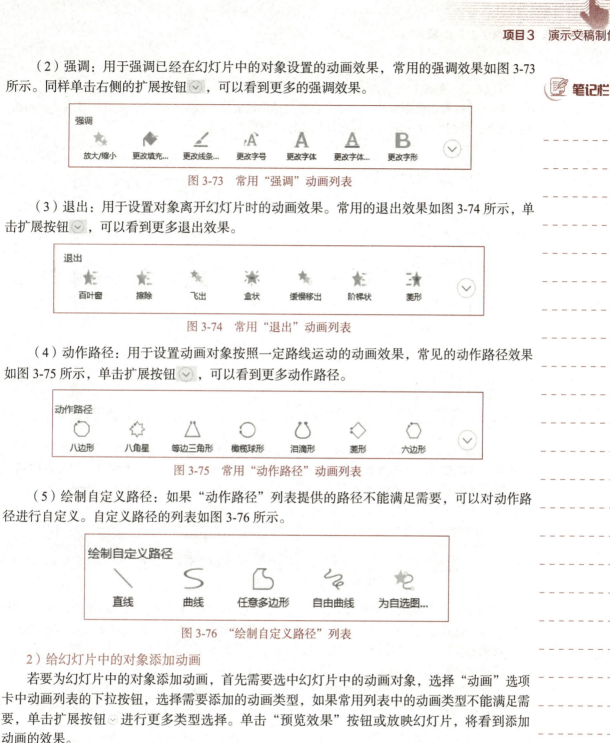

图 3-73　常用"强调"动画列表

（3）退出：用于设置对象离开幻灯片时的动画效果。常用的退出效果如图 3-74 所示，单击扩展按钮，可以看到更多退出效果。

图 3-74　常用"退出"动画列表

（4）动作路径：用于设置动画对象按照一定路线运动的动画效果，常见的动作路径效果如图 3-75 所示，单击扩展按钮，可以看到更多动作路径。

图 3-75　常用"动作路径"动画列表

（5）绘制自定义路径：如果"动作路径"列表提供的路径不能满足需要，可以对动作路径进行自定义。自定义路径的列表如图 3-76 所示。

图 3-76　"绘制自定义路径"列表

2）给幻灯片中的对象添加动画

若要为幻灯片中的对象添加动画，首先需要选中幻灯片中的动画对象，选择"动画"选项卡中动画列表的下拉按钮，选择需要添加的动画类型，如果常用列表中的动画类型不能满足需要，单击扩展按钮进行更多类型选择。单击"预览效果"按钮或放映幻灯片，将看到添加动画的效果。

注　意：

设计动画时，单击"动画"选项卡中的"动画窗格"按钮，打开"动画窗格"任务窗格，如图3-77所示。在"动画窗格"中，能够看到所添加的动画列表，并可以完成对动画的各种属性设置。

3）修改动画效果

可以通过三种途径修改动画效果。

（1）在动画窗格中修改。在动画窗格中选中需要修改效果的动画，上方将显示该动画相关的属性，如图 3-78 所示，选择相应的属性进行修改即可。

图 3-77　动画窗格

图 3-78　在"动画窗格"中修改动画效果

（2）在"动画"选项卡中修改。在动画窗格中选中动画，单击"动画"选项卡中的"动画属性"下拉按钮，设置动画的相关属性（不同动画类型的属性是不一样的）；"持续时间"文本框用于设置动画的持续时间；"延迟时间"文本框用于设置动画播放后的延迟时间；"开始播放"下拉列表用于选择动画播放的时间，如图 3-79 所示。

图 3-79　"动画"选项卡中的动画属性命令

（3）在"效果选项"中修改。在动画窗格中选中动画，单击右侧的下拉按钮，在下拉列表中选择"效果选项"命令，弹出图 3-80 所示的对话框，选择"效果"选项卡，可以完成对动画效果的设置；选择"计时"选项卡见图 3-81，能够完成对动画开始、延迟、速度、是否重复、是否使用触发器的修改。

图 3-80　"效果"选项卡

图 3-81　"计时"选项卡

通过上述三种方法，都可以完成对动画效果的修改，其中效果选项对话框集中了所有属性的设置。

4）修改动画顺序

如果需要调整动画顺序，可以在动画窗格中选中动画，拖动鼠标完成动画顺序的调整。

5）删除动画

（1）删除单条动画。在动画窗格中选中动画并右击，在弹出的快捷菜单中选择"删除"命令，或者单击动画窗格中的"删除"按钮，或者按【Delete】键，即可完成单条动画删除。

（2）删除选中对象的所有动画。在幻灯片窗格中选中即将删除动画的动画对象，单击"动画"选项卡中的"删除动画"下拉按钮，在下拉列表中选择"删除选中对象的所有动画"命令完成删除。

（3）删除选中幻灯片的所有动画。单击幻灯片窗格中的任一对象，单击"动画"选项卡中的"删除动画"下拉按钮，在下拉列表中选择"删除选中幻灯片的所有动画"命令完成删除。

（4）删除演示文稿中所有动画。单击"动画"选项卡中的"删除动画"下拉按钮，在下拉列表中选择"删除演示文稿中所有动画"命令完成删除。

二、切换

幻灯片切换效果是指在幻灯片放映过程中，当一张幻灯片转到下一张幻灯片时所出现的动画效果。通过设置幻灯片切换效果，可以让幻灯片与幻灯片之间过渡更加自然，衔接更加流畅，能够更好地体现幻灯片内容的整体性。

1. 切换的类型

WPS 演示提供了多种幻灯片切换的效果。单击"切换"选项卡中切换效果选择列表最右侧的下拉按钮，可以看到 WPS 提供的切换类型列表，如图 3-82 所示。

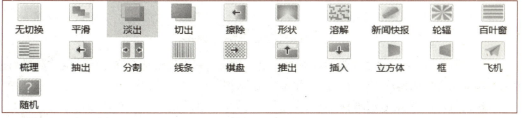

图 3-82　切换列表

2. 切换选项设置

完成切换效果设置后，如果单击"应用到全部"按钮，选中的切换效果将应用到全部，否则应用到选中的幻灯片。切换选项设置如图 3-83 所示。单击"切换"选项卡中的"效果选项"按钮，将完成对切换效果的设置（不同的切换类型，对应着不同的效果选项）。通过对"速度"的修改，可以修改切换的速度，声音可以选择在切换的同时有音效。默认换片方式为"单击鼠标时换片"，可以选择"自动换片"，也可以同时选择两种换片方式。

图 3-83　切换选项设置

> **注　意：**
>
> "单击鼠标时换片"是演讲者放映模式对应的换片方式，一般在讲课、会议、报告等场合，需要用幻灯片配合发言时，使用这种换片方式。"自动换片"是展台自动循环放映模式对应的换片方式，一般在展会、路演等场合，没有演讲者发言，只需要播放幻灯片时采用。

三、放映

不同的场合，演示文稿需要设置不同的放映方式，WPS 演示为用户提供了多种幻灯片放映方式。

1. 放映方式设置

单击"放映"选项卡中的"放映设置"下拉按钮，在下拉列表中选择"放映设置"命令，弹出"设置放映方式"对话框。图 3-84 所示为"演讲者放映"模式及相应的选项设置。

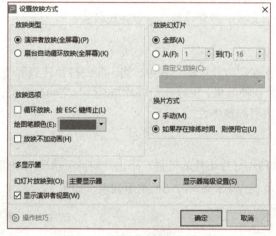

图 3-84　"演讲者放映"模式

（1）演讲者放映：这是最常用的放映方式。放映过程中幻灯片全屏显示，由演讲者通过鼠标控制演示文稿的换片、各种动画以及超链接等动作。

放映幻灯片：默认放映幻灯片为"全部"，也可以选择幻灯片放映的范围。

放映选项：如果选择循环放映，可以按【Esc】键终止放映；绘图笔是放映时使用的，通过下拉按钮可以完成颜色选择，默认为红色；如果勾选"放映时不加动画"复选框，则演示文稿播放时将不再播放所有动画。

换片方式：一般选择"手动"，"如果存在排练时间，则使用它"选项是在已经排练计时并且保存过时间的情况下，使用计时时间自动播放幻灯片。

多显示器：如果存在多个显示器，可以通过该选项对显示器进行选择。

（2）展台自动循环放映：这种放映方式一般适用于大型的放映场所，如展览、户外广告等。这种放映方式将自动循环放映演示文稿，鼠标此时已经不起作用，退出需要按【Esc】键。图 3-85 所示为"展台自动循环放映"模式及相应的选项设置。

放映幻灯片：默认放映幻灯片为"全部"，也可以选择幻灯片放映的范围。

放映选项：默认循环放映，按【Esc】键退出，默认"放映时不加动画"，也可以选择播放动画。

换片方式：如果存在排练时间，使用排练时间自动换片，如果不存在排练时间，使用幻灯片切换中的"自动换片"时间。

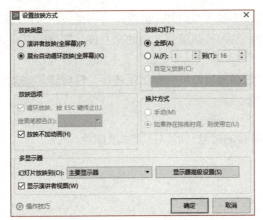

图 3-85 "展台自动循环放映"模式

2. 自定义放映

自定义放映可以对现有演示文稿中的幻灯片进行重新组合，以便为特定的观众进行个性化的播放。

创建自定义放映的操作步骤如下：

（1）单击"放映"选项卡中的"自定义放映"按钮，弹出"自定义放映"对话框，若左侧自定义放映列表中没有需要的放映，单击右侧"新建"按钮，弹出图 3-86 所示的对话框，左侧列表中列出演示文稿中所有幻灯片，选中需要添加的幻灯片，单击"添加"按钮，"在自定义放映中的幻灯片"列表框中显示已添加的幻灯片。

（2）在"在自定义放映中的幻灯片"列表框中，可通过拖动的方式完成幻灯片顺序的调整。

（3）如果列表中发现有不需要的幻灯片，可单击"删除"按钮进行删除。

（4）在"幻灯片放映名称"文本框中输入新建放映的幻灯片名称。

（5）单击"确定"按钮，返回到"自定义放映"对话框，"自定义放映"列表框中将出现刚刚新建的放映名称，如图 3-87 所示。

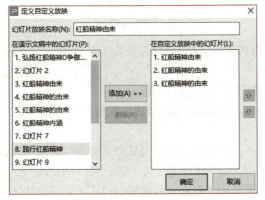

图 3-86 "定义自定义放映"对话框

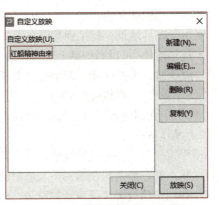

图 3-87 "自定义放映"对话框

（6）如果需要修改自定义放映，单击"编辑"按钮即可。单击"放映"按钮，可以完成放映。单击"删除"按钮，将删除此放映，但是不会删除幻灯片。

3. 交互式放映

放映幻灯片时，默认顺序是按照幻灯片的次序进行播放，可以通过设置超链接和动作按钮来改变幻灯片的播放次序，从而提高演示文稿的交互性，实现交互式放映。

1）超链接

可以在演示文稿中添加超链接，然后利用超链接，跳转到其他文件、网页、本文档中的其他幻灯片。

具体操作步骤如下：

（1）选择要创建超链接的对象，可以是文本或图片。

智能图形或图表不能作为超链接对象。

（2）单击"插入"选项卡中的"超链接"下拉按钮，在下拉列表中选择"本文档中的幻灯片"命令，弹出"插入超链接"对话框，如图 3-88 所示。

图 3-88 "插入超链接"对话框

根据需要，用户可以建立如下四种超链接：

- 原有文件或网页：可以链接到本机中的其他文件或者链接到某个 URL 地址。
- 本文档中的位置：本文档中的其他幻灯片。
- 电子邮件地址：链接到某个电子邮箱。
- 链接附件：可以添加某个文件作为演示文稿的附件，此时附件将被发送至 WPS 云端保存，放映时，单击链接，显示附件文档的内容。

（3）单击"超链接颜色"按钮，可以对超链接的颜色进行设置。

（4）创建超链接之后，右击该链接，可以根据需要编辑超链接或取消超链接。

2）动作按钮

动作按钮是一种现成的按钮，可将其插入演示文稿中，也可以为其定义超链接。动作按钮包含形状（如右箭头和左箭头）及通常被理解为用于转到下一张、上一张、第一张、最后一张幻灯片和用于播放影片或声音的符号。动作按钮通常用于观众自行放映的模式，如在公共区域的触摸屏上自动、连续播放的演示文稿。

插入动作按钮的步骤如下：

单击"插入"选项卡中的"形状"下拉按钮，在下拉列表的"动作按钮"区域选择需要的动作按钮，在幻灯片的合适位置拖动鼠标，确定按钮的大小和位置，然后在图 3-89 所示的"动作设置"对话框中进行相应的设置。

图 3-89 "动作设置"对话框

4．手机遥控

在放映演示文稿时除了通过鼠标、键盘控制幻灯片的换页外，还可以通过手机遥控。具体操作步骤如下：

（1）打开需要放映的演示文稿，单击"放映"选项卡中的"手机遥控"按钮，生成遥控二维码。

（2）打开手机端的 WPS Office 移动端，单击"扫一扫"功能，扫描计算机上的二维码。

（3）手机可以通过左右滑动控制幻灯片的播放。

四、输出

演示文稿制作完成之后，为了便于在没有安装 WPS 的计算机中演示，WPS 演示提供了多种输出方式，可以将演示文稿转换为视频或者 PDF 等。

1．演示文稿的多种输出格式

选择"文件"→"另存为"命令，可以看到 WPS 演示的多种输出格式，如图 3-90 所示。

（1）.dps 是 WPS 演示的默认格式。

（2）.dpt 是 WPS 演示的模板文件格式。

（3）.pptx 是 Microsoft Office PowerPoint 2007 以后版本的默认格式。

（4）.ppt 是 Microsoft Office PowerPoint 97-2003 版本的默认格式。

（5）.pot 是 Microsoft Office PowerPoint 的模板文件格式。

（6）.pps 是放映文件格式。

（7）输出为视频：将以 .webm 的格式输出为视频，输出时，将提示图 3-91 所示的下载安装通知。这种视频格式只有安装 WebM 视频解码器插件后才能在本机使用 Windows Media Player 播放。

（8）转图片格式 PPT：所有内容将被转成图片，从而避免了排版错乱、字体丢失、内容被修改等问题。默认保存的文件夹与源文件一致，如图 3-92 所示。

图 3-90　WPS 演示的多种输出格式

图 3-91　WebM 视频解码器插件提示窗口

（9）转为 WPS 文字文档：将对演示文稿中的文字内容进行保存，特别适用于要提取演示文稿中文字的场景。图 3-93 所示为"转为 WPS 文字文档"对话框，可以选择幻灯片，选择转换后的版式。

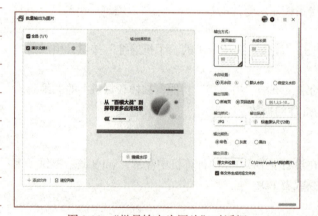

图 3-92　"批量输出为图片"对话框

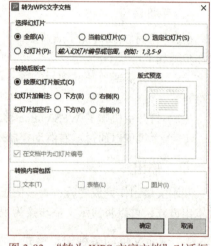

图 3-93　"转为 WPS 文字文档"对话框

以前面使用的智能动画素材为例，转换前的 PPT 文档如图 3-94 所示。

图 3-94　转换前的 PPT 文档

转换后的文档如图 3-95 所示。可以看到 WPS 文档中，对每张幻灯片的文字内容进行了转换，其他信息（如图片）予以忽略，并且按照原幻灯片的顺序进行排序。

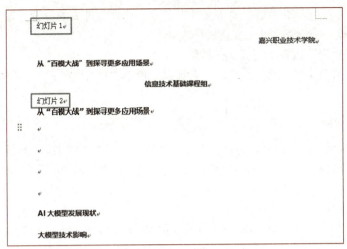

图 3-95　转换完成后的 WPS 文档

2. 演示文稿输出为 PDF

选择"文件"→"输出为 PDF"命令，弹出图 3-96 所示的"输出为 PDF"对话框，可将演示文稿文件以 PDF 文件格式输出。在对话框中，可以对页数进行选择，选择是否添加水印等。

图 3-96　"输出为 PDF"对话框

3. 打包演示文稿

如果演示文稿中以链接的形式插入了音频与视频，当换设备播放幻灯片时，如果链接的文件不存在，相关内容将无法播放。为了防止这种情况的出现，可以先将演示文稿打包成文件夹，具体操作步骤如下：

（1）打开要打包的演示文稿。

（2）选择"文件"→"文件打包"命令，级联菜单中有"将文件打包成压缩包"和"将文件打包成文件夹"两个子命令。

（3）选择"将文件打包成文件夹"命令，弹出图 3-97

图 3-97　"演示文件打包"对话框

所示的"演示文件打包"对话框,输入文件夹名称,选择文件夹的位置,如果有需要,还可勾选"同时打包成一个压缩文件"复选框。

(4)单击"确定"按钮,完成文件打包。

(5)打包文件后弹出"已完成打包"对话框,单击"打开文件夹"按钮可查看打包好的文件夹内容。

五、排练计时

演示文稿完成后,演讲者最好在每页幻灯片的备注中写下详细讲稿,然后多次排练、计时、修改讲稿,直至能将演讲内容和演示文稿完美配合为止。排练计时的具体步骤如下:

(1)单击"放映"选项卡中的"排练计时"下拉按钮,在下拉列表中选择"排练全部"或"排练当前页"命令。

(2)在屏幕左上方,将显示图 3-98 所示的预演时间记录窗口,右侧时间记录的是演示文稿放映的总时间,左侧时间记录的是当前页面放映的时间。

(3)预演结束退出时,系统将提示是否保留新的排练时间,如果单击"是"按钮,将用新的排练时间取代原有的排练时间。

六、手动放映技巧

手动放映是最为常用的一种放映方式。在放映过程中幻灯片全屏显示,采用人工的方式控制幻灯片。下面是手动放映时经常使用的技巧。

1. 绘图笔的使用

在幻灯片播放过程中,有时需要对幻灯片画线注释,可以利用绘图笔实现,操作步骤如下:

播放幻灯片时右击,在弹出的快捷菜单中选择"墨迹画笔"→"圆珠笔"命令,如图 3-99 所示,即可在幻灯片上画图或写字。要擦除屏幕上的痕迹,按【E】键即可。

图 3-98 预演时间记录窗口　　图 3-99 墨迹画笔选择

2. 快捷键

(1)切换到下一张幻灯片可以用:单击、【→】、【↓】、【Space】、【Enter】、【N】键。

(2)切换到上一张幻灯片可以用:【←】、【↑】、【Backspace】、【P】键。

（3）到达第一张/最后一张幻灯片：【Home】/【End】键。
（4）直接跳转到某张幻灯片：输入数字按【Enter】键。
（5）演示休息时白屏/黑屏：【W】/【B】键。
（6）使用绘图笔指针：【Ctrl+P】组合键。
（7）清除屏幕上的图画：【E】键。

3. 隐藏幻灯片

如果演示文稿中有某些幻灯片不必放映，但又不想删除它们，以备后用，可以选择隐藏幻灯片，操作步骤如下：

选中目标幻灯片，单击"放映"选项卡中的"隐藏幻灯片"按钮即可。

幻灯片被隐藏后，在放映幻灯片时就不会被放映了，想要取消隐藏，再次单击"隐藏幻灯片"按钮。

任务实现

子任务一：制作滚动字幕

首页中的"开天辟地 敢为人先 坚定理想 百折不挠 立党为公 忠诚为民"是红船精神三种内涵的具体体现，为了强调突出，使用从右向左循环滚动的滚动字幕效果，具体操作步骤如下：

（1）将"开天辟地 敢为人先 坚定理想 百折不挠 立党为公 忠诚为民"文本框拖动到幻灯片的最左边，并使得最后一个字刚好拖出。

（2）单击"动画"选项卡中的"动画窗格"按钮，打开"动画窗格"。

（3）选中文本框，单击"动画"选项卡中的"进入"→"飞入"效果。

（4）在"动画窗格"中选中刚刚创建的"飞入"动画，单击右侧的下拉按钮，在下拉列表中选择"效果选项"命令，弹出图 3-100 所示对话框。在"效果"选项卡中设置方向为"自右侧"。选择"计时"选项卡，如图 3-101 所示。"开始"选择"在上一动画之后"，"延迟"设置为"0 秒"，"速度"设置为"非常慢（5 秒）"，"重复"设置为"直到下一次单击"。

图 3-100 "效果"选项卡

图 3-101 "计时"选项卡

（5）单击"确定"按钮，从右向左的循环滚动字幕设置完成。

子任务二：制作电影字幕

1. 片头字幕效果

演示文稿开始放映时，增加一个片头效果：先出现一个文本，然后消失，接着再出现一个

文本,再消失。类似于电影片头字幕的效果,具体操作步骤如下:

(1)演示文稿首页后插入一个空白版式的幻灯片。

(2)单击"插入"选项卡中的"文本框"下拉按钮,在下拉列表中选择"横向文本框"命令。

(3)确定文本框的大小和位置,输入第一个文本框内容:"汇报:赵同学",并设置字体大小和颜色。

(4)单击"动画"选项卡中的"动画窗格"按钮,打开"动画窗格"。

(5)选中文本框,在"动画窗格"单击"添加效果"按钮,选择温和型进入动画效果"上升","开始"设置为"在上一动画之后"。

(6)继续单击"添加效果"按钮,为文本框添加温和型退出动画效果"上升","开始"设置为"从上一动画之后"。这样就为文本框设置了两个动画,一个进入动画,一个退出动画。单击预览效果,可以看到文本框从下方缓缓进入,然后再缓缓消失的效果。

(7)复制上述文本框操作,文本框内容被复制的同时,动画也被复制。文本框内容修改为:"设计:李同学"。调整文本框的位置,让其与前一文本框重合。幻灯片中的内容如图3-102所示,动画窗格中的动画列表如图3-103所示。

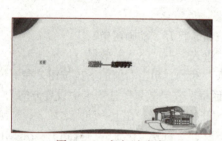

图3-102 幻灯片内容

图3-103 动画窗格动画列表

这样一个类似电影片头字幕的动画效果就做好了,预览效果可以看到一个文本框先慢慢升起,再缓缓消失。另一个文本框继续慢慢升起,再缓缓消失。

2. 片尾字幕效果

演示文稿播放即将完毕之后,如果是团队合作项目,需要列出团队成员的分工,此时可以使用电影字幕的方式完成动画效果,具体操作步骤如下:

(1)演示文稿致谢页前插入一个空白版式的幻灯片。

(2)单击"插入"选项卡中的"文本框"下拉按钮,在下拉列表中选择"横向文本框"命令。

(3)确定文本框的大小和位置,输入团队成员分工,并设置字体大小和颜色。

(4)单击"动画"选项卡"进入"动画右侧的 ⌄ 扩展,在"华丽"中选择"字幕式"。一个类似电影片尾的字幕就完成了。预览可以看到相关字幕从幻灯片底部慢慢向幻灯片上方移动,直到移出幻灯片为止。

子任务三:制作图表动画

"践行红船首创精神"内容页,使用图表显示2021中国发明专利授权量TOP1榜单,为了突出表达主题,吸引观众注意力,为该图表设置动画效果。

（1）单击"动画"选项卡中的"动画窗格"按钮，打开"动画窗格"。

（2）选中图表，单击"动画窗格"中的"添加效果"按钮，选择动画效果"擦除"，方向选择底部，速度设置为"中速"。

（3）选中图表下方文本框，单击"动画窗格"中的"添加效果"按钮，选择动画效果"擦除"，方向选择底部，速度设置为"中速"，开始设置为"从上一动画之后"。

动画设置完成后，图表和文本先后以擦除方式进入页面，图表展现的过程呈现出缓缓展开的效果。

子任务四：选择题制作

使用触发器功能，可以完成选择题的制作，从而通过幻灯片的设计与制作，提升现场的互动效果。接下来，完成"太空三人组"返回地球的时间判断的选择题，操作步骤如下：

（1）在践行红船奋斗精神内容后面，新建一张空白版式的幻灯片。

（2）为了与前一张幻灯片的主题保持一致，复制"践行红船奋斗精神"文本框到本页中。

（3）依次插入 5 个横排文本框，内容分别是："太空三人组何时返回地球？""A. 2022 年 4 月 16 日""B. 2023 年 4 月 16 日""回答正确""回答错误"，设置字体、字号，设置文本框的位置，效果如图 3-104 所示。

图 3-104　选择题示例幻灯片内容

（4）单击"开始"选项卡中的"选择"下拉按钮，在下拉列表中选择"选择窗格"命令，在打开的任务窗格中，分别给相应的对象命名为"题目""选项 A""选项 B""回答正确提示""回答错误提示"，如图 3-105 所示。

（5）选中"回答正确"文本框，单击"动画窗格"中的"添加效果"按钮，选择"进入"动画效果的"弹跳"。

（6）双击该动画效果，弹出"弹跳"对话框，选择"计时"选项卡，在"触发器"区域选中"单击下列对象时启动效果"选择"选项 A"，如图 3-106 所示。

图 3-105　选择窗格

图 3-106　触发器设置

（7）选中"回答错误"文本框，单击"动画窗格"中的"添加效果"按钮，选择"进入"动画效果的"弹跳"。

（8）双击该动画效果，弹出"弹跳"对话框，选择"计时"选项卡，在"触发器"区域选中"单击下列对象时启动效果"选择"选项B"。

这样就实现了如果选择A，"答案正确"将被触发弹跳，选择B，"答案错误"将被触发弹跳的动画效果。

<u>子任务五</u>：倒计时制作

为了增强现场互动，提升观众的注意力，在出现选择题页面之前，可以设计一个倒计时页面。具体操作步骤如下：

（1）在践行红船奋斗精神内容后面，新建一张空白版式的幻灯片。

（2）插入一个圆形，输入文本内容"5"。填充色设置为"黑色"，轮廓颜色设置为"黑色"，字体加粗，字号为"60"。

（3）复制5个该图形，依次输入文本内容为："4""3""2""1""GO"。

（4）选中"5"所在的圆形，设置动画效果为进入："渐变式缩放"；退出："渐变式缩放"；"开始"设置为"前一动画之后"。

（5）分别选中"4""3""2""1"所在的圆形，设置动画效果为进入："渐变式缩放"；退出："渐变式缩放"；"开始"设置为"前一动画之后"。

（6）选中"GO"所在的图形，设置动画效果为进入："渐变式缩放"。

（7）选中所有图形并右击，在弹出的快捷菜单中选择"中心对齐"命令，完成所有图形的快速对齐。

（8）设置完成后的动画次序如图3-107所示。

图3-107　倒计时动画次序

至此，一个简单的倒计时动画就完成了。

<u>子任务六</u>：切换设置

对演示文稿进行切换设置，可以让页面与页面之间过渡更加自然，增强演示文稿的整体性。操作步骤如下：

（1）任意选中一张幻灯片，单击"切换"选项卡中的"插入"按钮，效果选项设置为"向下"，换片方式设置为"单击鼠标时换片"。

（2）单击"应用到全部"按钮，将切换效果应用到所有幻灯片。

测　评

1. 知识测评

1）填空题

（1）WPS 演示提供了五种类型的动画，分别是_____、_____、_____、_____、_____。

（2）为幻灯片中的同一个对象添加动画时，需要单击动画窗格中的_____。

（3）如果需要调整动画顺序，可以在_____中选中动画，拖动鼠标完成动画顺序的调整。

（4）"_____"是演讲者放映模式对应的换片方式，一般在讲课、会议、报告等场合，需要用幻灯片配合发言时，使用这种换片方式。"_____"是展台自动循环放映模式对应的换片方式，一般在展会、路演等场合，没有演讲者发言，只需要播放幻灯片时采用。

（5）幻灯片放映方式有两种，分别是_____和_____，如果是开会或者演讲，幻灯片放映方式可以设置为_____，如果是参加展会，幻灯片放映方式可以设置为_____。

（6）幻灯片放映方式如果设置为展台自动循环放映，幻灯片的切换方式应该设置为_____。

2）简答题

（1）简述演示文稿动画设计的基本原则。

（2）简述动画设计的目的。

2. 能力测评

按表 3-6 中所列的操作要求，对自己完成的文档进行检查，操作完成得满分，未完成或错误得 0 分。

表 3-6　能力测评表

序　号	操作要求（具体见任务实现）	分　值	完成情况	自评分
1	首页中滚动字幕制作	10		
2	片头字幕制作	20		
3	片尾字幕制作	10		
4	图表动画制作	10		
5	选择题页面动画制作	20		
6	倒计时页面动画制作	20		
7	切换设置	10		
总　分				

3. 素质测评

针对表 3-7 中所列出的素质与素养观察点，反思任务实现的过程，思考总结相关项目，做到即得分，未做到得 0 分。

表 3-7　素质测评表

序　号	素质与素养	分　值	总结与反思	得　分
1	团队精神——具有团队协作精神，善于与他人合作、共享信息，实现信息的更大价值	25		

续表

序号	素质与素养	分值	总结与反思	得分
2	审美素养——具备基本的审美素养，善于通过演示文稿动画制作、放映设置表达美、传递美、分享美	25		
3	红船精神——理解红船精神的内涵、要义，思考当代大学生如何践行红船精神	25		
4	信息意识——具备根据不同的应用需求设置演示文稿放映方式的意识与能力	25		
总分				

拓展训练

本阶段将在任务 1 和任务 2："职业生涯规划"主题演示文稿制作框架和内容页基础上完成幻灯片的动画设计和切换设置。通过动画设计与制作及切换设置，掌握动画设计、切换设置的基本原则、理念和方法，培养想象能力和创新能力。

本阶段的任务是完成"职业生涯规划"动画设计和切换设置，具体要求如下：
（1）演示文稿应用切合主题的切换设置。
（2）结合演示文稿内容、主题表达设计动画。
（3）至少有 6 页幻灯片完成了动画设计。
（4）动画设计体现了技术应用的深度与广度。
（5）动画设计富有想象力和创造力，令人耳目一新。

技巧与提高

AI 生成 PPT 之美化优化

WPS AI-PPT美化

使用 WPS AI 快速生成 PPT 后，可以根据需要从两个层面对 PPT 进行美化和优化。

1. 整体美化

如果想要整体美化已经完成的 PPT，可以通过更换主题的方式进行，有如下两种方式能够完成全文美化。

（1）单击"设计"选项卡中的"更多主题"按钮，进入图 3-108 所示的"主题方案"对话框。在对话框中，可以根据场景需要选择"简约风""商务风"等风格；单击"配色方案"下拉按钮，可以完成对配色方案的选择；单击"字体"下拉按钮，可以完成对字体的选择。设置完成后，单击"确定"按钮，就通过设置主题完成了幻灯片的整体美化。

（2）单击"设计"选项卡中的"全文美化"下拉按钮，选择"全文换肤"命令，进入图 3-109 所示的"全文美化"对话框。全文换肤功能的优势在于通过分类的方式推荐模板。单击"分类"按钮，可以通过对"风格""场景""专区""颜色"的选择确定模板，并在右侧窗格中预览应用模板后的效果，如果对效果满意，单击"应用美化"按钮，即可完成全文美化。

2. 单张幻灯片美化

（1）单击"设计"选项卡中的"单页美化"按钮，进入图 3-110 所示的"美化单页幻灯片"对话框。

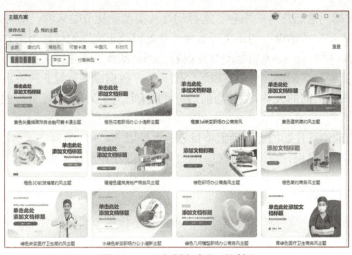

图 3-108 "主题方案"对话框

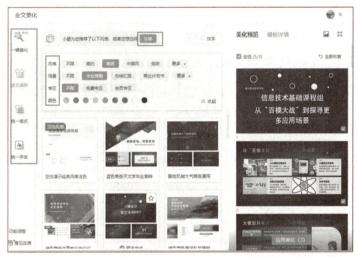

图 3-109 "全文美化"对话框

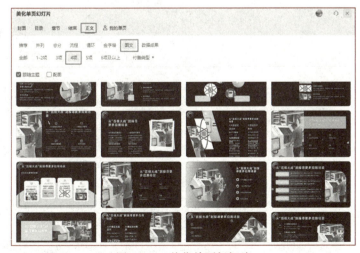

图 3-110 美化单页幻灯片

（2）首先根据当前幻灯片的内容，选择幻灯片类型。从分类来看，幻灯片的种类有"封面""目录""章节""结束""正文"五种，此处以"正文"幻灯片为例。

（3）确定幻灯片类型后，要根据幻灯片内容之间的结构关系选择关系模型。WPS 提供"并列""总分""流程""循环""金字塔""图文""数据成果"等五种关系模型，不同的关系模型对应不同内容之间的关系。假如当前幻灯片既有图片，又有文本，最好的选择是"图文"，此处以"图文"为例。

（4）根据当前幻灯片的内容，确定项目数，此处以"4项"为例。

（5）单击选中的模板，该模板将被应用到当前幻灯片并重新生成。

注　意：

单张幻灯片美化后，原幻灯片仍然存在，用户可根据需要进行删除或保留。

项目 4 信息检索

21世纪是信息化社会,信息检索是人们进行信息查询和获取的主要方式,是查找信息的方法和手段。掌握网络信息的高效检索方法,是现代信息社会对高素质技术技能人才的基本要求。信息检索是信息按一定的方式进行加工、整理、组织并存储,再根据用户的需要将相关信息准确查找出来的过程。

本项目将通过笔记本计算机配置清单检索、专利检索、论文检索、商标检索四个任务的实现,帮助读者理解信息检索的基本概念,了解信息检索的基本流程,掌握常用检索方法,提高信息化办公水平。

知识目标

1. 理解信息检索的基本概念;
2. 了解信息检索的基本流程;
3. 掌握常用搜索引擎的自定义搜索方法,掌握布尔逻辑检索、截词检索、位置检索等检索方法;
4. 掌握通过网页、社交媒体等不同信息平台进行信息检索的方法;
5. 掌握通过期刊、论文、专利、商标、数字信息资源平台等专用平台进行信息检索的方法。

能力目标

1. 能利用平台网站完成笔记本计算机配置清单检索;
2. 能利用万方数据库平台检索、下载论文;
3. 能使用万方数据库、专利检索引擎检索专利信息;
4. 会使用商标平台检索商标信息。

素质目标

1. 具备信息意识:主动寻求恰当的方式获取信息,以有效的方法和手段判断信息的可靠性、真实性、准确性和目的性,对信息可能产生的影响进行预期分析;
2. 具备信息社会责任:了解专利、商标相关的法律法规、遵守伦理道德准则,尊重知识产权,能遵纪守法、自我约束,识别和抵制不良行为。

【强国视界】 国产操作系统如何实现"自立自强"

20世纪60年代中期,中国就已经开始自主计算机和操作系统的研发。真正的转折点始于1989年,时任机电部副部长曾培炎在出国访问时了解到巴西开发了一个操作系统COBRA,回国后在会议上强调:"巴西可以做自主的操作系统,中国也可以做!"从1989年到1999年,COSIX操作系统填补了国产操作系统的空白。

笔记栏

　　1999年前后，中国软件的研发团队从COSIX的UNIX路线快速转型到了Linux，后来改名为麒麟操作系统。2019年前，麒麟操作系统的适配软硬件数量在1万款左右。而到2022年底，已经突破了150万款，成为国内首个突破百万生态的国产操作系统厂商。不仅有软硬件厂商、整机厂商、基础软件厂商，配套的外设厂商也都跟麒麟操作系统建立了适配，包括英特尔、英伟达、Oracle等。

　　目前，麒麟软件已形成服务器操作系统、桌面操作系统、嵌入式操作系统、麒麟云、操作系统增值产品为代表的产品线，旗下品牌包括银河麒麟、中标麒麟、星光麒麟等，既面向通用领域打造安全创新操作系统和相应解决方案，又面向专用领域打造高安全高可靠操作系统和解决方案。已全面应用于多个重点领域与行业，能够同时支持飞腾、鲲鹏、龙芯、申威、兆芯、海光等国产CPU，在安全性、稳定性、易用性和系统整体性能等方面已超国内同类产品，实现国产操作系统的跨越式发展。

任务1　笔记本计算机配置清单检索

任务描述

　　本阶段的任务是通过网络检索，确定适合普通用户使用的中端品牌笔记本计算机，其基本要求如下：

① 主要用于学习、娱乐、办公；
② 价格为6 000~8 000元；
③ 性能稳定，性价比较高；
④ 有稳定的售后服务。

知识准备

1. 笔记本计算机硬件组成

　　笔记本计算机主要由外壳、显示器和主机三大部分组成。主机由主板、接口、键盘、触摸屏、硬盘驱动器、电池等组成，这里只对重要部件进行介绍。

微　课
笔记本电脑配置清单检索

1）外壳

　　笔记本计算机外壳有塑料外壳和金属外壳两大类。塑料外壳成本低、质量小，但机械性能差，容易损坏。金属外壳散热效果和机械性能较好，不易损坏，但成本高。笔记本计算机外壳主要起到保护和固定作用，同时起到美观效果。

2）显示器

　　显示器用于显示用户指令是否执行完成以及执行的结果，是笔记本计算机的输出设备。显示器的主要技术指标有：① 分辨率；② 点距；③ 刷新频率；④ 尺寸。

3）主板

　　笔记本计算机主板是笔记本计算机的核心部分。笔记本计算机的重要组件都依附在主板上，笔记本计算机主板是笔记本计算机中各种硬件传输数据、信息的"立交桥"，它连接整合了显卡、内存、CPU等各种硬件，使其相互独立又有机地结合在一起，各司其职，共同维护计算机的正常运行。

（1）主板的品牌种类。主板的品牌有惠普、戴尔、联想（IBM）、宏碁、华硕、神舟、三星、索尼、东芝、微星、海尔、方正、富士通、苹果、同方、七喜、镭波、技嘉等。图 4-1 所示为惠普 530 笔记本计算机主板的外观。

（2）主板组成：

① 中央处理器。中央处理器（central processor unit，CPU）是计算机的核心部件，在微型计算机中称为微处理器。它是一个超大规模集成电路器件，控制整个计算机的工作。CPU 是计算机的核心，代表着计算机的档次。CPU 型号不同，其性能差别很大。但无论哪种微处理器，其内部结构都基本相同，主要由运算器、控制器及寄存器等组成。

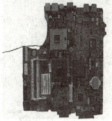

图 4-1　HP530 主板

目前，笔记本计算机主流配置的 CPU 有：英特尔酷睿 i5、英特尔酷睿 i7、英特尔酷睿 i9、AMD Ryzen 9、AMD Ryzen 7、AMD Ryzen 5 等，图 4-2 和图 4-3 分别是 Intel 酷睿 i9 9900K 的正面及背面图。

图 4-2　Intel 酷睿 i9 9900K 正面图

图 4-3　Intel 酷睿 i9 9900K 背面图

② 内存。内存储器直接与 CPU 相连，是计算机工作时必不可少的设备。通常，内存储器分为只读存储器和随机存取存储器两类。

a. 只读存储器（read only memory，ROM）：ROM 中的数据是由设计者和制造商事先编制好固化在里面的一些程序，使用者只能读取，不能随意更改。个人计算机中最常见的 ROM 就是主板上的 BIOS 芯片，主要用于检查计算机系统的配置情况并提供最基本的输入输出（I/O）控制程序。

开机出现计算机商家图标时，按住【F2】键进入 BIOS 界面。大多数计算机是按住【F2】键，部分计算机按【F1】键或其他键，图 4-4 所示为 BIOS 界面。

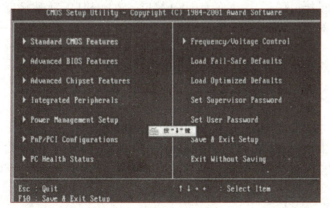

图 4-4　BIOS 界面

b. 随机存取存储器（random access memory，RAM）：RAM 中的数据可读也可写，它是计算机工作的存储区，一切要执行的程序和数据都要先装入 RAM 内。CPU 在工作时将频繁地与 RAM 交换数据，而 RAM 又与外存频繁交换数据。

RAM 的特点主要有两个：一是存储器中的数据可以反复使用，只有向存储器写入新数据时存储器中的内容才被更新；二是 RAM 中的信息随着计算机的断电自然消失，所以说 RAM 是计算机处理数据的临时存储区，要想使数据长期保存起来，必须将数据保存在外存中。

目前微型计算机中的 RAM 大多采用半导体存储器，基本上是以内存条的形式进行组织，其优点是扩展方便，用户可根据需要随时增加内存条。常见内存条的容量有 2 GB、4 GB、8 GB、16 GB 等。使用时只要将内存条插在主板的内存插槽上即可。图 4-5 所示为一款内存条的外观。

图 4-5 内存条外观

③ 高速缓冲存储器（Cache）。Cache 简称高速缓存。内存的速度比硬盘要快几十倍或上百倍，但 CPU 的速度更快，为提高 CPU 访问数据的速度，在内存和 CPU 之间增加了可预读的高速缓冲区 Cache，这样当 CPU 需要指令或数据时，首先在缓存中查找，能找到就无须每次都去访问内存。Cache 的访问速度介于 CPU 和 RAM 之间，从而提高了计算机的整体性能。

④ 总线。总线是一组连接各个部件的公共通信线，即系统各部件之间传送信息的公共通道。按其传送的信息可分为数据总线、地址总线和控制总线三类。

⑤ 扩展槽。主板与外围设备的连接是通过主板上的各种 I/O 总线插槽实现的，主板扩展槽数是指服务器的主板支持的 PCI 扩展槽、AGP 扩展槽等的数量。主板上这种扩展槽越多，升级的空间越大，一般来讲，好的主板应该有五个以上的扩展槽。

4）接口

笔记本计算机的接口很多，常见的有 USB 接口、VGA 接口、光驱接口、读卡器接口、电源接口、音频接口和 RJ-45 网线接口等。

5）触摸板

触摸板相当于台式机的鼠标，用来移动指针。

现在的笔记本计算机一般采用触摸板，分为手指移动区、左键和右键三部分。

6）硬盘

硬盘是计算机中非常重要的存储设备，它对计算机的整体性能有很大影响。传统的机械硬盘盘片由硬质合金制造，表面被涂上了磁性物质，用于存放数据。机械硬盘具有存储容量大、读写速度快和稳定性好等特点，目前微型机上使用的硬盘容量常见的有 1 TB、4 TB 等。机械硬盘外观和内部构成如图 4-6 和图 4-7 所示。

图 4-6　机械硬盘外观

图 4-7　机械硬盘内部构造

目前个人计算机都会配置固态硬盘，固态硬盘是由固态电子存储芯片阵列制成的硬盘，由控制单元和存储单元（Flash 芯片、DRAM 芯片）组成。固态硬盘可提升开关机速度、系统流畅度等。相比机械硬盘，固态硬盘具有噪声小、发热少、体积小、读写速度快等特点。

硬盘在使用前要进行分区和格式化，在 Windows 中的"此电脑"窗口中可以看到 C、D、E 等，就是硬盘进行逻辑分区的结果。

2. 网络信息检索方式

1）使用网站分类目录检索信息

许多网站如京东、天猫、新浪、搜狐等信息平台专门收集相关的信息，并以链接的方式将其组织起来编制成分类目录提供给网络用户使用。

所谓分类目录就是把同一类内容的网络信息放在一起并按一定顺序排列，大主题下又包含若干小主题，通过目录分级不断将信息分类细化。用户只需通过分级目录，就能找到相关信息。这种搜索方法使用简单，但是由于分类目录编制需要人工介入，维护量大，信息更新不够及时，建立的搜索索引覆盖面受到限制，因此搜索范围相对较小，效率较低。

2）使用搜索引擎检索信息

所谓搜索引擎，就是根据用户需求与一定算法，运用特定策略从互联网检索出指定信息反馈给用户的一门检索技术。搜索引擎依托于多种技术，如网络爬虫技术、检索排序技术、网页处理技术、大数据处理技术、自然语言处理技术等，为信息检索用户提供快速、高相关性的信息服务。搜索引擎技术的核心模块一般包括爬虫、索引、检索和排序等，同时可添加其他一系列辅助模块，为用户创造更好的网络使用环境。

目前因特网上的搜索引擎数量众多，如百度、谷歌、好搜等网站一般都具有逻辑检索、单词检索、词组检索、截词检索、字段检索的功能。

3）使用数据库检索信息

国内有不少机构将其拥有的数据库上网，访问网络数据库是用户获取学术性信息的最有效方法，比如超星数字图书馆、万方数据库资源系统、中国维普数据库、CNKI 中国知网数据库、龙源数据库等，还有一些专利、标准、法律法规等特种文献数据库，每个数据库都各有特点，是专门从事信息服务的公司或机构研制开发的，其收集的信息系统，完整且更新速度快，检索途径多样。这些网络数据库是科研、生产、学术研究等的重要信息来源。

4）使用网络参考工具书检索信息

许多年鉴、字典、词典、手册、名录、百科全书、表谱等中文工具书都有网络版，网络参考工具书通过利用先进的检索技术，增加许多新的检索功能和检索入口，让各类读者能快速找到所需信息资源，更新速度比印刷出版物快。

任务实现

子任务一：明确检索任务

根据任务描述，检索目标为用于学习、娱乐、办公，价格 6 000~8 000 元，性能稳定，性价比较高，有稳定的售后服务的笔记本计算机配置清单。

子任务二：选择检索方式

要检索笔记本计算机的配置清单，首先要从品牌官网获取商品指导价和标准配置，然后在京东、天猫等购物平台检索同品牌同款式的笔记本计算机的配置清单及销售价格，最后通过搜索引擎检索同款式的笔记本计算机的评测信息，最后确认品牌、类型、价格及配置清单。

子任务三：实施检索任务

接下来以联想笔记本计算机的检索为例介绍检索任务的实现。

1. 通过联想官网获取指导价和标准配置

（1）通过百度检索"联想官网"，打开联想官网的网址。

（2）通过导航栏打开"商城"，在左侧商品列表中选择"ThinkPad 电脑"。

（3）根据检索要求，选择价格在 6 000~8 000 元的一款笔记本计算机，如 ThinkPad E14 AI 2024。

（4）单击导航栏中的"配置信息"选项，可以看到该型号笔记本计算机的配置清单。

2. 京东商城检索确认计算机价格和配置

（1）进入京东商城网站。

（2）在京东首页搜索框中输入 ThinkPad E14 AI 2024，如图 4-8 所示，单击"搜索"按钮。

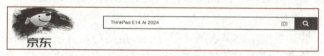

图 4-8 京东搜索框

（3）单击进入相关页面，查看配置参数、价格、评价等内容。

（4）对比其他类似产品参数、价格、评价等，再次确认检索目标。

3. 百度评测信息

（1）打开百度搜索。

（2）输入关键词"ThinkPad E14 AI 2024 评测"，检索结果部分内容如图 4-9 所示。

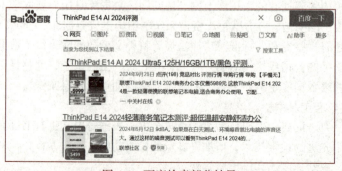

图 4-9 百度检索部分结果

（3）单击相关链接，查看评测结果。
（4）分析评测结果，最后确定检索目标。

子任务四：收藏有效页面

假如对检索结果比较满意，可以通过书签收藏有效页面，便于后期查看，下面以谷歌浏览器为例进行说明：

（1）打开谷歌浏览器，单击地址栏右侧的"自定义及控制 Google Chrome"按钮。

（2）选择"书签和清单"→"书签管理器"命令，打开图 4-10 所示的书签管理器窗口。

（3）选中"笔记本电脑检索"书签，单击网页右侧"整理"下拉按钮，选择"添加新文件夹"，文件命名为"联想电脑检索结果"。

（4）打开京东、联想、评测结果等需要收藏的页面。为网页添加书签，需要单击地址栏中的星形按钮，进入图 4-11 所示对话框，名称默认为网页原名，单击即可修改，文件夹选择"联想电脑检索结果"。添加书签后，以后如果要打开页面，只需单击收藏好的书签即可进入页面。

图 4-10　谷歌浏览器书签管理器窗口

图 4-11　书签对话框

测　　评

1. 知识测评

1）填空题

（1）中央处理器（central processor unit，CPU）是计算机的核心部件，在微型计算机中称为_____。包含两个逻辑部件，分别是_____和_____。

（2）分辨率是指显示器屏幕水平和垂直方向显示的点数，如 1024×768。"1024"是指屏幕_____点数，"768"是指屏幕_____的点数。

（3）_____是同一像素中两种颜色相近的荧光粉之间的距离。间距越_____，显示的图像越细腻，成本越高。

（4）_____被称为信息的"立交桥"，连接整合了显卡、内存、CPU 等硬件，使其相互独立又有机地结合在一起，各司其职，共同维持计算机的正常运行。

（5）_____是一组固化到计算机内主板上一个 ROM 芯片上的程序，它保存着计算机最重要的基本输入输出程序、开机后自检程序和系统自启动程序，其主要功能是为计算机提供底层的、最直接的硬件设置和控制。

（6）_____中的数据可读也可写，它是计算机工作的存储区，一切要执行的程序和数据都要先装入其中。

2）简答题

（1）列举常用的搜索引擎。
（2）简述笔记本计算机配置清单检索的基本步骤。

2. 能力测评

按表 4-1 中所列的操作要求，对自己完成的任务进行检查，操作完成得满分，未完成或错误得 0 分。

表 4-1 能力测评表

序 号	操作要求（具体见任务实现）	分 值	完成情况	自 评 分
1	能在品牌官方网站检索到 6 000~8 000 元的笔记本计算机	10		
2	能在京东商城检索到同款计算机，并查阅到详细配置清单	10		
3	能通过搜索引擎查看检索目标的测评信息	10		
4	能将 1~3 个有效页面添加为标签，并将三个标签页面建立文件夹	10		
5	能读懂检索到的笔记本计算机清单各参数	60		
	总　　分			

3. 素质测评

针对表 4-2 中所列出的素质与素养观察点，反思任务实现的过程，思考总结相关项目，做到即得分，未做到得 0 分。

表 4-2 素质测评表

序 号	素质与素养	分 值	总结与反思	得 分
1	信息意识——具备依据不同的任务需求，主动比较不同的信息源，确定合适的信息获取渠道的意识	25		
2	信息社会责任——信息检索过程中能遵守相关法律法规，信守信息社会的道德与伦理准则	25		
3	数字化创新与发展——具备使用分类检索、搜索引擎等进行信息资源的获取、加工和处理的意识与能力	25		
4	计算思维——具备根据检索需要选择检索方式与检索工具的能力	25		
	总　　分			

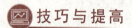

利用本次任务所学的检索知识，完成以下检索任务：公司需要为每位职工的计算机配置一块移动硬盘，用于资料备份。具体要求如下：

（1）2 TB 固态硬盘。

（2）基于数据安全考虑，要求移动硬盘具有指纹识别、硬件加密等功能。

技巧与提高

搜索引擎使用技巧

1. 搜索技巧

使用搜索引擎进行信息搜索，有如下使用技巧：

1）善用关键词

去掉形容词、副词，只留名词作为主干信息来搜索。

2）多个关键词

搜索的内容同时包含 2 个或以上的关键词，用空格隔开，如"大米 小麦"。

当搜索的内容只需要包含多个关键词中的任意 1 个，用竖线（｜）隔开，如"大米｜小麦"。

3）巧用关键词组合

可以通过不同关键词的组合，来挖掘出更多隐含的信息。假如想在北京找一个大型场馆，不要直接搜索"北京 场馆"，而是搜索"北京 演唱会"，就能搜到以往在北京开过演唱会的场地。

4）用减号"-"避开干扰信息

让搜索的内容不包含某些关键词，可以使用"-"，如"大米 - 广告 - 推广"，可以避免广告。（注意：减号前面有空格，后面没空格。）

5）精准搜索

想搜索一句话，可以加个书名号，如"《梅花香自苦寒来》"，搜索出来的页面只会出现完整的一句话相关的页面，而不会出现只跟"梅花"或"香"有关的信息页面。

6）只搜索标题中有关键字网页

加个搜索指令：intitle，如"intitle：大米"，就只搜索出标题中含大米的网页。

2. 高级搜索

很多搜索引擎在提供普通搜索页面的同时，也提供高级搜索选项供用户使用，下面以百度为例说明高级搜索的应用。

（1）打开百度页面，单击右上角的"设置"按钮，选择"高级搜索"命令，如图 4-12 所示。

图 4-12　百度搜索

（2）进入百度"高级搜索"窗口，如图 4-13 所示。

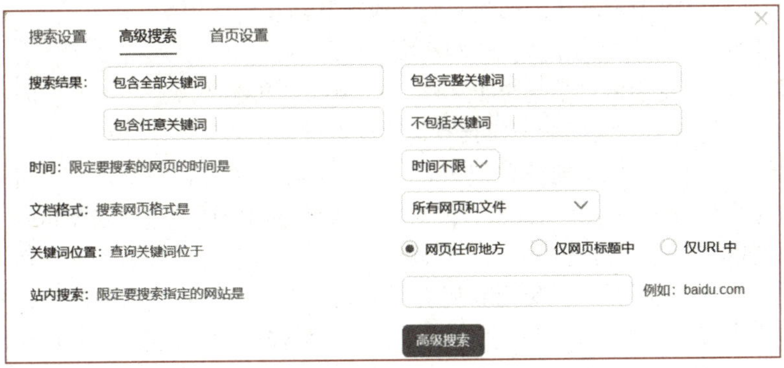

图 4-13　百度高级搜索窗口

（3）在窗口中可对关键词、搜索时间、文档格式、关键词位置、站内搜索等选项进行设置。此处不再赘述。

任务 2　专利检索

专利权是一种财产权,属于知识产权的范畴。我国专利主要分为三大类型:发明专利、实用新型专利和外观设计专利。同时,专利必须具备"三性"标准:新颖性、创造性和实用性。专利文献是实行专利制度的国家、地区及国际性专利组织在依法受理、审批专利过程中产生的各种官方文件及其出版物的总称,是专利的具体体现。

任务描述

近日,华为技术有限公司公开"辅助化妆方法、终端设备、存储介质及程序产品"专利,公开号为 CN113496459A。请利用专利数据库,查询该专利的摘要信息。

知识准备

一、我国专利的分类

《中华人民共和国专利法》第二条规定:发明创造是指发明、实用新型和外观设计。

1. 发明专利

发明是指针对产品、方法或其改进所提出的新技术方案。与实用新型专利不同的是,发明专利既可以是产品,也可以是方法,而实用新型专利则必须是产品。发明专利的保护期是国内专利分类中最长的,长达 20 年。

(1)产品发明:是指该发明技术方案实施后是以有形物品表现的。例如,太阳能、交流、直流三合一手机电池充电器(CN201910022907.4)。

(2)方法发明:是指把一种物品或者物质改变成另一种状态或另一种物品或物质所利用的手段和步骤的技术方案。例如,手机短信屏蔽控制方法(CN201910021319.9)。

2. 实用新型专利

实用新型是指针对产品的形状、结构或者组合提出的适合实用的新技术方案,俗称小发明,它与发明的不同点如下:

(1)实用新型仅限于对产品的形状、构造或者其结合所作出的发明,即它只能是对机械、设备、装置、器具、日用品等产品的新的设计。

(2)实用新型比发明的创造性要低一些,以我国专利法的规定为例,发明应具有突出的实质性特点和显著的进步,实用新型应具有实质性特点和进步。

(3)保护方式:一般以注册或登记的方式保护。我国实行登记方式。我国专利法虽然规定了实用新型应当具备发明专利的条件,但对实用新型专利申请只进行初步审查(形式审查)而不进行实质性审查,至于其是否符合专利性条件,一般是在专利侵权纠纷中解决。

(4)保护期限比发明要短。我国专利法规定的实用新型指对产品的形状、构造及其结合提出的新的技术方案。相对于发明专利,其创造性水平较低,保护期为 10 年。例如,可翻面的手表式 MP3 播放器(CN201920194918.2)只能申请实用新型专利。

3. 外观设计专利

外观设计是指针对产品的形状、图案或其组合以及颜色、形状、图案的组合所作出的富有美感且适合工业应用的新设计。一般来说，所有涉及产品外观的原创设计，都可以申请外观设计专利，在 2021 年 6 月 1 日之后，外观设计专利的保护期由 10 年延长至 15 年。

在保护方式上，大多数国家是采用注册制或登记制，我国专利法也是注册制，要求申请人提交表示该外观设计的物品的图片或照片，写明该外观设计所适用的产品。更确切地说外观设计是保护工业品外表的艺术造型。

二、专利编号

1. 申请号

申请号指的是国家知识产权局受理一件专利申请时，予以该专利申请的一个标识号码。对一件中国专利来讲，申请号是唯一的。换句话说，某一件专利的申请号确定之后，不会改变。另外，该申请号也不会使用到别的专利上，换句话说申请号与专利是一一对应的。申请号就像身份证号，申请号便是一件专利的身份证号，图 4-14 所示框中号码即为该项专利的申请号。

专利申请号包括 5 部分，共计 16 位，由数字、字母及特殊符号构成，分别是：国家或地区码、年号、种类号、流水号和校验位。下面以 CN202410348498.4 为例介绍。

图 4-14 申请号示例

（1）国家或地区码：通常是两位标识，字母方式。标识的是专利的受理国家或地区的缩写，中国专利是 CN。国家或地区码信息，通常会被加工成受理国家字段，供专利检索分析应用。

（2）年号：通常用 4 位标识，数字方式，用公元纪年的方式标识该专利受理的年份（一定要注意，是受理年份并非申请年份）。早一些的中国专利申请号并不完全符合以上规则，比如专利 CN96191563.3。那是由于现有的专利申请号标准是在 2003 年 10 月 1 日起实施的，而在此之前受理的专利申请号规则中，年号标识仅有两位，仅标识受理年份的后两位。

（3）种类号：第 5 位数字表示申请种类。具体如下：
1= 发明专利申请；
2= 实用新型专利申请；
3= 外观设计专利申请；
8= 进入中国国家阶段的 PCT 发明专利申请；
9= 进入中国国家阶段的 PCT 实用新型专利申请。

（4）流水号：后 5 位数字为申请流水号。

（5）校验位：小数点后面一位数是计算机的校验码，是用前 8 位数依次与 2、3、4、5、6、7、8、9 相乘，第 9 位到第 12 位依次与 2、3、4、5 相乘，将它们的乘积相加所得之和，用 11 除后所得的余数。当余数大于或等于 10 时，用 x 表示。

2. 专利号

是指专利申请人获得专利权后，国家知识产权局颁发的。专利证书上专利号为：ZL（专利的首字母）+ 申请号，只有专利获得审批后才会有专利号。

3. 公开（公共号）

专利公开号与专利公告号的编排规则基本相同，组成方式为"国家或地区码 + 分类号 + 流水号 + 标识代码"。以 CN1340998A 号专利为例，表示中国的第 340998 号发明专利。

三、中国专利文献的检索工具

中国专利文献的检索主要有三种方式：一是利用印刷型检索和《中国专利文摘》。这些检索工具的检索途径主要有号码工具，如《专利公报》《中国专利索引》《中国专利分类文摘》《中国专利文献》等。这些检索工具的检索途径主要有号码途径、名称途径、主题途径、分类途径和优先权项途径等。二是利用光盘型检索系统，如《中国专利文摘数据库》和《中国专利说明书数据库》。三是通过网络型检索系统，如中国国家知识产权局专利检索系统、中国专利信息网和中国知识产权网、万方数据知识服务平台等。国内主要联机检索系统都有专利数据库，如中国专利局专利信息检索系统、中国科技信息研究所联机检索系统等。在实际检索中，由于计算机检索方便快捷，任何一个检索界面上的入口都可以作为检索途径。

任务实现

下面以万方数据检索为例说明华为该项专利的检索过程。

（1）打开万方数据库，登录网站。
（2）在上方导航栏中选择"专利"，如图4-15所示。

图4-15 万方数据

（3）单击万方智搜搜索框，将出现"题名、摘要、申请号/专利号、公开号/公告号、申请人/专利权人、发明人/设计人、主分类号、分类号"等搜索项。单击其中的"题名"，输入本次检索的华为专利题名："一种可折叠电子设备"，单击"搜索"按钮，打开图4-16所示的搜索结果列表。搜索结果列表中默认按照相关度进行降序排序，付费用户可以在线阅读、下载或者进行引用。

图4-16 通过题名搜索

（4）单击在线阅读，打开该项专利首页，可以看到该专利的摘要、专利类型、申请/专利号、申请日期、公开/公告号、申请/专利权人、发明/设计人、主权项等信息。

测 评

1. 知识测评

1）填空题

（1）专利必须具备"三性"标准：分别是_____、_____和_____。

（2）发明专利的保护期是国内专利分类中最长的，长达_____年；实用新型专利的保护期限是_____年；在2021年6月1日之后，外观设计专利的保护期由10年延长至_____年。

（3）专利号由_____和_____构成。

（4）申请号前的两位字母CN表示_____。

（5）如果申请号的第5位数字是1表示_____、2表示_____、3表示_____、8表示_____、9表示_____。

2）简答题

（1）依据专利法，专利保护对象分为哪三种类型？各自的含义是什么？

（2）列举常用的专利检索工具。

2. 能力测评

按表4-3中所列的操作要求，对照自己的操作过程，操作完成得满分，未完成或错误得0分。

表4-3　能力测评表

序号	操作要求（具体见任务实现）	分值	完成情况	自评分
1	能够使用万方数据库按照题名对华为专利进行检索并在线浏览、下载	25		
2	能够使用万方数据库按照公开号对华为专利进行检索并在线浏览、下载	25		
3	能够使用万方数据库按照专利号对华为专利进行检索并在线浏览、下载	25		
4	能够使用Soopat专利检索引擎按照对华为专利的公开号进行检索、并查看相关专利扉页	25		
总　分				

3. 素质测评

针对表4-4中所列出的素质与素养观察点，反思任务实现的过程，思考总结相关项目，做到即得分，未做到得0分。

表4-4　素质测评表

序号	素质与素养	分值	总结与反思	得分
1	信息意识——理解信息是按一定的方式进行加工、整理、组织并存储起来的，信息检索则是人们根据特定的需要将相关信息准确地查找出来的过程，具备使用信息检索解决工作、学习、生活问题的意识和能力	30		
2	数字化创新与发展——阐述个人在产品发明、方法发明、实用新型、外观设计等方面的创新思想	30		
3	信息社会责任——专利权是一种财产权，属于知识产权的范畴。列举专利权领域中的典型案件及启示	40		
总　分				

拓展训练

利用国家知识产权局网站、万方数据库，检索满足以下条件的专利信息：
（1）含有"CPU"关键字的专利信息；
（2）公开号为 CN220482974U 的专利信息；
（3）主分类号为 A47B27 的专利信息。

技巧与提高

专利高级检索

1. 万方专利高级检索

（1）打开万方数据库，在上方导航栏中选择"专利"。
（2）单击"高级检索"，进入图 4-17 所示的"高级检索"窗口。

图 4-17　万方专利高级检索窗口

（3）单击检索信息右侧加号 ⊕ 按钮，可添加检索条件，单击减号 ⊖ 按钮，可减少检索条件。
（4）单击逻辑"与"下拉按钮，可选择逻辑运算符。
（5）单击"题名"下拉按钮，可选择条件选项。
（6）图 4-17 所示的对话框表示检索"主题"包含关键字"人工智能"并且"题名"中包含关键字"图像识别"的专利。
（7）图 4-18 是检索列表中的部分结果。

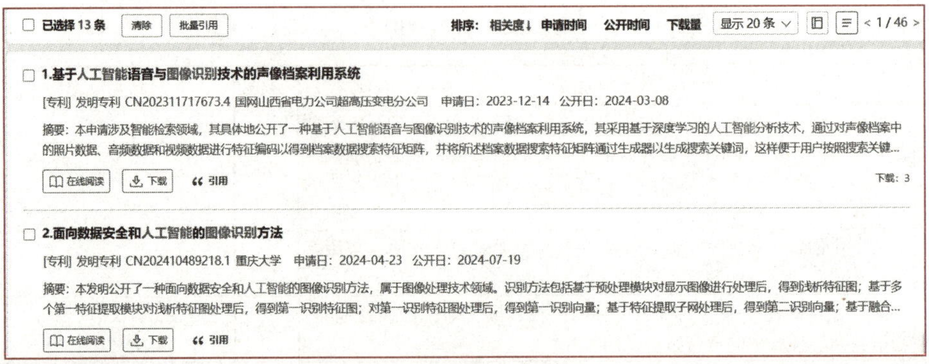

图 4-18　部分检索结果

2. 国家知识产权局专利检索

在国家知识产权局网站输入专利公开号进行查询的步骤如下：

（1）进入国家知识产权局网站，在其右下角单击"专利公布公告"，如图 4-19 所示。

图 4-19　国家知识产权局专利检索

（2）进入"中国专利公布公告"页面，如图 4-20 所示。

图 4-20　中国专利公布公告页面

（3）在搜索框中输入申请号、公布公告号或其他相关内容，此处输入华为专利的公告号 CN118232005A，单击"搜索"按钮，即可看到该专利的扉页信息。

任务 3　论文检索

科技发展成果大部分首先以论文成果形式向社会发布。从业人员要学习研究科技成果，首先应从论文成果开始。论文成果包括各类期刊历年发表的学术论文，还包括硕士学位论文、博士学位论文、会议论文等。

任务描述

检索并下载符合如下条件的论文：

（1）检索关键词同时包含"人工智能"和"大数据"的论文，并按照"被引频次"排序，下载排位第一的论文。

（2）检索关键词含有"人工智能"或"大数据"的论文，并按照"出版时间"排序，下载排位第一的论文。

（3）检索关键词含有"大数据"但不含有"人工智能"的论文，并按照"下载量"排序，下载排位第一的论文。

知识准备

一、CNKI 中国知网论文检索

CNKI（china national knowledge infrastructure）中国知网，始建于1999年6月，知网作为国家知识基础设施的概念，由世界银行于1998年提出。通过与期刊界、出版界及各内容提供商达成合作，中国知网已经发展成为集期刊杂志、博士论文、硕士论文、会议论文、报纸、工具书、年鉴、专利、标准、国学、海外文献资源为一体的、具有国际领先水平的网络出版平台。

1. CNKI 中国知网 PC 端检索下载

1）访问方法

打开中国知网首页，如图 4-21 所示。

图 4-21　中国知网首页

2）用户登录

中国知网提供单位用户和个人用户服务。

高等院校、科研院所、政府机关、科技型企业和公共图书馆会购买中国知网产品，为单位工作人员或读者提供中国知网论文检索下载服务。一般各个单位会将该单位的 IP 地址段提供给中国知网，用户在该单位内部访问中国知网，能根据 IP 地址自动登录。购买中国知网的单位也会获取部分漫游账号和密码，通过一定渠道发布给单位人员，单位人员可在单位范围外计算机访问登录中国知网，即可完成论文检索和下载。

个人用户可以通过 QQ、微信、网易账号、新浪微博、手机号码注册，注册后可以检索论文，当需要下载论文全文时，则需要根据论文篇幅付费，付费方式可采用微信支付、支付宝支付、银联卡、手机卡等付费。

3）CNKI 中国知网论文检索

中国知网含有期刊论文、博士学位论文、优秀硕士论文、会议论文、报纸文章、年鉴、工具书、专利、标准和科技成果等类型文献，为方便用户，中国知网提供跨库检索和单库检索。

（1）跨库检索。在 CNKI 主页上单击"文献检索"选项卡，在下拉菜单中可选定检索项，有主题、关键词、篇名、全文、作者、单位、摘要、中图分类号、文献来源等检索项，在检索词文本框中输入检索词，如输入"图像识别"，单击右侧的"检索"按钮或按【Enter】键，即可完成检索，如图 4-22 所示。

默认跨库检索是检索期刊、博硕、会议、报刊四个库，如用户需要，可勾选其他文献库。

（2）单库检索。用户也可自行选定某一个库进行检索，各个单库检索界面和方法均是一样的，假如需要在"学术期刊"库中检索"图像识别"关键字文献，仅需在检索之后，单击导航栏"学术期刊"选项即可，如图 4-23 所示。

图 4-22 "图像识别"检索结果列表

图 4-23 单库检索

（3）检索结果浏览。检索结果将通过列表形式显示。可通过"相关度""发表时间""被引""下载""综合"等条件进行排序。

4）论文下载

有两种文件格式可供选择，分别是"CAJ 下载"和"PDF 下载"，单击即可将论文全文下载到用户计算机中。单位用户登录后即可完成下载，个人用户需要付费后才可以下载。

2. CNKI 中国知网移动端介绍

中国知网推出的一款移动服务工具——CNKI 全球学术快报，又称"移动知网"，提供知识移动服务，促进资源共享和移动应用，可提供检索、下载、个性化定制、即时推送、读者关注点追踪、内容智能推荐、全文跨平台云同步等功能，实现机构漫游权限管理与账号绑定，帮助读者获取最新学术研究与产业应用前沿动态。

二、维普网论文检索

维普网创建于 2000 年。经过多年的商业运营，维普网已经成为全球著名的中文专业信息服务网站。维普网包含《中文科技期刊数据库》《外文科技期刊数据库》《中国科技经济新闻数据库》《医药信息资源系统》《航空航天信息资源系统》以及智立方文献资源发现平台、中文科技期刊评价报告、中国基础教育信息服务平台、维普 -Google 学术搜索平台、维普考试资源系统、图书馆学科服务平台、文献共享平台等系统。

（1）打开维普网首页，如图 4-24 所示。

图 4-24　维普网首页

（2）未登录用户，可以检索论文，登录用户可以下载论文全文。

（3）可以通过标题、期刊、作者、关键词等方式进行检索，检索方式与其他数据库类似。

三、超星期刊论文检索

超星期刊提供流媒体格式阅读，多终端同步，无并发、使用次数、时间、空间等的限制，重点解决个性化阅读需求的采集、专业化阅读线索和阅读方案的提供、社区化阅读的交流与传播、线上阅读和线下阅读的互动以及知识的全媒体解读与可视化呈现，开创全新移动开放评价体系。

1. 超星期刊访问

超星期刊首页如图 4-25 所示。

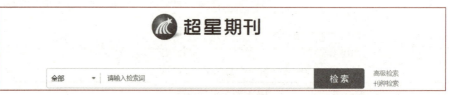

图 4-25　超星期刊首页

2. 检索与下载

超星期刊提供关键词检索，界面非常简洁，仅有一个检索条。用户可选择全部、主题、标题、刊名、作者、机构等作为检索项，检索结果列表可按照发表时间、被引量、阅读量排序，每篇论文列出篇名、作者、来源期刊等信息，如图 4-26 所示。

图 4-26　超星期刊检索结果页

四、高级检索技术

1. 布尔逻辑检索

在计算机信息检索中，单独的检索词一般不能满足课题的检索要求，19 世纪由英国数学家乔治·布尔提出来的布尔逻辑运算符的运用，在一定程度上满足了用户的检索需求。布尔逻辑检索是最常用的计算机检索技术，一些检索系统中 AND、OR、NOT 运算符可分别用 *、+、- 代替。

布尔逻辑检索是运用布尔逻辑运算符对检索词进行逻辑组配，以表达两个检索词之间的逻辑关系。常用的组配符有 and（与）、or（或）、not（非）三种。图 4-27 所示为布尔逻辑示意图。

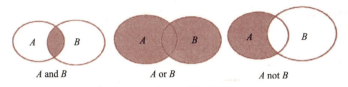

图 4-27　布尔逻辑示意图

2. 截词检索

在数据库检索时，常常会遇到词语单复数或英美拼写方式不同，词根相同、含义相同词尾形式不同等情况，为了减少检索词的输入，提高检索效率，通常使用"？""*""$""！"等截词符加在检索词的前后或中间，以扩大检索范围，提高查全率。计算机在查找中如遇截词符号，将不予匹配对比，只要其他部位字符相同，即算命中。按截词位置不同可以分为前方截词、后截词和中间截词三种。

任务实现

下面以万方数据知识服务平台为例，说明任务的实现方法。

子任务一：检索关键词同时包含"人工智能"和"大数据"的论文，并按照"被引频次"排序，下载排位第一的论文

（1）打开万方数据库，登录网站。
（2）在导航栏中选择"期刊"，单击搜索框右侧的"高级检索"按钮。
（3）单击第一个检索框左侧"题名"下拉按钮，选择"题名或关键词"，关键词输入"人工智能"。单击第二个检索框左侧"题名"下拉按钮，选择"题名或关键词"，关键词输入"大数据"，运算符处确认为"与"，如图 4-28 所示。

图 4-28　检索信息设置

（4）单击"检索"按钮，系统将完成对相关论文的检索，在排序处选择"被引频次"，检索列表将按照"被引频次"进行降序排序，如图 4-29 所示。

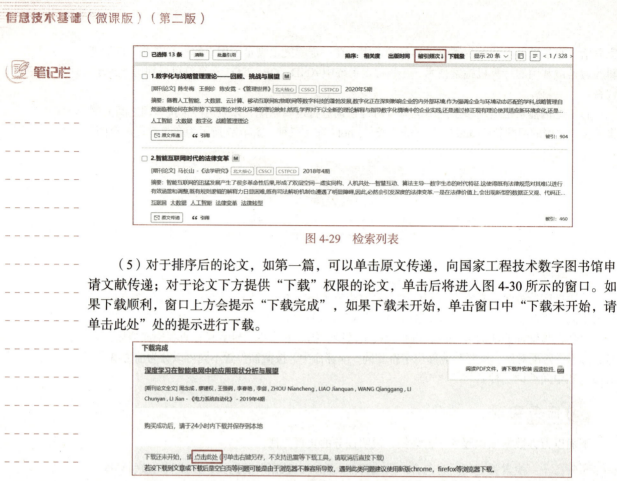

图 4-29　检索列表

（5）对于排序后的论文，如第一篇，可以单击原文传递，向国家工程技术数字图书馆申请文献传递；对于论文下方提供"下载"权限的论文，单击后将进入图 4-30 所示的窗口。如果下载顺利，窗口上方会提示"下载完成"，如果下载未开始，单击窗口中"下载未开始，请单击此处"处的提示进行下载。

图 4-30　下载页面

子任务二： 检索关键词含有"人工智能"或"大数据"的论文，并按照"出版时间"排序，下载排位第一的论文

（1）在高级检索窗口中，单击第一个检索框左侧"题名"下拉按钮，选择"题名或关键词"，关键词输入"人工智能"，单击运算符"与"下拉按钮，选择"或"，单击第二个检索框左侧"题名"下拉按钮，选择"题名或关键词"，关键词输入"大数据"，如图 4-31 所示。

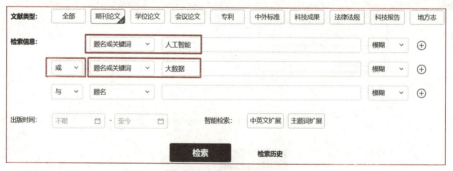

图 4-31　高级检索窗口

（2）单击"检索"按钮，系统将完成对相关论文的检索，在排序处选择"出版时间"，检索列表将按照"出版时间"进行降序排序。

（3）单击排序第一位的论文进行下载即可。

子任务三：检索关键词含有"大数据"但不含有"人工智能"的论文，并按照"下载量"排序，下载排位第一的论文

（1）在高级检索窗口中，单击第一个检索框左侧"题名"下拉按钮，选择"题名或关键词"，关键词输入"大数据"，单击运算符"与"下拉按钮，选择"非"，单击第二个检索框左侧"题名"下拉按钮，选择"题名或关键词"，关键词输入"人工智能"，如图 4-32 所示。

图 4-32 检索条件窗口

（2）单击"检索"按钮，系统将完成对相关论文的检索，在排序处选择"下载量"，检索列表将按照"下载量"进行降序排序。

（3）单击排序第一位的论文进行下载即可。

测 评

1. 知识测评

1）填空题

（1）逻辑"与"的运算符是_____、逻辑"或"的运算符是_____、逻辑"非"的运算符是_____。

（2）CNKI 是_____。

（3）若要同时检索"Software（软件）"和"Hardware（硬件）"，可使用_____。

2）简答题

列述常用的论文检索数据库。

2. 能力测评

按表 4-5 中所列的操作要求，对照自己的操作过程，操作完成得满分，未完成或错误得 0 分。

表 4-5 能力测评表

序 号	操作要求（具体见任务实现）	分 值	完成情况	自 评 分
1	能够使用万方数据库检索关键词同时包含"人工智能"和"大数据"的论文，并按照"被引频次"排序，下载排位第一的论文	25		
2	能够使用万方数据库检索关键词含有"人工智能"或"大数据"的论文，并按照"出版时间"排序，下载排位第一的论文	25		

续表

序 号	操作要求（具体见任务实现）	分 值	完成情况	自 评 分
3	能够使用万方数据库检索关键词含有"大数据"但不含有"人工智能"的论文，并按照"下载量"排序，下载排位第一的论文	25		
4	能够使用知网、维普、超星数据库进行论文检索	25		
总 分				

3. 素质测评

针对表 4-6 中所列出的素质与素养观察点，反思任务实现的过程，思考总结相关项目，做到即得分，未做到得 0 分。

表 4-6 素质测评表

序号	素质与素养	分值	总结与反思	得分
1	信息意识——论文发表前，都要进行论文查重，请通过网络搜索，列出论文查重网站及方法	25		
2	数字化创新与发展——结合专业及课程，拟定毕业论文写作的方向及题目	25		
3	信息社会责任——列举论文学术不端领域的典型案件及启示	25		
4	计算思维——通过阅读专业论文，简述论文的结构	25		
总 分				

拓展训练

利用万方数据库，检索并下载符合如下条件的论文：

（1）检索关键词同时包含"量子计算"和"人工智能"的论文，并按照"被引频次"排序，下载排位第一的论文。

（2）检索关键词含有"量子计算"或"人工智能"的论文，并按照"出版时间"排序，下载排位第一的论文。

（3）检索关键词含有"量子计算"但不含有"人工智能"的论文，并按照"下载量"排序，下载排位第一的论文。

技巧与提高

专业检索及按作者检索

在万方数据检索中，还提供了专业检索和按作者检索两种方式。

1. 万方专业检索

万方智搜支持逻辑运算符、双引号以及特定符号的限定检索，可以使用运算符构建的检索表达式。

专业检索可以使用双引号（""）进行检索词的精确匹配限定。

例如，题名或关键词：((" 协同过滤 " and " 推荐算法 ") or (" 协同过滤 " and " 推荐系统 " and " 算法 ") or (" 协同过滤算法 "))，如图 4-33 所示。

图 4-33　专业检索举例

2. 作者发文检索

万方数据检索可以通过输入作者名称和作者单位等字段来精确查找相关作者的学术成果，系统默认精确匹配，可以自行选择精确还是模糊匹配。同时，可以通过单击输入框前的"+"号增加检索字段。若某一行未输入作者或作者单位，则系统默认作者单位为上一行的作者单位。如图 4-34 所示，检索得到武汉大学同时包含李丽和李伟两位作者的检索结果。

图 4-34　作者发文检索

任务 4　商标检索

商标（trade mark）是一个专门的法律术语。商标是用以识别和区分商品或者服务来源的标志。任何能够将自然人、法人或者其他组织的商品与他人的商品区别开的标志，包括文字、图形、字母、数字、三维标志、颜色组合和声音等，以及上述要素的组合，均可以作为商标申请注册。

品牌或品牌的一部分在政府有关部门依法注册后，称为"商标"。商标受法律保护，注册者有专用权。国际市场上著名的商标，往往在许多国家注册。中国有"注册商标"与"未注册商标"之区别。注册商标是在政府有关部门注册后受法律保护的商标，未注册商标则不受商标法律的保护。

任务描述

某眼镜公司为加强公司品牌建设，计划申请注册"爱视界"商标，申请注册商标之前，必须完成商标的检索和查询，了解申请注册的商标有无与在先权利商标相同或近似的情况，从而提高商标注册的成功率。

知识准备

1. 商标类型

目前，常见的商标类型为：文字商标、图形商标、字母商标、数字商标、三维标志商标、颜色组合商标、组合商标、声音商标八种。

（1）文字商标：文字商标是由文字组成的商标，文字商标包括汉字、少数民族文字，也包括外国文字。文字不分字体，草、行、隶、篆都可以，如图 4-35 所示。

（2）图形商标：图像商标就是指用图形构成的商标。图形商标所使用的图形涵盖的范围非常广泛，有无限的变化空间和易于表达的视觉外观，如花草树木、日月星辰、山川河流、仙境名胜等，如图 4-36 所示。

（3）字母商标：字母商标就是指拼音或注音符号的最小书写单位，包括汉语拼音文字、外文字母（如英文字母、拉丁字母等）构成的商标，如图 4-37 所示。

图 4-35　文字商标　　　　图 4-36　图形商标　　　　图 4-37　字母商标

（4）数字商标：数字商标是指由阿拉伯数字或中文大写数字构成的。数字商标必须有两个以上数字才能作为商标，如图 4-38 所示。

（5）三维标志商标：三维标志商标又称立体标志商标，它是指具有长、宽、高三种度量的立体物标志，它与表现在一个平面上的商标不同，而是以一个立体物质形态出现，这种形态可以出现在商品外形上，也可以表现在商品的容器或者其他地方，如图 4-39 所示。

图 4-38　数字商标　　　　图 4-39　立体商标

（6）颜色组合商标：颜色组合商标是指由不同颜色组成的商标，独特新颖的颜色组合不仅给人们一种美感，而且具有显著性，能起到标识产品或者来源的作用，也能起到区分生产者、经营者、服务者的作用，如图 4-40 所示。

（7）组合商标：组合商标是由文字、数字、字母、图形、三维标志和颜色组合等要素中的两个或者两个以上要素构成的相同的或不相同的任意组合，如图 4-41 所示。

图 4-40　颜色组合商标　　　　图 4-41　组合商标

（8）声音商标：声音商标是非传统商标的一种，与其他可以作为商标的要素（如文字、数字、图形、颜色等）一样要求具备能够将一个企业的产品或服务与其他企业的产品或服务区别开来的基本功能,即必须具有显著特征,便于消费者识别。例如,英特尔的"Intel inside"声音商标,中国国际广播电台"开始曲"声音商标等。

2. 商标的国际分类

当前,商标国际分类共包括45类(见表4-7),其中商品34类,服务项目11类,共包含一万多个商品和服务项目。申请人所需填报的商品及服务一般说来都在其中了。

表4-7 商标国际分类表

01类 - 化学材料	02类 - 颜料油漆	03类 - 化妆品	04类 - 燃料油脂	05类 - 医药卫生
06类 - 五金金属	07类 - 机械设备	08类 - 手工机械	09类 - 数码	10类 - 医疗器械
11类 - 家电	12类 - 运输工具	13类 - 军火烟花	14类 - 珠宝钟表	15类 - 乐器
16类 - 文化用品	17类 - 橡胶制品	18类 - 皮具箱包	19类 - 建筑材料	20类 - 家具
21类 - 日用品	22类 - 绳网袋蓬	23类 - 纺织纱线	24类 - 床上用品	25类 - 服装鞋帽
26类 - 花边拉链	27类 - 地毯席垫	28类 - 体育玩具	29类 - 干货油奶	30类 - 食品调味
31类 - 水果花木	32类 - 啤酒饮料	33类 - 酒	34类 - 烟草烟具	35类 - 广告贸易
36类 - 金融物管	37类 - 建筑修理	38类 - 通讯电信	39类 - 运输旅行	40类 - 材料加工
41类 - 教育娱乐	42类 - 科研服务	43类 - 餐饮酒店	44类 - 医疗园艺	45类 - 社会法律

3. 注册商标条件

《中华人民共和国商标法》对商标注册申请人和申请注册的商标都规定了应当具备的条件,只有符合规定条件的才能获准注册。

首先,商标注册的我国申请人必须是依法成立的企业事业单位、社会团体、个体工商户、个人合伙。

其次,申请注册的商标应具备以下条件:

(1)申请注册的商标必须具备法定的构成要素,即必须是文字、图形或其组合,否则不能作为商标使用。

(2)商标使用的文字、图形或其组合应当具有显著特征,便于识别。其中显著性是指应具有其明显的特色。

(3)申请注册的商标不得使用法律所禁止使用的文字、图形。

(4)申请注册的商标不得与被撤销或者注销未满一年的注册商标相同或类似。但如果在同一种或类似商品上申请注册与因连续3年停止使用而被撤销的注册商标相同或近似的商标,则不受这一条件的限制。

(5)申请注册的商标不得与他人在同一种或者类似商品或者服务上已经注册或者初步审定的商标相同或类似。

4. 商标检索

商标检索即商标查询,是商标注册申请人或代理人到商标局查询申请注册的商标有无与在先权利商标相同或近似的情况,以了解自己准备申请注册的商标是否与他人已经注册的商标相混同。如果确定相同或者近似,就不能将该商标提交商标局申请注册,否则,就会遭到商标局的驳回;如果确定不相同或者不近似,方可以提出注册申请。

商标检索一般有如下三种途径:

(1)检索文字商标:在"商标文字"字段输入检索的商标,或使用进阶检索的百搭字元,寻找相同或类似的商标。

（2）检索包含图像或符号的商标：在"商标图样编码"字段输入适当的图样编码，以检索相同或类似的商标，可选按"图样编码检索"，以选择适当的图样编码（根据世界知识产权组织"商标象形元素国际分类法"编制）。

（3）相关的货品及服务：输入与申请的货品/服务相关的类别编号。

任务实现

子任务一：打开中国商标网，进入商标查询页面

（1）打开浏览器。

（2）进入中国商标网首页，如图4-42所示。

图4-42 中国商标网首页

（3）单击"商标网上查询"超链接，进入图4-43所示的商标查询页面。

图4-43 商标查询页面

（4）单击"商标近似查询"按钮，进入图4-44所示的商标近似查询页面。

图4-44 商标近似查询页面

子任务二：确定检索对象的国际分类类别

国际分类类别是检索必填选项。

（1）单击"国际分类"文本框右侧的 🔍 按钮，打开图 4-45 所示的国际分类列表。

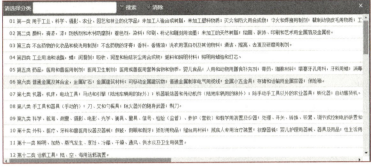

图 4-45　商标国际分类列表

（2）阅读分类列表后选择眼镜所对应的类别，即 10。

子任务三：确定查询方式和查询名称

（1）查询方式选择"文字"。
（2）查询名称输入"爱视界"。
（3）单击"查询"按钮，系统将对该类别内的类似商标进行查询，并提供查询结果列表，如图 4-46 所示。

图 4-46　查询结果列表

子任务四：查看商标具体信息

列表按照相似度进行排序。单击相关商标链接，可以看到该商标的具体信息，包括商标、商品/服务、申请/注册号、申请人名称等信息，页面的最后是商标的状态图标，各类商标状态图标如图 4-47 所示。

商标被驳回　　　等待实质审查　　　注册　　　　异议中

图 4-47　商标状态图标

测　评

1. 知识测评

1）填空题

（1）当前，商标国际分类共包括＿＿＿＿＿＿类，其中商品＿＿＿＿＿＿类，服务项目＿＿＿＿＿＿类。

（2）中国有"注册商标"与"未注册商标"之区别。＿＿＿＿＿＿是在政府有关部门注册后受法律保护的商标，＿＿＿＿＿＿则不受商标法律的保护。

（3）常见的商标类型为＿＿＿＿＿＿、＿＿＿＿＿＿、＿＿＿＿＿＿、＿＿＿＿＿＿、＿＿＿＿＿＿、＿＿＿＿＿＿、＿＿＿＿＿＿、＿＿＿＿＿＿八种。

（4）商标检索一般有三种途径，分别是＿＿＿＿＿＿、＿＿＿＿＿＿、＿＿＿＿＿＿。

2）简答题

（1）简述注册商标的条件。

（2）简述商标检索的意义。

2. 能力测评

按表4-8中所列的操作要求，对照自己的操作过程，操作完成得满分，未完成或错误得0分。

表4-8　能力测评表

序　号	操作要求（具体见任务实现）	分　值	完成情况	自　评　分
1	能够通过中国商标网，打开商标检索窗口	25		
2	能够利用中国商标网，查询所需要检索商标的国际分类	25		
3	能够使用中国商标网，进行文字商标检索	25		
4	能够使用中国商标网，查询近似商标的具体信息	25		
总　分				

3. 素质测评

针对表4-9中所列出的素质与素养观察点，反思任务实现的过程，思考总结相关项目，做到即得分，未做到得0分。

表4-9　素质测评表

序　号	素质与素养	分　值	总结与反思	得　分
1	信息素养——描述商标检索的方法	25		
2	数字化创新与发展——为自己将来可能创建的公司设计商标，并检索该商标的近似商标	25		
3	信息社会责任——列举商标领域的典型案件及启示	25		
4	法治意识——了解商标法的相关条款，具备商标保护的意识，具备商标检索的能力	25		
总　分				

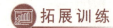 拓展训练

商标侵权典型案例：

椰树集团是海南省从事椰子等热带水果深加工的专业公司，跻身中国饮料工业十强企业，其所生产的"椰树"椰子汁是国内非常流行的一款饮品。2001年5月21日经国家工商行政管理局[①]商标局核准，椰树集团取得了第1575561号"椰树"注册商标专用权。

2015年，椰树集团工作人员在市场调查时发现，一款名叫"椰脉"牌椰子汁的商标标识很容易使消费者误认为是"椰树"椰子汁。据了解，该产品是由海南新邦贸易有限公司委托广东中山市创康食品企业有限公司生产的一款饮品。

椰树集团以"椰树"牌商标为驰名商标，新邦公司、创康公司侵犯其商标权及商标特有的包装、装潢为由，起诉新邦公司、创康公司。除了要求新邦公司、创康公司停止使用"椰脉"椰子汁企业字号，公开赔礼道歉外，更是提出了207万元的索赔。

而新邦公司和创康公司则表明，商标中"脉"与"树"两个字不仅在结构上不一样，两个字在包装上所占的面积都比较大，并不会误导消费者，因此，并不存在侵权行为。

在审理中，法官仔细比较了"椰脉"牌椰子汁与"椰树"牌椰子汁的外包装，发现两者不仅均为纸质外包装，而且都由黄、蓝、黑、红、白5种颜色组成，商标也同为纵向排列，字体颜色、字体底色均相同，唯一不同是非楷体的经过加工的"椰脉"两字。另外，两款椰子汁的净含量、外包装大小、形状也几乎一样，很容易误导消费者。最终法院认定新邦公司、创康公司的行为已经侵害了椰树集团的商标专用权，理应承担相应的侵权责任。

海口中院一审判令新邦公司、创康公司停止生产、销售涉案侵害椰树集团"椰树"注册商标专用权的椰子汁，赔偿椰树集团经济损失费用10万元。

阅读以上商标侵权典型案例，通过中国商标网完成以下检索任务：
（1）检索"椰树"椰子汁商标的国际分类类别。
（2）检索"椰树"文字商标的近似商标，并查看详情。
（3）检索"商标法"中的相关条例，了解案件判决的依据。

技巧与提高

商标检索其他事项

商标检索在企业经营中具有非常重要的意义：

1. 探明注册障碍

（1）查询是否在相同或近似商品上存在已注册或已申请的相同或相近似商标注册，增加商标注册成功的概率。

（2）若存在相同或近似的在先注册商标，可以对准备注册的商标进行修改或调整，或者放弃提交申请。

2. 弄清商标能否安全使用

（1）通过查询商标注册情况，避免造成对他人注册商标构成侵权。
（2）减少宣传广告费用损失，降低经营风险。

[①] 2018年3月，根据第十三届全国人民代表大会第一次会议批准的国务院机构改革方案，将国家工商行政管理总局的职责整合，组建中华人民共和国国家市场监督管理总局；将国家工商行政管理总局的商标管理职责整合，重新组建中华人民共和国国家知识产权局；不再保留国家工商行政管理总局。

3. 发现抢注商标

商标抢注是一个普遍现象,如果某个商标具有一定的知名度,产品销路也不错,就很有可能被其他人抢先以自己的名义注册。

4. 了解申请进展

在多数国家,商标申请在经过实质审查被审查官认为可以注册后,审查官将发出核准通知,告知该商标申请已被接受注册,将刊登在异议公告上。但也有个别国家,审查官在商标申请通过实质审查后不发核准通知,在这种情况下,进行商标查询也许是了解申请进展的有效途径。如果一个商标申请已经被商标审查官同意注册并排定公告,就可以通过检索得知公告的时间。

项目 5 信息新技术

在浩瀚的历史长河中，信息技术既是推动人类文明进步的动力，更是人类文明进步的标志。语言、文字、印刷术、电磁波、互联网，这些信息技术发展史上的标志性成果，一次又一次地改变着人类的生活方式，推动着人类文明走向更高的山峰，让人类获得了更广泛意义上的自由。到了今天，以人工智能、量子信息、移动通信、物联网、区块链、云计算、大数据为代表的新兴信息技术，与制造业、金融业、服务业等领域深度融合，正在全球范围内引发一场新一轮的科技革命，以前所未有的速度转化为现实生产力，引领社会以日新月异的速度变革和发展。

本项目通过寻找生活中的信息新技术任务的实现，以信息技术发展为主线，介绍信息技术发展史和信息技术发展的五个新兴领域：人工智能、物联网、移动通信、量子科技、区块链的基本概念、核心技术及典型应用场景。

知识目标

1. 了解信息技术发展史；
2. 理解新一代信息技术及其主要代表技术的基本概念；
3. 了解新一代信息技术各主要代表技术的技术特点；
4. 了解新一代信息技术各主要代表技术的典型应用；
5. 了解新一代信息技术与制造业等产业的融合发展方式。

能力目标

1. 能根据人工智能、物联网、区块链、移动通信、量子科技的概念和典型应用场景，感知和判断与个人生活相关的新技术应用；
2. 能通过网络检索收集新技术应用的典型场景；
3. 能使用手机采集、编辑新技术在生活中的典型应用场景。

素质目标

1. 具备信息意识：主动地寻求恰当的方式捕获、提取和分析信息新技术的典型应用场景；
2. 树立建设创新型国家、制造强国、网络强国、数字中国、智慧社会的信心。

【强国视界】 我国九大科技成就

超级计算机： 神威·太湖之光超级计算机是目前世界上最快的超级计算机之一，为科研和工业发展提供了巨大支持。

高铁技术： 覆盖面广、运营速度快、安全可靠，不仅促进了国内经济的繁荣，也为全球交通运输带来了革命性的改变。

电子商务： 阿里巴巴集团、京东集团等电子商务公司崛起，促进了内需消费和物流、金融、服务业的发展。

微课 我国九大科技成就

微课 中国人工智能十大成就

> **笔记栏**
>
> 移动支付：支付宝和微信支付等平台方便了人们的生活，推动了线上消费的增长。
> 新能源汽车：作为全球最大的新能源汽车市场，促进了技术的创新和产业链的完善。
> 人工智能：百度、腾讯、阿里巴巴等企业在人脸识别、智能语音助手、自动驾驶等领域取得了显著成就。
> 太空探索：嫦娥探月工程和天舟货运飞船等项目的成功，展示了中国的航天实力。
> 基因科技：科学家在基因编辑、基因检测和基因治疗等方面取得重要突破。
> 量子通信：成功实现了量子密钥分发和量子纠缠分发等关键技术突破。

任务 1 信息技术发展史——推动人类文明进步的信息技术

任务描述

信息技术的发展不仅推动了科学技术的进步，还深刻改变了人类的生活方式、工作方式和社会结构。每一个阶段的创新和突破都为后续的发展奠定了基础，使信息技术成为现代社会不可或缺的核心要素。

本阶段的任务是了解信息技术发展史，并使用 WPS 流程图绘制"信息技术五次革命时间轴流程图"，绘制后的效果图如图 5-1 所示。

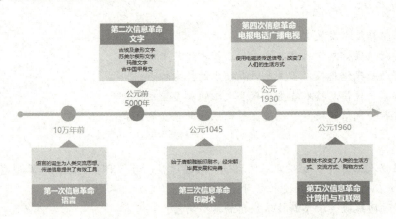

图 5-1 信息技术五次革命时间轴流程图

知识准备

信息技术的五次革命

宇宙诞生自大爆炸，至今已经有 138 亿年历史，地球和太阳系形成已经有 46 亿年了，最早的生命约在 36 亿年前出现，人类的始祖大约在 800 万年前诞生。相比之下，人类历史只是宇宙进化过程中的简短片刻。人类是一个社会型的生命体，从生命诞生以来，人类的生活就离不开信息的交流，从语言、文字，到造纸术、印刷术，再到电报、电话，到现在的互联网、区块链、人工智能等，信息技术在不断改革，至今发生过五次信息革命。

1. 第一次信息革命——语言

语言的出现促进了人类思维能力的提高，并为人们相互交流思想、传递消息提供了有效的工具。人类语言的起源是一个有高度争议性的话题，有"神授说""人创说""劳动创造说"等理论。美国伯克利加州大学的语言学家约翰娜·尼科尔斯（Johanna Nichols）运用统计学的方法推算出，人类语言产生于10万年前。

2. 第二次信息革命——文字

使用文字作为信息的载体，可以使知识、经验长期得到保存，并使信息的交流开始能够克服时间、空间的障碍，可以长距离地或隔代地传递信息。

公元前5000多年，古埃及人发明了最初的象形文字。经过几百年的发展，象形文字演变成了一种比较完备的文字——圣书体。到了公元前3200年，楔形文字由生活在两河流域地区（幼发拉底河、底格里斯河）的苏美尔人发明。玛雅文明是南美洲唯一拥有文字系统的古代文明，玛雅文字，最早出现于公元前后。甲骨文是中国的一种古老文字，又称"契文""甲骨卜辞""殷墟文字""龟甲兽骨文"。我们能见到的最早的成熟汉字，主要指中国商朝晚期王室用于占卜记事而在龟甲或兽骨上镌刻的文字，是中国及东亚已知最早的成体系的商代文字的一种载体。

3. 第三次信息革命——印刷术

印刷术是中国古代汉族劳动人民的四大发明之一。它开始于唐朝的雕版印刷术，大约在1045年，经宋仁宗时代的毕昇发展、完善，产生了活字印刷。活字印刷术的发明是印刷史上一次伟大的技术革命。

4. 第四次信息革命——电报、电话、广播、电视

电报、电话、广播、电视等信息传播手段的广泛普及，使人类的经济和文化生活发生了革命性的变化。

5. 第五次信息革命——计算机与互联网

第五次信息技术革命始于20世纪60年代，其标志是电子计算机的普及应用及计算机与现代通信技术的有机结合。近几十年是信息技术高速发展的时期，信息给产业赋能带来的价值正在得到更多的发展。随着信息技术的发展，信息技术会成为社会进步最重要的推动力，会给人们带来越来越多的成果。

1）计算机发展

1946年2月14日，世界上第一台电子计算机"电子数字积分计算机"（electronic numerical integrator and calculator，ENIAC）在美国宾夕法尼亚大学问世。ENIAC（见图5-2）是美国奥伯丁武器试验场为了满足计算弹道需要而研制成的，这台计算机使用了17 840支电子管，大小为80英尺×8英尺（1英尺=0.304 8 m），质量约28 t，功率为170 kW，其运算速度为每秒5000次加法运算，造价约为487 000美元。ENIAC的问世具有划时代的意义，表明电子计算机时代的到来。在以后的几十年里，计算机技术以惊人的速度发展。

图5-2 第一台电子计算机ENIAC

根据计算机使用电子元器件的不同，计算机的发展大致分为四代，具体见表5-1。

表 5-1　电子计算机发展的各个阶段

类别	起止年份	主要元件	速度（次/秒）	代表机型	应用
第一代	1946—1957 年	电子管	5 千~1 万	ENIAC、EDVAC	科学和工程计算
第二代	1958—1964 年	晶体管	几万~几十万	TRADIC、IBM 1401	数据处理、事务管理、工业控制领域
第三代	1965—1970 年	中小规模集成电路	几十万~几百万	PDP-8 机、PDP-11 系列机、VAX-11 系列机	拓展到文字处理、企业管理、自动控制方面
第四代	1971 年至今	大规模和超大规模集成电路	几千万~数十亿	IBM PC、Pentium 系列、Core 系列、Apple iMAC g5 系列	广泛应用于社会生活的方方面面

2）互联网发展

主机-终端系统是计算机网络的雏形，它是由多台终端设备通过通信线路连接到一台中央计算机上而构成，有人称为面向终端的计算机网络。

真正成为计算机网络里程碑的是建于 1969 年的 ARPANet，即美国国防部高级研究计划局网络。初建时只连接了 4 台计算机，1973 年发展到 40 台，1983 年已有 100 多台不同型号的计算机进入 ARPANet。ARPANet 不仅跨越了美洲大陆，连通了美国东西部的许多高等院校和研究机构，而且通过卫星与欧洲等地的计算机网络互相连通。

继 ARPANet 之后，一些发达国家陆续建成了许多全国性的计算机网络，这些计算机网络都以连接主系统（大、中、小型计算机）为目的，跨越广阔的地理位置，通信线路大多采用租用的电话线，少数铺设专用线缆。这类网络的作用是实现远距离的计算机之间的数据传输和信息共享。

进入 20 世纪 80 年代，个人计算机（personal computer，PC）如雨后春笋般发展和普及，微机应用几乎渗透社会生活的各个领域。PC 的出现为计算机网络的发展提供了一个新天地，不同于广域网的另一类计算机网络——局域网（local area network，LAN）应运而生。局域网的目的是为一个单位，或一个相对独立的局部范围内大量存在的微机能够相互通信、共享昂贵的外围设备（如大容量磁盘、激光打印机等）、共享数据信息和应用程序而建立的。

因特网（Internet）就是一个覆盖全球的互联网。因特网的发展正在改变着 20 世纪 80 年代的联网模式，那时联网大多采用计算机公司的专用网，用户购买的计算机和联网设备全来自同一厂家。而新的互联网络结构是将主要的连网协议集成到一个共享的、开放的、易于管理的主干网，各计算机和网络厂商正在采纳这种新的概念，安排新的产品和服务，从单一厂商的支持模式转变到新的网络互连模式，这种模式和结构将成为通用的网络基础，并实现利用各种物理介质完成 LAN 和 WAN 的互连。

从网络发展的趋势看，网络系统由局域网向广域网发展，网络的传输介质由有线技术向无线技术发展，网络上传输的信息向多媒体方向发展。网络化的计算机系统将无限地扩展计算机应用的平台。

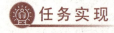

子任务一：新建流程图

（1）打开 WPS Office 任意组件，选择"文件"→"新建"命令，左侧列表中选择"流程图"。

（2）在搜索框中输入"时间轴"，单击"搜索"按钮。

（3）由于信息技术经历了五次革命，因此在提供的"时间轴"模板中选择一个有五项的模板，如图5-3所示，付费会员用户可以下载使用。如不是会员，可新建空白文件，参照时间轴模板样式创建流程图。

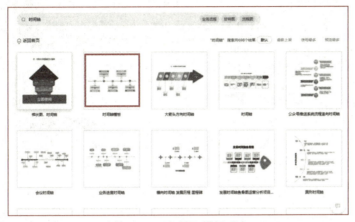

图5-3 "时间轴"模板列表

子任务二：第一次信息革命——语言部分制作

（1）在时间提示处输入时间："10万年前"。

（2）在"填写你的标题"处选中文本框，鼠标移至右下角，变成双向箭头时拖动鼠标，调整文本框大小至原高度的两倍。双击后输入"第一次信息革命 语言"。

（3）在"单击添加你需要添加的内容在这里"区域输入"语言的诞生为人类交流思想、传递信息提供了有效工具"。

（4）编辑前与编辑后的效果图分别如图5-4和图5-5所示。

图5-4 编辑前

图5-5 编辑后

子任务三：其他部分制作

采用子任务二的方法完成其他部分内容制作，此处不再赘述。

子任务四：导出图片

完成流程图绘制之后，单击"文件"选项卡中的"另存为/导出"→"PNG图片"命令，进入图5-6所示的"导出为PNG图片"对话框，确定保存目录及文件名，取消勾选"透明背景"复选框，单击"导出"按钮。

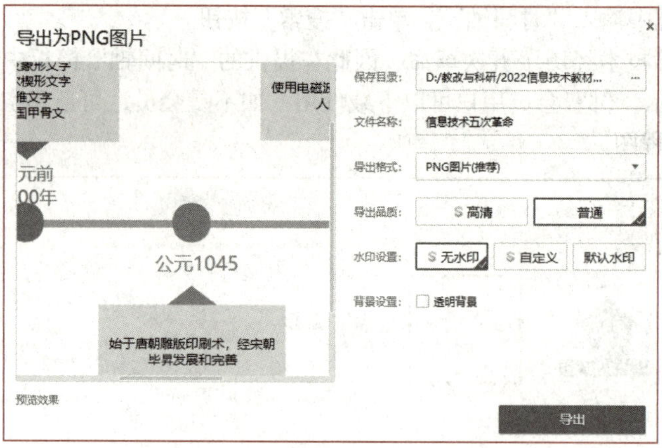

图 5-6 "导出为 PNG 图片"对话框

测　　评

1. 知识测评

1）填空题

（1）美国伯克利加州大学的语言学家约翰娜·尼科尔斯（Johanna Nichols）运用统计学的方法推算出，人类语言产生于_____年前。

（2）公元前 5000 多年，古埃及人发明了最初的_____文字，经过几百年的发展，演变成了一种比较完备的文字——圣书体。

（3）_____是中国古代汉族劳动人民的四大发明之一。它开始于唐朝的雕版印刷术，大约在 1045 年，经宋仁宗时代的毕昇发展、完善，产生了_____。

（4）_____是一种最早用电的方式来传送信息的、可靠的即时远距离通信方式，它是 19 世纪 30 年代在英国和美国发展起来的。

（5）广域网的英文缩写是_____，局域网的英文缩写是_____。

2）简答题

（1）简述信息技术的五次革命。

（2）简述计算机发展的四个阶段。

2. 能力测评

按表 5-2 中所列的操作要求，对自己完成的任务进行检查，操作完成得满分，未完成或错误得 0 分。

表 5-2　能力测评表

序　号	操作要求（具体见任务实现）	分　　值	完成情况	自评分
1	能基于 WPS 流程图模板创建文件	10		
2	能对信息技术五次革命进行归纳、总结	20		
3	能使用模板创建信息技术五次革命的时间轴	60		
4	能将流程图导出成图片并保存流程图	10		
总　　分				

3. 素质测评

针对表 5-3 中所列出的素质与素养观察点，反思任务实现的过程，思考总结相关项目，做到即得分，未做到得 0 分。

表 5-3　素质测评表

序号	素质与素养	分值	总结与反思	得分
1	信息意识——理解信息技术发展对人类文明发展的重要意义，对信息具有较强的敏感度，充分认识信息系统在人们生活、学习和工作中的重要性	50		
2	数字化创新与发展——能清晰描述信息技术五次革命，理解信息技术创新与发展对推动人类文明进步的重要意义	50		
总分				

拓展训练

使用 WPS 思维导图，完成计算机发展史思维导图的设计与制作。
任务要求：

1. 内容要求

（1）确定中心主题：明确计算机发展史为中心；
（2）列出主要分支：从历史的角度出发，列出各个重要阶段；
（3）细化每个分支：在每个阶段下，添加重要的事件或技术；
（4）视觉设计：使用颜色、图标等区分不同的部分，使思维导图更加清晰易懂；
（5）验证和调整：检查信息的准确性和完整性，并进行必要的调整。

2. 格式要求

保存为 PNG 格式（透明背景导出）。

3. 建议与提示

（1）确定形式——明确思维导图主题及样式；
（2）扩展内容——理清思维导图的逻辑；
（3）美化排列——让思维导图更加高大上。

技巧与提高

文心一言说图解画

文心一言（ERNIE Bot）是百度全新一代知识增强大语言模型，能够与人对话互动、回答问题、协助创作，高效便捷地帮助人们获取信息、知识和灵感。文心一言从数万亿数据和数千亿知识中融合学习，得到预训练大模型，在此基础上采用有监督精调、人类反馈强化学习、提示等技术，具备知识增强、检索增强和对话增强的技术优势。

1. 文心一言产品功能

1）一言百宝箱

用户可在一言百宝箱搜索、浏览不同职业和场景的优质指令词，学习指令撰写技巧、使用

什么是生成式人工智能

生成式人工智能使用规范

文心一言说图解画

符合自身需求的指令；用户还可以查看当日热门指令，收藏高频使用的指令。

2）问题推荐

用户可以在文心一言官网首页单击问题推荐模块，快速了解模型能力；此外，模型会根据用户的问题，自动生成推荐问题，帮助用户进一步发掘和满足需求。

3）对话管理

用户可以对文心一言的回答进行复制、分享，还可以对历史对话进行置顶、修改标题等操作；此外，模型也会自动摘要历史对话的标题，帮助用户快速定位过往对话。

2. 文心一言说图解画

在计算机发展的历史进程中，会出现很多我们很难理解的图片或照片，文心一言的说图解画功能能够将图片的环境场景解析得比较正确，也能够识别人物的心情状态。以文中出现的"第一台电子计算机 ENIAC"图片为例，可以采用如下步骤完成。

（1）在输入框中选择上传图片，直接发送指令，如图 5-7 所示。

图 5-7　上传图片

（2）大模型可以基于图片对图片中的细节进行整体分析。值得一提的是，它还给出了各种示例，引导用户思考如何提问，需要什么内容，如图 5-8 所示。

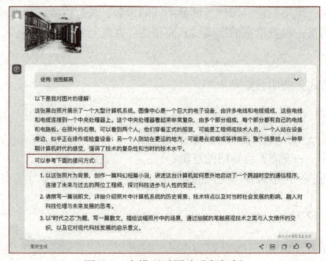

图 5-8　大模型对图片进行解析

任务 2　寻找生活中的移动通信——改变生活的移动通信

进入 21 世纪以来，现代信息技术的发展突飞猛进，给我们的经济结构、社会生活、思维方式、想象边界等都带来了天翻地覆的变化。其中，移动通信发展的"中国模式""中国速度"令全球瞩目，让世界惊叹。

任务描述

我们的日常生活越来越离不开移动通信技术。本任务要求大家寻找我们身边的移动通信技术,在吃穿住行中发现移动通信技术。

知识准备

一、移动通信的概念

通信,简单地说,就是传递信息。信息传递依赖通信系统,任何一个通信系统都包括三个要素:信源、信道和信宿。

通信技术的发展过程,其实就是研究如何在更短时间内传输更大信息量的过程。为了达到这个目的,信源需要不断升级自己的发送设备,信宿需要不断升级自己的接收设备,而信道的介质更需要不断升级。信道有很多种介质,同轴电缆、光缆、双绞线等属于有线介质,而空气属于无线介质。

手机通信,是典型的无线通信系统,又称蜂窝通信系统,因为手机的通信依赖于基站,而基站小区的覆盖区看上去有点像蜂窝,所以手机通信系统又称蜂窝通信系统。图 5-9 所示为基站覆盖区示意图。

图 5-9 基站覆盖区示意图

二、移动通信的发展历程

移动通信的发展目前为止经历了 5 个时期的发展,表 5-4 展示了不同发展阶段的手机。

表 5-4 不同阶段的手机

第一代手机	第二代手机	第三代手机	第四代手机	第五代手机

1. 第一代移动通信技术

1978 年,美国 AT&T 公司把网络和终端结合起来,开通了世界上第一个面向公众的多蜂窝移动通信系统,标志着世界通信史正式进入 1G 时代。1987 年 11 月,广州第一个移动通信网络建成,中国才正式进入 1G 时代。移动通信一开始被定义为豪华的、小众的通信工具,手机终端费用一般为 2~3 万元,入网费接近 1 万元,昂贵的费用将一般消费者挡在了移动通信的门外。当时我国把手机称为"大哥大",只有少数人才能承担得起手机通话的费用,截至 1992 年底,中国移动电话网的用户不到 20 万。

2. 第二代移动通信技术

1991 年,爱立信和诺基亚率先在欧洲大陆上架设了第一个 GSM 网络,标志着移动通信技术正式进入 2G 时代。2G 移动通信时代全面提升了通信质量,这个时期的移动通信技术,基本保证了移动通话质量，同时还可以发送手机短信。2001年5月，中国移动在全国启动了模拟网转网工作，并于12月31日正式关闭了模拟移动电话网（1G），从此中国的移动通信进入了全数字的大发展时期（2G）。

3. 第三代移动通信技术

第三代移动通信系统（3G）把移动通信带入宽带移动通信时代，传输声音和数据的速度大幅提升，能够在全球范围内更好地实现无缝漫游，并通过处理图像、音乐、视频流等媒体形式，提供包括网页浏览、电话会议、电子商务等信息服务。

4. 第四代移动通信技术

2012年1月，在世界无线电通信大会上，我国主导的TD-LTE-Advanced方案被正式确立为4G国际标准。2013年12月4日，工信部向中国移动、中国电信和中国联通颁发"LTE/第四代数字蜂窝移动通信业务（TD-LTE）"经营许可证，标志着中国正式进入4G时代。4G网络把WLAN（无线局域网）与手机网络相结合，截至2015年，峰值下载速率可达300 Mbit/s，有时甚至可以超过1 Gbit/s，是3G网络的近百倍。

5. 第五代移动通信技术

5G，就是5th generation mobile network（第5代移动通信网络），是4G的下一代演进技术，名称为IMT-2020，该名称是2015年10月在瑞士日内瓦举办的ITU无线电通信全会上，由ITE正式确定的。2015年9月，ITU正式确认了5G的三大应用场景，分别是eMBB（enhanced mobile broadband，增强型移动宽带）、uRLLC（ultra reliable & low latency communication，低时延、高可靠通信）、mMTC（massive machine type communication，海量机器类通信）。5G的三种应用场景见表5-5。

表5-5　5G的三种应用场景

场景名称	应用领域
eMBB，增强型移动宽带	服务于消费互联网，是4G移动宽带的升级
uRLLC，低时延、高可靠通信	服务于物联网场景，如车联网、无人机、工业互联网等对网络的时延和可靠性有很高要求的场景
mMTC，海量机器类通信	服务于物联网应用场景，如智能井盖、智能路灯、智能水表、智能电表等场景

2023年，世界知识产权组织认定中国为全球最大国际专利申请国，在信息与通信技术方面，中国专利拥有量占全球总量的14%。关键技术领域多点突破，推动制造业重大改造和设备更新升级。2024年9月13日，据工信部消息，目前我国5G标准必要专利声明量全球占比达42%，为全球5G建设提供中国方案。1G空白、2G跟跑、3G突破、4G并跑、5G领跑，移动通信技术产业的发展脉络是中国制造崛起的缩影。

任务实现

子任务一：了解5G典型应用场景

1. 5G+XR，沉浸式体验

4G时代，短视频业务爆发展示了视频业务的旺盛生命力和发展潜力。借助5G的超高带宽，短视频、长视频以及视频社交将会演变成更为广阔的应用场景，这就是5G最热门的应用：

5G+XR。

VR（virtual reality，虚拟现实）的实现过程，是利用计算机模拟产生一个虚拟空间，提供视觉、听觉、触觉等感官的模拟，让使用者可以即时地、没有限制地观察虚拟空间内的事物，并与之交互。图 5-10 所示为虚拟现实应用场景。

AR（augmented reality，增强现实）则通过计算机技术，将虚拟的信息应用到现实世界中，真实环境和虚拟物体实时叠加到同一个画面或者空间。图 5-11 所示为增强现实应用场景。

图 5-10　虚拟现实应用场景

图 5-11　增强现实应用场景

除了 VR、AR 之外，还有 MR（mixed reality，混合现实），所有这些都称为 XR。

2. 5G+ 车联网

车联网（internet of vehicles，IoV）不仅把车与车连接在一起，它还把车和行人、车与路、车与基础设施（如信号灯）、车与网络、车与云连接在一起。

在车联网中，时延是优先级很高的一个指标。5G 三大应用场景之一的 uRLLC 场景，也就是低时延、高可靠通信场景，专门满足像车联网的需求指标，5G 的时延为 10 ms 以内，甚至可以达到 1 ms，拥有更高带宽，支持更大数量的连接，支持终端以更高的速度移动。有了 5G 的支持，车辆内容所有传感器的数据都将被联网，所有关于车辆运行状态的信息都会实时传送到云计算中心或者边缘中心。围绕这些信息数据，可以挖掘出海量的商业应用。图 5-12 所示为 5G+ 车联网应用场景。

3. 5G+ 无人机

5G 在农业、电力、环保等领域的很多应用场景都和无人机有着密切的关系。5G 所具有的高带宽、低时延、高精度、宽空域、高安全等优势可以帮助无人机解锁更多的应用场景，满足更多的用户需求，经济效益和社会效益都非常可观。图 5-13 所示为一款 5G 无人机。无人机应用场景见表 5-6。

图 5-12　5G+ 车联网应用场景

图 5-13　5G 无人机

表 5-6 无人机应用场景

领　　域	方　　向
公共服务	边境巡逻、森林防火、河道监测、交通管理
能源通信	电力巡线、石油管道巡线、天然气管道巡线、基站巡检
国土资源	城镇规划、铁路建设、线路测绘、考古调查、矿产开采
商业娱乐	新闻采集、商业表演、电影拍摄、三维建模、物流运输
农林牧渔	农药喷洒、辅助授粉、农情监测
防灾救灾	灾害救援、应急通信保障
个人用户	航拍娱乐

4. 5G+工业互联网

工业互联网的本质是："通过开放的、全球化的通信网络平台，把设备、生产线、员工、工厂、仓库、供应商、产品和客户紧密地连接起来，共享工业生产全流程的各种要素资源，使其数字化、网络化、自动化、智能化，从而实现效率提升和成本降低。"

5G可在工业互联网接入层发挥重要作用。它高连接速率、超低网络时延、海量终端接入、高可靠性的特点非常有利于5G替代现有的厂区互联网通信技术，尤其是Wi-Fi、蓝牙等短距离传输技术，甚至可以替换PON（passive optical network，无源光纤网络）这样的固网有线宽带接入技术。一些以往受限于网络接入而不能实现的场景，在5G网络环境下将变得可行。例如，高精度机械臂加工，如果采用5G对机械臂进行远程控制，时延将缩短到1 ms，可以很好地满足加工精度的要求。除接入层以外，5G的网络切片、移动边缘计算都可以在工业互联网领域找到不错的落地场景，满足用户多样化需求。图5-14展示的是5G在工业互联网领域的应用。

图 5-14　5G在工业互联网领域的应用

正如业内资深专家所言，5G不是4G+1G。作为新一代移动通信技术，5G并不是4G的简单升级，其功能定位、架构设计、应用场景等都发生了巨大变化。5G将与众多行业深度融合，对百业千行进行数字化、智能化赋能，颠覆现有的生产模式、商业模式，乃至社会运行模式。

子任务二：寻找生活中的5G移动应用

1. 通过网络检索

根据子任务一介绍的5G典型应用场景，使用项目4介绍的网络检索方法，检索5G典型应用的案例，搜集相关视频、文本、图片信息，并进行整理。

2. 利用手机记录生活中的5G应用

使用手机拍照和视频功能，记录生活中的5G应用场景，比如网络会议、远程医疗、智慧交通、智慧校园、VR虚拟现实、无人机等。

测 评

1. 知识测评

1）填空题

（1）信道有很多种介质，_____、_____、_____属于有线介质。

（2）手机通信，是典型的无线通信系统，又称_____。

（3）5G，就是 5th generation mobile network，即_____。

（4）2015 年 9 月，ITU 正式确认了 5G 的三大应用场景，分别是 eMBB（enhanced mobile broadband）即_____、uRLLC（ultra reliable & low latency communication）即_____、mMTC（massive machine type communication）_____。

（5）目前，全球相关国家和地区部署、分配 5G 新频谱主要有两个方向。一是重点发展 6 GHz 以下频段的 5G 产业，我们称该频段为中频段，即 Sub-6，主要是在_____Hz。二是重点发展 24~300 GHz 的高频段 5G 产业，我们称该频段为_____。

（6）_____的实现过程，是利用计算机模拟产生一个虚拟空间，提供视觉、听觉、触觉等感官的模拟，让使用者可以即时地、没有限制地观察虚拟空间内的事物，并与之交互。

2）简答题

（1）简述 5G 移动应用的场景。

（2）简述移动通信发展的历程。

2. 能力测评

按表 5-7 中所列的操作要求，对自己完成的任务进行检查，操作完成得满分，未完成或错误得 0 分。

表 5-7 能力测评表

序 号	操作要求（具体见任务实现）	分 值	完成情况	自 评 分
1	能使用手机采集 5G 应用的典型场景	50		
2	能使用网络搜索 5G 应用的典型场景	50		
	总 分			

3. 素质测评

针对表 5-8 中所列出的素质与素养观察点，反思任务实现的过程，思考总结相关项目，做到即得分，未做到得 0 分。

表 5-8 素质测评表

序 号	素质与素养	分 值	总结与反思	得 分
1	信息意识——通过网络搜索，检索我国 5G 移动通信现阶段的发展成果	20		
2	数字化创新与发展——结合自己和家人使用手机通信的经历，描述移动通信发展对个人生活的影响	20		
3	信息社会责任——移动通信的发展影响着社会生活的方方面面，结合个人手机应用的经历，描述手机使用过程中应该注意的事项	20		
4	信息安全意识——结合自己或者周边人的经历，描述手机应用过程中如何保障个人隐私安全、财务安全、信息安全	20		

续表

序 号	素质与素养	分 值	总结与反思	得 分
5	树立建设创新型国家、制造强国、网络强国、数字中国、智慧社会的信心	20		
	总　分			

拓展训练

完成对本任务搜集到的"生活中的移动通信"文本、图片、视频等材料的整理，使用短视频制作工具，完成短视频的制作，具体要求如下：

（1）短视频时长在 2～3 min。

（2）可采用微电影、综合视频短片等形式，要求为 MP4 格式，分辨率 1 920×1 080 像素。

（3）必须原创，图像清晰稳定、构图合理、声音清晰，视频片头应写上标题、作者和班级。

技巧与提高

文心一言视频脚本创作

文心一言的视频脚本功能主要是帮助用户快速、方便地生成短视频脚本，以便进行视频拍摄和制作。以下是以"生活中的移动通信"为主题，使用和创作该功能的步骤如下：

（1）进入文心一言百宝箱功能，在搜索框中输入"视频脚本"进行指令的查询，使用该指令，如图 5-15 所示。

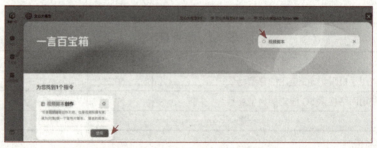

图 5-15　文心一言百宝箱搜索界面

（2）生成的"视频脚本创作"指令模板明确了 AI 对象脚本创作和视频拍摄的知识背景，也描述了脚本创作的任务细节，如图 5-16 所示。

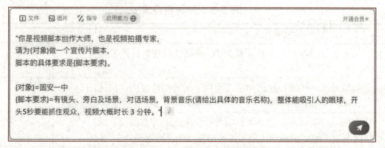

图 5-16　视频脚本指令模板

（3）基于模板指令进行修改，更新 {对象} 为"生活中的移动通信"，以该主题进行脚本创作。发送指令，等待自动生成的脚本，如图 5-17 所示。

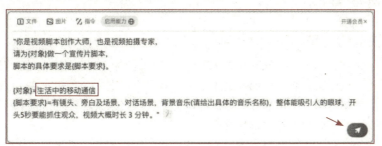

图 5-17　指令修改调整内容

（4）在使用文心一言进行脚本创作时，创作者需要有独立思考和判断能力，确保生成的内容符合自己的风格和要求。对于一些特定领域或专业内容，需要手动对 {脚本要求} 进行修改和完善，或者选择脚本下方的"重新生成"功能。已确定的脚本可利用自带功能进行分享或复制，如图 5-18 所示。

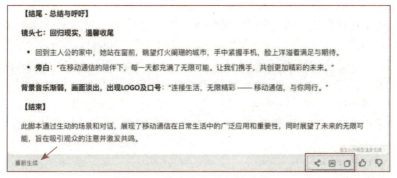

图 5-18　脚本优化及存储功能区

任务 3　寻找生活中的区块链技术——打造信任共同体的区块链技术

区块链作为分布式数据存储、点对点传输、共识机制、加密算法等技术的集成应用，被认为是继蒸汽机、电力、互联网之后，下一代颠覆性技术。近年来已成为联合国、国际货币基金组织等国际组织以及许多国家政府研究讨论的热点，产业界也纷纷加大投入力度。

目前，区块链的应用已延伸到物联网、智能制造、供应链管理、数字资产交易等多个领域，将为云计算、大数据、移动互联网等新一代信息技术的发展带来新的机遇，引发新一轮的技术创新和产业变革。

任务描述

区块链技术在金融领域、物联网和物流领域、公共服务领域、数字版权领域、保险领域、公益领域等都有广泛的应用。

本任务要求大家寻找我们身边的区块链技术应用场景，了解区块链技术的发展、技术特点和典型应用，了解区块链技术对产业和人们日常生活的影响。

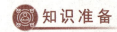

一、区块链的定义

狭义来讲，区块链（block chain）是一种按照时间顺序将数据区块以顺序相连的方式组合成链式数据结构，是以密码学方式保证的不可篡改和不可伪造的分布式账本，以去中心化和去信任化的方式，集体维护一个可靠数据库的技术方案。广义来讲，区块链技术是一种革新和颠覆性的思维理念，去中介化，建立信任社会，实现共享。

作为一种保密性强、不可篡改、去中心化的技术，区块链最适合承担"货币"或"账本"的职能，这也是迄今为止，区块链与经济和金融如此紧密的原因。

二、区块链的分类

随着技术与应用的不断发展，区块链由最初狭义的"去中心化分布式验证网络"，衍生出了三种不同的类型，按照实现方式不同，可以分为公有链、联盟链和私有链。

① 公有链即公共区块链，是所有人都可平等参与的区块链，接近于区块链原始设计样本。链上的所有人都可以自由地访问、发送、接收和认证交易，是"去中心化"的区块链。

② 联盟链即由数量有限的公司或组织机构组成的联盟内部可以访问的区块链，每个联盟成员内部仍旧采用中心化的形式，而联盟成员之间则以区块链的形式实现数据共验共享，是"部分去中心化"的区块链。R3 组成的银行区块链联盟要构建的就是典型的联盟链。

③ 私有链即私有区块链，完全为一个商业实体所有的区块链，其链上所有成员都需要将数据提交给一个中心机构或中央服务器来处理，自身只有交易的发起权而没有验证权，是"中心化"的区块链。

三、区块链的核心技术

区块链从本质上来看就是一个数据库，在其中存储的数据具备了"不可伪造，全程留痕，公开可追溯"等特性，这也使得它可以创造更为可靠的合作，被广泛研究和运用。

那么区块链的核心技术是什么呢？

1. 分布式账本

首先，分布式账本构建了区块链的框架，它本质上是一个分布式数据库，当一笔数据产生后，经大家处理，就会存储在这个数据库中，所以分布式账本在区块链中起到了数据存储的作用。

2. 共识机制

因为分布式账本去中心化的特点，决定了区块链网络是一个分布式的结构，每个人都可以自由地加入其中，共同参与数据的记录，但与此同时，就衍生出来令人头疼的"拜占庭将军"问题，即网络中参与的人数越多，全网就越难以达成统一，于是就需要另一套机制来协调各节点账目保持一致，共识机制就制定了一套规则，明确每个人处理数据的途径，并通过争夺记账权的方式完成节点间的意见统一，最后谁取得记账权，全网就用谁处理的数据。所以共识机制在区块链中起到了统筹节点的行为，明确数据处理的作用。

3. 对称加密和授权技术

存储在区块链上的交易信息是公开的，但是账户身份信息是高度加密的，只有在数据拥有者授权的情况下才能访问到，从而保证了数据的安全和个人的隐私。

4. 智能合约

智能合约基于可信的不可篡改的数据,可以自动化地执行一些预定义好的规则和条款。以保险为例,如果说每个人的信息(包括医疗信息和风险发生的信息)都是真实可信的,那就很容易在一些标准化的保险产品中进行自动化的理赔。

任务实现

子任务一:了解区块链典型应用场景

区块链不仅用于比特币,还可以和其他行业相结合,通过"区块链+",对行业产生重大影响,甚至是颠覆性的变革。目前,区块链的应用已从单一的数字货币应用(如比特币)延伸到经济社会的各个领域,如金融服务、供应链管理、文化娱乐、智能制造、社会公益、教育就业等,其中只有金融服务行业的应用相对成熟,而其他行业的应用均处于探索起步阶段。区块链的应用领域如图5-19所示。

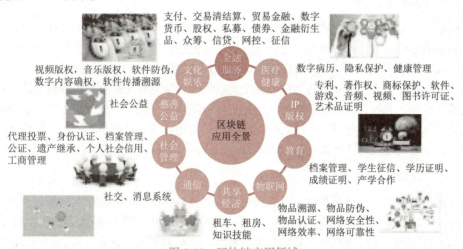

图5-19 区块链应用领域

区块链自问世以来,随着技术的发展和实际需求的推动,在各领域应用落地的步伐不断加快,现已在金融、农业、社会公共服务、司法存证、供应链、网络安全等领域成功实现应用落地,并涌现出一些极具参考价值的案例。

1. 数字货币

区块链技术最广泛、最成功的运用就是以比特币为代表的数字货币。近年来数字货币发展很快,由于去中心化信用和频繁交易的特点,使其具有较高交易流通价值,并能够通过开发对冲性质的金融衍生品作为准超主权货币,保持相对稳定的价格。

2. 金融领域

在金融领域,除去数字货币应用,区块链也逐渐在跨境支付、供应链金融、保险、数字票据、资产证券化、银行征信等领域开始应用。

(1)保险业务:随着区块链技术的发展,未来关于个人健康状况、事故记录等信息可能会上传至区块链中,使保险公司在客户投保时可以更加及时、准确地获得风险信息,从而降低核保成本、提升效率。

（2）资产证券化：这一领域业务痛点在于底层资产真假无法保证；参与主体多、操作环节多、交易透明度低、信息不对称等问题，造成风险难以把控。数据痛点在于各参与方之间流转效率不高、各方交易系统间资金清算和对账往往需要大量人力物力、资金回款方式有线上线下多种渠道，无法监控资产的真实情况，还存在资产包形成后，交易链条里各方机构对底层数据真实性和准确性的信任问题。

（3）数字票据：这个领域由于系统中心化，一旦中心服务器出问题，整个市场瘫痪。而区块链的去中心化，系统稳定性、共识机制、不可篡改的特点，减少传统中心化系统中的操作风险，市场风险和道德风险。

（4）跨境支付：此领域问题在于到账周期长、费用高、交易透明度低。以第三方支付公司为中心，完成支付流程中的记账、结算和清算，到账周期长，比如跨境支付的到账周期就是三天以上，费用还很高。而区块链的去中心化、交易公开透明和不可篡改的特点，没有第三方支付机构介入，缩短了支付周期，减轻了费用，增加了交易透明度。

3. 政府和公共部门

区块链可以在防止政府腐败方面发挥独特的作用。其技术提供了永久和防篡改记录保存、实时交易透明度和可审计性以及自动化智能合约功能的独特组合。在政府公共采购领域，基于区块链的流程可以促进第三方对防篡改交易的监督，并通过自动化智能合约实现更高的客观性和统一性，从而提高交易和参与者的透明度和问责制，从而直接解决采购的腐败风险因素。在土地所有权登记领域，基于区块链的土地登记可以提供一个安全、分散、可公开验证和不可变的记录系统，个人可以通过该系统明确证明他们的土地权利。这些品质减少了操纵土地权利的机会，并更普遍地提高了土地所有权的弹性。

4. 医疗保健和生命科学

基于区块链的医疗保健解决方案将实现更快、更高效、更安全的医疗数据管理和医疗供应跟踪。这可以显著改善患者护理，促进医学发展和进步，并确保全球市场流通的药物的真实性。区块链技术已被用于从安全加密患者数据到管理有害疾病的暴发等方方面面。例如，保护患者数据、根除处方药的滥用、简化护理并防止代价高昂的错误等。

5. 商品溯源

溯源是指对农产品、工业品等商品的生产、加工、运输、流通、零售等环节的追踪记录。其价值在于，若某地暴发流行性疾病，通过溯源体系可以快速锁定传染源或污染源，从而控制传播源。区块链不可篡改、分布式存储等技术为溯源行业的信任缺失提供了解决方案，而公开透明性又为信息流、物流和资金流提供了透明机制。

6. 房地产

在房地产领域，可以将房产信息保留在区块链中，这样买家可以快速、简单、低成本地核实房主的真实信息。而在现阶段这个过程中基本上是由人工完成的。这不仅带来较高的成本，也更容易产生失误从而进一步增加成本。而区块链技术的使用则可以显著地减少失误，降低人工成本。

子任务二：寻找生活中的区块链应用场景

1. 通过网络检索

根据子任务一介绍的区块链典型应用场景，使用项目4介绍的网络检索方法，检索区块链典型应用的案例,搜集相关视频、文本、图片信息,并进行整理。

2. 利用手机记录生活中的区块链应用场景

使用手机拍照和视频功能,记录生活中的区块链应用场景。

测 评

1. 知识测评

1)填空题

(1)狭义来讲,区块链(block chain)是一种按照时间顺序将数据区块以顺序相连的方式组合成一种_____,是以密码学方式保证的不可篡改和不可伪造的_____账本,以去中心化和去信任化的方式,集体维护一个可靠数据库的技术方案。

(2)按照实现方式不同,区块链可以分为_____、_____和_____。比特币属于典型的_____,区块链财团 R3 CEV 属于_____。

(3)区块链由众多节点共同组成一个_____的网络,不存在中心化的设备和管理机构。

2)简答题

简述区块链应用的典型场景。

2. 能力测评

按表 5-9 中所列的操作要求,对自己完成的任务进行检查,操作完成得满分,未完成或错误得 0 分。

表 5-9 能力测评表

序 号	操作要求(具体见任务实现)	分 值	完成情况	自评分
1	能使用手机采集区块链应用的典型场景	50		
2	能使用网络搜索区块链应用的典型场景	50		
总 分				

3. 素质测评

针对表 5-10 中所列出的素质与素养观察点,反思任务实现的过程,思考总结相关项目,做到即得分,未做到得 0 分。

表 5-10 素质测评表

序 号	素质与素养	分 值	总结与反思	得 分
1	信息意识——通过网络搜索,检索我国区块链现阶段的发展现状	20		
2	数字化创新与发展——通过网络搜索区块链应用的典型案例	20		
3	信息社会责任——描述区块链在保护个人和他人隐私方面的应用案例	20		
4	信息安全意识——结合自己的生活经历,描述区块链发展对个人生活的影响	20		
5	树立建设创新型国家、制造强国、网络强国、数字中国、智慧社会的信心	20		
总 分				

拓展训练

完成对本任务搜集到的"生活中的区块链技术"文本、图片、视频等材料的整理，使用短视频制作工具，完成短视频的制作，具体要求如下：

（1）短视频时长在 2~3min。

（2）可采用微电影、综合视频短片等形式，要求为 MP4 格式，分辨率 1 920×1 080 像素。

（3）必须原创，图像清晰稳定、构图合理、声音清晰，视频片头应写上标题、作者和班级。

技巧与提高

文心一言视频生成

在日常生活中，我们经常会感到视频制作的需求强烈，但有时会因为种种原因，比如缺乏创意、时间不够、技能不足等，而无法满足这些需求。文心一言是一个将人工智能与视频制作相结合的平台，无论你是想制作一个商业广告，还是想为自己的社交媒体账号创建一个吸引人的内容，文心一言都可以帮你实现。

要生成一个以"生活中的区块链技术"为主题的视频，可以采用如下步骤完成。（注意：此方法需要会员权限，且仅支持生成 30 s 内的视频）

（1）进入文心一言"智能体广场"，在"创作提效"模块中选择"一镜流影"工具，如图 5-20 所示。

图 5-20　文心一言智能体广场界面

（2）输入文本"生成视频介绍区块链技术"，确定命令，等待视频生成。

（3）预览生成后的视频，如果不满足要求，可以进一步指定背景音乐、视频时长、视频风格等；满足要求的视频可以单击下载，进行本地存储及应用，其中，生成的视频均带有"AI生成"文字水印，在使用时要考虑视频本身的版权问题，如图 5-21 和图 5-22 所示。

图 5-21　视频调整窗口

图 5-22　视频预览界面

任务 4　寻找生活中的人工智能——引领未来的人工智能

人工智能（artificial intelligence，AI）是研究、开发用于模拟、延伸和扩展人的智能的理论、方法、技术及应用系统的一门新的技术科学。

经过 60 多年的演进，特别是在移动互联网、大数据、超级计算、传感网、脑科学等新理论新技术以及经济社会发展强烈需求的共同驱动下，人工智能加速发展，呈现出跨界融合、人机协同、群智开发、自主操控等新特征。与工业时代的蒸汽机和信息时代的互联网一样，人工智能在智慧时代扮演着关键角色，是支撑引领人类社会从信息时代走向智慧时代的基础。

人工智能

任务描述

本阶段的任务是结合所学的人工智能的知识，寻找生活中的人工智能典型应用场景，使用手机拍摄视频和照片或者使用网络搜索相关信息进行收集、记录。

知识准备

一、人工智能的定义

广义的人工智能，是创造出能像人类一样思考的机器。而狭义的人工智能，是怎样获得知识、怎样表示知识并使用知识的学科。

从人工智能实现的功能来定义，是指智能机器所执行的通常与人类智能有关功能，如判断、证明、识别、学习和问题求解等思维活动。这些反映了人工智能学科的基本思想和基本内容，即研究人类智能活动的规律。

二、人工智能的产生和发展

1956 年 8 月，在美国汉诺斯镇达特茅斯学院的会议上，一群科学家通过集中讨论，引出了人工智能这个概念，这一年也成为人工智能元年。

从 1956 年至今，人工智能的发展经历了三次浪潮。

1956—1976 年——第一次人工智能浪潮。这个阶段主要是符号主义、推理、专家系统等领域发展很快。1964—1966 年，约瑟夫·维森鲍姆教授建立了世界上第一个自然语言对话程序 ELIZA，可以通过简单的模式匹配和对话规则与人聊天。第一次浪潮的高峰在 1970 年，当时由于机器能够自动证明数学原理中的大部分原理，人们认为第一代人工智能机器甚至可以在 5~10 年达到人类智慧水平。20 年以后，大家当时设计的理想目标很多都没有实现，由此进入第一个低潮期，符号主义和连接主义由此消沉。

1976—2006 年——第二次人工智能浪潮。20 世纪 80 年代，由于专家系统和人工神经网络的新进展，人工智能浪潮再度兴起。1980 年，卡耐基梅隆大学为迪吉多公司开发了一套名为 XCON 的专家系统，这套系统当时每年可为迪吉多公司节省 4 000 万美元。XCON 的巨大价值激发了工业界对人工智能尤其专家系统的热情。1982 年，约翰·霍普菲尔德提出了一种新型的网络形式，即霍普菲尔德神经网络，其中引入了相关存储的机制。1986 年，《通过误差反向传播学习表示》论文发表，使反向传播算法被广泛用于人工神经网络的训练。20 世纪 80 年代后期，由于专家系统开发与维护的成本高昂，而商业价值有限，人工智能的发展再度步入冬天。

2006 年至今——第三次人工智能浪潮。21 世纪，人类迈入了"大数据"时代，此时计算机芯片的计算能力高速增长，人工智能算法也因此取得重大突破。研究人工智能的学者开始引入不同学科的数学工具，为人工智能打造更坚实的数学基础。2012 年全球的图像识别算法竞赛 ILSVRC（又称 ImageNet 挑战赛）中，多伦多大学开发的多层神经网络 Alex Net 取得了冠军，引起了人工智能学界的震动。从此，多层神经网络为基础的深度学习被推广到多个应用领域。2022 年 11 月，以 ChatGPT 为代表的大语言模型迅速发展，生成式人工智能推动人工智能从算法智能进入语言智能时代。2025 年初，杭州深度求索公司凭借 DeepSeek V3 大语言模型以 1.8 万亿参数规模实现接近人类水平的数学推理能力引发全球轰动，超越 GPT-4 等国际主流模型，被外媒称为"中国 AI 的里程碑"。

为推动我国人工智能产业有序健康发展，我国出台了系列政策和发展规划。党的二十届三中全会通过的《中共中央关于进一步全面深化改革、推进中国式现代化的决定》明确指出：建立未来产业投入增长机制，完善推动"新一代信息技术""人工智能"等战略性产业发展政策和治理体系；在健全网络综合治理体系方面，完善生成式人工智能发展和管理机制；在完善公共安全治理机制上，建立人工智能安全监管制度。以上政策的出台将为我国人工智能发展奠定坚实的基础。

三、人工智能的实现方式

人工智能通过以下两种方式实现：一是采用传统的编程技术，使系统呈现智能的效果，而不考虑所用方法是否与人或动物机体所用的方法相同。这种方法称为工程学方法，它已在一些领域内作出了成果，如文字识别、计算机下棋等。二是模拟法，它不仅要看效果，还要求实现方法也和人类或生物机体所用的方法相同或相似。遗传算法和人工神经网络均属于模拟法。

1. 机器学习

机器学习是研究怎样使用计算机模拟或实现人类学习活动的科学，是人工智能中最具智能的特征，是最前沿的研究领域之一。自 20 世纪 80 年代以来，机器学习作为实现人工智能的途径，在人工智能界引起了广泛的兴趣，特别是近十几年来，机器学习领域的研究工作发展很快，它已成为人工智能的重要课题之一。

2. 深度学习

深度学习是学习样本数据的内在规律和表示层次，这些学习过程中获得的信息对文字、图像和声音等数据的解释有很大帮助。它的最终目标是让机器能够像人一样具有分析学习能力，能够识别文字、图像和声音等数据。深度学习是一个复杂的机器学习算法，在语音和图像识别方面取得的效果，远远超过先前相关技术。

3. 强化学习

强化学习（reinforcement learning，RL）又称再励学习、评价学习或增强学习，是机器学习的范式和方法论之一，用于描述和解决智能体（agent）在与环境的交互过程中通过学习策略以达成回报最大化或实现特定目标的问题。

4. 迁移学习

迁移学习是一种机器学习方法，就是把为任务 A 开发的模型作为初始点，重新使用在为任务 B 开发模型的过程中。

5. 知识共享

布朗大学、加利福尼亚大学伯克利分校、德国达姆施达特工业大学等高校的机器人项目，目的是使世界各地研究型机器人学习如何发现和处理简单的物品,并将数据上传至云端,允许其他机器人分析和使用这些信息。2016年,布朗大学教授斯蒂芬妮·泰勒斯(Stefanie Tellex)团队已经收集了大约200个物品的数据,并且开始共享这些数据。她希望能建立一个信息库,让机器人能够很容易地获取它们所需要的信息。

上面提到的就是知识分享型机器人,它是可以学习任务,并同时将知识传送到云端,以供其他机器人学习的机器人。当机器人执行任务时,它们能下载数据,并寻求其他机器人的帮助,更快地在新环境下工作。

任务实现

子任务一:了解人工智能典型应用场景

人工智能应用(applications of artificial intelligence)的范围很广,包括医药、诊断、金融贸易、机器人控制、科学发现和玩具。

1. 人工智能在图像识别领域的应用

一般而言,传统图像识别系统主要由图像分割、图像特征提取以及图像识别分类构成。图像分割将图像划分为多个有意义的区域,然后将每个区域的图像进行特征提取,最后根据提取的图像特征对图像进行分类。高性能芯片、摄像头和深度学习算法的进步都为图像识别技术发展提供了源源不断的动力,日渐成熟的图像识别技术已开始探索在各类行业的应用。

1)人脸识别

人脸识别又称人像识别、面部识别,是基于人的脸部特征信息进行身份识别的一种生物识别技术。人脸识别涉及的技术主要包括计算机视觉、图像处理等。人脸识别系统的研究始于20世纪60年代,之后,随着计算机技术和光学成像技术的发展,人脸识别技术水平在20世纪80年代得到不断提高。在20世纪90年代后期,人脸识别技术进入初级应用阶段。目前,人脸识别技术已广泛应用于多个领域,如金融、司法、公安、边检、航天、电力、教育、医疗等。图5-23所示为人脸识别在天眼系统中的应用。

图5-23 人脸识别在天眼系统中的应用

2)交通系统

图像识别技术被广泛应用于交通运输领域,如图5-24所示。车牌识别、交通违章监测、交通拥堵检测、信号灯识别等能提高交通管理者的工作效率,更好地解决城市交通问题。

3）医学图像处理

医学图像处理是目前人工智能在医疗领域的典型应用，如在临床医学中广泛使用的核磁共振成像、超声成像等生成的医学影像。传统的医学影像诊断，主要通过观察二维切片图去发现病变体，这往往需要依靠医生的经验来判断。而利用计算机图像处理技术，可以对医学影像进行图像分割、特征提取、定量分析和对比分析等工作，进而完成病灶识别与标注，针对肿瘤放疗环节的影像的靶区自动勾画，以及手术环节的三维影像重建。该应用可以辅助医生对病变体及其他目标区域进行定性甚至定量分析，从而大大提高医疗诊断的准确性和可靠性。另外，医学图像处理在医疗教学、手术规划、手术仿真、各类医学研究、医学二维影像重建中也起到重要的辅助作用。图 5-25 所示为"腾讯觅影"筛查 AI 系统。

图 5-24　图像识别在交通系统中的应用

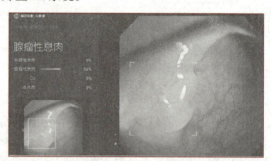
图 5-25　"腾讯觅影"筛查 AI 系统

2. 人工智能在自动驾驶领域的应用

随着技术的不断进步和成本的降低，越来越多的汽车制造商和科技公司投入无人驾驶汽车领域。同时，无人驾驶汽车的应用也逐渐扩大，包括物流运输、出租车服务、城市公共交通等领域。然而，无人驾驶汽车市场也面临着一些挑战，如法律法规的制定、安全性和隐私问题等。尽管如此，无人驾驶汽车市场仍然被认为是未来汽车行业的重要发展方向。

2024 年 5 月，百度在武汉发布第六代萝卜快跑无人驾驶汽车（见图 5-26），车上搭载全球首个支持 L4 级别无人驾驶应用的自动驾驶大模型。据官网信息，除了已在武汉大规模铺开，萝卜快跑还在北京、上海、广州、深圳等 11 个城市开放运营。百度今年第一季度财报显示，期内萝卜快跑供应的自动驾驶订单约 82.6 万单，同比增长 25%。截至 2024 年 4 月 19 日，萝卜快跑累计为公众提供的自动驾驶出行服务订单超过 600 万单。

3. 人工智能在语音识别领域的应用

语音识别技术又称自动语音识别，其目标是将人类语音中的词汇内容转换为相应的文字。语音识别技术广泛应用于工业、家电、通信、汽车电子、医疗、虚拟现实和家庭服务等领域。Siri、小度、小爱同学都是人工智能在语音识别领域的典型应用，可用在个人移动、智能家庭、智能穿戴、智能办公、儿童娱乐、智能出行、智慧酒店、智慧学习等应用场景中。在语音识别领域，科大讯飞（Flytek）已占有中文语音技术市场 70% 以上的市场份额。

4. 人工智能在制造业领域的应用

目前制造企业中应用的人工智能技术，主要围绕在智能语音交互产品、人脸识别、图像识别、图像搜索、声纹识别、文字识别、机器翻译、机器学习、大数据计算、数据可视化等方面。在智能分拣（见图 5-27）、设备健康管理、基于视觉的表面缺陷检测、基于声纹的产品质量检测与故障判断、智能决策、数字孪生、创成式设计、需求预测、供应链优化等方面有非常广泛的应用。

图 5-26　街头"萝卜快跑"车队

图 5-27　智能分拣机器人

子任务二：寻找生活中的人工智能

1. 通过网络检索

根据子任务一介绍的人工智能典型应用场景，使用项目4介绍的网络检索方法，检索人工智能典型应用的案例，搜集相关视频、文本、图片信息，并进行整理。

2. 利用手机记录生活中的人工智能

使用手机拍照和视频功能，记录生活中的人工智能典型应用场景，比如身边的自动驾驶汽车、智能家居安全系统、公寓智慧宿管的"人脸识别"、车站的"身份证识别"、校园大门的"车牌识别"、"无人售货超市"、小度、小爱的应用等场景。

测　评

1. 知识测评

1）填空题

（1）人工智能的英文缩写为_____。它是研究、开发用于模拟、延伸和扩展人的智能的理论、方法、技术及应用系统的一门新的技术科学。

（2）_____年，在美国汉诺斯镇达特茅斯学院的会议上，一群科学家通过集中讨论，引出了人工智能这个概念，这一年也成为人工智能元年。

（3）从1956年至今，人工智能的发展经历了_____次浪潮。

（4）人工智能技术总体来说可分为两层，即_____层和_____层。

（5）2016年谷歌通过深度学习训练的_____程序战胜围棋世界冠军李世石。

（6）智慧公寓的门禁系统是人工智能在_____中的应用。

2）简答题

（1）简述人工智能发展过程中的三次浪潮。

（2）简述人工智能实现的方法。

2. 能力测评

按表5-11中所列的操作要求，对自己完成的任务进行检查，操作完成得满分，未完成或错误得0分。

表 5-11　能力测评表

序 号	操作要求（具体见任务实现）	分 值	完成情况	自 评 分
1	能使用网络或手机采集人工智能在图像识别领域的典型应用场景	25		
2	能使用网络或手机采集人工智能在语音识别领域的典型应用场景	25		
3	能使用网络或手机采集人工智能在自动驾驶领域的典型应用场景	25		
4	能使用网络或手机采集人工智能在制造领域的典型应用场景	25		
总　分				

3. 素质测评

针对表 5-12 中所列出的素质与素养观察点，反思任务实现的过程，思考总结相关项目，做到即得分，未做到得 0 分。

表 5-12　素质测评表

序 号	素质与素养	分 值	总结与反思	得　分
1	信息社会责任——能辨析人工智能在社会应用中面临的伦理、道德和法律问题	25		
2	数字化创新与发展——了解人工智能发展历程，理解人工智能引领的数字化革命对社会生活的巨大影响	25		
3	计算思维——理解人工智能实现方式，初步了解解决问题过程中的形式化、模型化、自动化、系统化概念和方法	25		
4	树立建设创新型国家、制造强国、网络强国、数字中国、智慧社会的信心	25		
总　分				

拓展训练

完成对本任务搜集到的"生活中的人工智能"文本、图片、视频等材料的整理，使用短视频制作工具，完成短视频的制作，具体要求如下：

（1）短视频时长在 2~3 min。
（2）可采用微电影、综合视频短片等形式，要求为 MP4 格式，分辨率为 1 920×1 080 像素。
（3）必须原创，图像清晰稳定、构图合理、声音清晰，视频片头应写上标题、作者和班级。

技巧与提高

文心一言 AI 绘画

文心一言的 AI 模型可以根据文字生成图片，只需在文本输入框中进行简单的文字描述，它便能快速生成与之对应的创意图片。

1. 图片生成技巧

技巧一：清晰明确，细节丰富

比如，我们可以写道："一只可爱的卡通小熊，它的眼睛像两颗亮晶晶的黑宝石，鼻子小

微　课

文心一言AI绘画

巧玲珑，嘴角微微上扬。"这样，文心一言就能准确地知道我们想要画什么。

技巧二：善用类比，激发创意

比如，我们可以写道："这个建筑就像是从童话世界里走出来的，它的外观充满了曲线美和艺术感。"这样的提示词不仅可以激发文心一言的创意，还能让画面更加生动有趣。

技巧三：合理搭配，注重比例

比如，我们可以写道："一片绿油油的草地，上面长满了五颜六色的花朵，远处有一棵高大的树，它的枝叶茂密，仿佛在向我们招手。"这样的提示词可以让文心一言更好地把握画面的整体感和比例。

技巧四：情景交融，情感传递

比如，我们可以写道："一个孤独的女孩坐在沙滩上，看着远方的落日，她的脸上流露出淡淡的忧伤。"这样的提示词可以让画面更加生动，引起观众的共鸣。

2．文心一言图片生成

假定我们需要基于文心一言以"人工智能"为主题设计一张图片，可以采用如下步骤快速完成。

（1）进入文心一言百宝箱功能，在"场景"→"绘画达人"中查看是否有贴合要求的范例模板，这里选择【国潮喜鹊素材】做最基本的指令参考，如图5-28所示。

图5-28　文心一言百宝箱场景界面

（2）使用指定后查看指令模板，基于指令版式修改其中的内容，当前需求修改为："画一个：人工智能矢量图。人工智能产品在科技场景中，蓝紫背景，2.5D，未来主义图案。"之后发送指令，如图5-29所示。

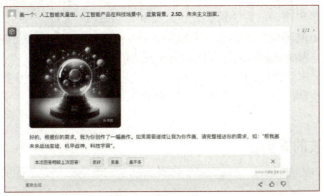

图5-29　指令修改窗口

任务 5 寻找生活中的量子科技——改变世界的量子科技

从顶层设计、战略投资再到人才培养等，全球各国近年来在量子科技领域持续投入。量子信息技术是量子力学的最新发展领域，代表了正在兴起的"第二次量子革命"。量子科技是量子物理与信息技术相结合发展起来的新学科，主要包括量子通信、量子计算、量子测量三个领域。

任务描述

如果通过百度搜索"量子产品"，会看到"量子护肤品、量子美容仪、量子鞋垫、量子水杯、量子阅读"等量子产品，同时也会看到有些科普文章会提醒我们，这些所谓的"量子产品"都是伪科技，那么，到底什么是量子？量子有哪些特性？生活中到底有没有产品使用量子科技？未来的量子科技革命可能发生在哪些领域？本任务将在介绍量子的基本概念、量子特征的基础上，带领大家一起寻找生活中的量子科技，展望未来的量子科技革命发生的重要领域。

知识准备

一、量子的定义

要说清楚什么叫量子，首先要从量子力学说起。量子力学起源于 20 世纪初，是研究物质世界微观粒子运动的物理学分支。我们知道构成物质的最小单元是基本粒子，而量子是质量、体积、能量等物理量的最小单位，也就是说如果一个物理量存在最小的不可分割的单位，那么这个物理量是量子化的，而这个最小的不可分割的单元就是量子，量子的本质是离散变化的最小单位。量子一词在不同语境下对应不同的粒子（如果它对应粒子的话）。并没有某种粒子专门称为"量子"。

说到量子物理，必须要提到物理学中的"薛定谔的猫"，这是奥地利著名物理学家薛定谔提出的一个思想实验，是指将一只猫关在装有少量镭和氰化物的密闭容器中，如图 5-30 所示。镭的衰变存在概率，如果镭发生衰变，会触发机关打碎装有氰化物的瓶子，猫就会死；如果镭不发生衰变，猫就存活。根据量子力学理论，放射性的镭处于衰变和没有衰变两种状态的叠加，猫就理应处于死猫和活猫的叠加状态，也就是说打开盒子的一瞬间，猫可能处于既活着又死去的状态。

图 5-30 薛定谔的猫

这个看起来非常违反我们直觉经验的结论，正说明了量子力学的一个特征，就是量子力学所描述的微观物理世界，不同于我们所处的宏观世界。我们不能用现实生活中的很多经验去理解和衡量量子世界。

二、量子科技的重要性

首先，量子力学建立以后，就成为整个微观物理学的理论框架。下面简单介绍量子力学都影响了哪些领域。

1. 化学

量子力学解释了化学。元素周期表、化学反应、化学键、分子的稳定性等，都是量子力学规律所致。

2. 天体力学

量子力学帮助我们理解宇宙。从光到基本粒子，到原子核，到原子、分子以及大量原子构成的凝聚态物质，对这些物质的认识，量子力学起到了非常重要的作用。很多天文现象，如恒星发光、白矮星和脉冲星、太阳中微子的震荡、宇宙背景辐射等，量子力学规律都在起作用。

3. 能源和材料学

很多材料性质，如导体、绝缘体、磁体、超导体等，都源于电子的量子行为。更重要的是，量子力学的研究让我们拥有了来自原子核能量这一新的能源。核弹影响了世界历史，核电则是核能的和平利用。

4. 信息学

量子力学为信息革命提供了硬件基础。激光、半导体晶体管、芯片的原理都源于量子力学。量子力学也使得磁盘和光盘的信息存储、发光二极管、卫星定位导航等新技术成为可能。

没有量子力学，互联网和智能手机也不会存在。

5. 哲学

量子力学带来的新世界观冲击着19世纪以来形成的哲学体系，以波尔为代表的"哥本哈根诠释"颠覆了传统的世界观。

（1）世界的本质是概率的，而非决定论的。

（2）在观测前，被观测物的状态是不确定的，通过观测才能被确定。

（3）物理过程是非定域的，相隔很远的物体可以通过量子纠缠瞬间发生作用。

20世纪90年代，诺贝尔奖得主莱德曼指出，量子力学贡献了当时美国国内生产总值的三分之一。现在的比例还要高出很多，很难找到与量子无关的新技术。更重要的是，量子力学正深刻地改变我们看世界的方法和观点，因此，量子力学是当代文明的一个重要基础。

任务实现

子任务一：了解量子科技典型应用场景

1. LED

LED的工作原理是使用半导体（即导电性在铜线等良导体和玻璃等绝缘体之间导电的材料），这些半导体设计有孔，当电子通过电流穿过电子空穴时，它们会通过光子或光粒子释放能量。这种光的颜色由半导体内孔的大小决定，只有部分LED使用了量子技术。

2. 激光

与LED一样，激光也利用了量子物理学的特性。当具有高能级的原子与具有精确波长的光子相互作用时，激光就会工作，然后使原子发射与第一个光子完全相同的第二个光子。在这里，原子的量子态随着它们发射光子而降低。如此循环，便会产生激光。

虽然激光在演讲厅中很常见，但激光还有许多其他应用。从军用武器、枪支瞄准器到显微镜，激光无处不在。无论是扫描杂货、在宠物的项圈上刻标签、玩激光游戏，都在使用激光，科学家还会使用高功率激光来诱发降雨和闪电风暴。

3. 全球定位系统

GNSS 以原子钟的形式使用量子技术。原子钟通过量子物理学的特性工作。使用铯或铷原子，这些时钟"滴答作响"，因为特定微波的振荡会驱动这些原子的两个量子态之间的跃迁。因此，原子钟非常精确。

GNSS 的工作原理是使用来自多个原子钟的信号，查看来自不同卫星的不同到达时间，然后从原子钟和卫星获取数据以确定你的距离和目的地有多远。每次需要导航时，GNSS 都会使用光速将原子钟给出的时间转换为距离，从而为人们提供精确的导航。

4. 核磁共振

核磁共振（magnetic resonance imaging，MRI）是一种众所周知的医生和其他专业人员进行人体成像的方法。MRI 机器使用氢原子工作，像所有原子一样，氢原子的原子核在自旋上具有特定的排列。MRI 机器使用精心布置的磁场翻转这些氢原子的自旋。这些自旋翻转是氢原子量子态的一部分，可以在量子水平上改变这些原子之间的相互作用。使用这些翻转旋转，医生可以查看体内不同浓度的氢，看到 X 射线上看不到的东西。

5. 晶体管

晶体管是微处理器中的基本硬件，它由半导体构成，其中仅允许携带电荷的电子占据某些离散的能级，这基于量子物理学。随着更多电子的加入，它们会以规定的方式形成允许的"能带"。所产生的能量"能带结构"可以通过向连接到设备的导线施加电压来修改，从而产生了构建成基本电器元件的开关行为。

目前我们生活中所用的这些量子产品，可以说是第一次量子科技革命的结果。进入 21 世纪，量子科技迎来了第二次科技革命，在这场科技革命中，量子计算、量子通信、量子测绘成为最重要的三个领域。

子任务二：寻找生活中的量子科技

1. 通过网络检索

根据子任务一介绍的量子科技典型应用场景，使用项目 4 介绍的网络检索方法，检索量子科技典型应用案例，搜集相关视频、文本、图片信息，并进行整理。

2. 利用手机记录生活中的量子科技

使用手机拍照和视频功能，记录生活中的量子科技典型应用场景，如 GPS 导航、手机及计算机芯片、LED 灯、激光、核电、核磁共振等。

测　　评

1. 知识测评

1）填空题

（1）量子力学起源于_____，是研究物质世界微观粒子运动的物理学分支。

（2）量子的本质是_____。

（3）GPS 以_____（atomic clocks）的形式使用量子技术。

（4）第二次量子科技革命，主要发生在三个领域，分别是_____、_____、_____。

（5）量子计算机存储信息的基本单位是量子比特，量子比特可能是_____、_____，也可能是_____。

（6）2017 年，我国正式开通全球首个远距离量子保密通信骨干网_____，贯穿济南、合肥，满足上万用户的密钥分发业务需求，可为沿线金融机构、政府部门等提供高安全等级的量子保密通信业务支持。

（7）2016 年 8 月 16 日，酒泉卫星发射中心用长征二号丁载运火箭成功发射世界首颗量子科学实验卫星_____。

（8）2021 年，中国科学技术大学成功研制 113 个光子 144 模式的量子计算原型机_____，并实现了相位可编程功能，完成了对用于演示"量子计算优越性"的高斯玻色取样任务的快速求解。

2）简答题

（1）什么是量子？

（2）量子力学影响了哪些领域？

2. 能力测评

按表 5-13 中所列的操作要求，对自己完成的任务进行检查，操作完成得满分，未完成或错误得 0 分。

表 5-13　能力测评表

序号	操作要求（具体见任务实现）	分值	完成情况	自评分
1	能使用网络或手机采集 LED 的应用场景	20		
2	能使用网络或手机采集激光的应用场景	20		
3	能使用网络或手机采集 GPS 的应用场景	20		
4	能使用网络或手机采集核磁共振的应用场景	20		
5	能使用网络或手机采集晶体管的应用场景	20		
	总分			

3. 素质测评

针对表 5-14 中所列出的素质与素养观察点，反思任务实现的过程，思考总结相关项目，做到即得分，未做到得 0 分。

表 5-14　素质测评表

序号	素质与素养	分值	总结与反思	得分
1	信息意识——了解量子第一次科技革命和第二次科技革命对各个领域的影响，理解量子科技的重要性	30		
2	树立建设创新型国家、制造强国、网络强国、数字中国、智慧社会的信心	30		
3	信息社会责任——了解量子科技革命中的量子密钥分发技术对有效维护信息活动中个人、他人的合法权益和公共信息安全的重要意义	40		
	总分			

笔记栏

拓展训练

完成对本任务搜集到的"生活中的量子科技"文本、图片、视频等材料的整理,使用短视频制作工具,完成短视频的制作,具体要求如下:

(1)短视频时长在 2~3 min。
(2)可采用微电影、综合视频短片等形式,要求为 MP4 格式,分辨率为 1 920×1 080 像素。
(3)必须原创,图像清晰稳定、构图合理、声音清晰,视频片头应写上标题、作者和班级。

技巧与提高

微课
文心一言图表制作

文心一言图表制作

在现代工作和生活中,图表已成为一种非常重要的信息传递工具。不论是商务报告、学术研究还是教学资料,一个清晰、直观的图表往往能更好地传达自己的观点。文心一言(E 言易图)支持多种图表类型,包括直方图、折线图、散点图、饼图、雷达图等,用户可以根据自己的需求选择合适的图表类型进行生成。E 言易图的使用具有一定的门槛,从官方的问题例子来看,需要提问者具备数据分析、图表使用的经验,才能进行提问。

以"量子科技"为主题,选取企业营业收入作为图表制作的内容,可采用如下步骤完成:
(1)在智能体广场中找到"E 言易图",使用该插件生成图表,如图 5-31 所示。

图 5-31 智能体广场 E 图易言界面

(2)在指令框中输入生成图表所需的信息,当前输入内容为"23 年营业收入:量子保密通信产品 34.49%、超导量子计算操控系统 28.69%、相关技术服务 22.22%、量子精密测量产品 9.8%、其他 4.8%。根据以上数据画一个饼图",发送指令,在生成的结果中可以通过下载功能获取 PNG 格式的图片,如图 5-32 所示。

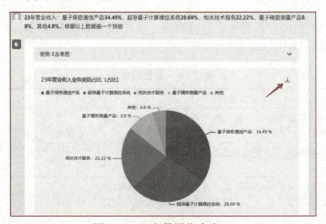

图 5-32 E 言易图指令窗口

项目 5　信息新技术

任务 6　寻找生活中的物联网技术——万物相联的物联网

党的二十大报告指出："加快发展物联网，建设高效顺畅的流通体系，降低物流成本。"物联网是一个基于互联网、传统电信网等信息承载体，让所有能够被独立寻址的普通物理对象形成互联互通的网络。物联网技术在工业、农业、环境、交通、物流、安保等基础设施领域的应用，有效地推动了这些方面的智能化发展，使得有限的资源更加合理地使用分配，从而提高了行业效率、效益。在家居、医疗健康、教育、金融与服务业、旅游业等与生活息息相关的领域的应用，从服务范围、服务方式到服务的质量等方面都有了极大的改进，大大地提高了人们的生活质量。

微　课

物联网

任务描述

本任务要求大家寻找我们身边的物联网技术应用场景，了解物联网技术的特点和典型应用，了解移动通信技术对产业和人们日常生活的影响。

知识准备

一、物联网的概念

物联网（internet of things，IoT）起源于传媒领域，是信息科技产业的第三次革命。物联网是指通过信息传感设备，按约定的协议，将任何物体与网络相连接，物体通过信息传播媒介进行信息交换和通信，以实现智能化识别、定位、跟踪、监管等功能。

二、物联网的架构

物联网技术体系可以分成四层：终端层（又称感知层）、网络层、平台层和应用层。每一层都担任了不同的职责，这种分层管理的架构体系，可以提高工作质量和工作效率。图 5-33 所示为物联网的架构图。

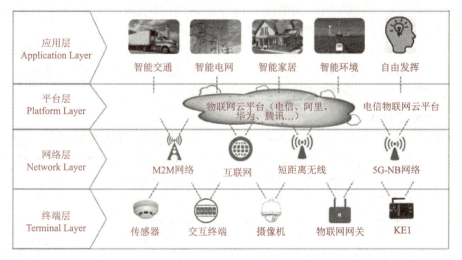

图 5-33　物联网架构图

1. 终端层

终端层功能就是采集物理世界的数据，是人类世界与物理世界进行交流的关键桥梁。

终端层的数据来源主要有两种：

一种就是主动采集生成信息，比如传感器、多媒体信息采集、GPS 等，这种方式都需要主动去记录或跟目标物体进行交互才能拿到数据，存在一个采集数据的过程，且信息实时性高。

另一种是接受外部指令被动保存信息，比如射频识别（RFID）、IC 卡识别技术、条形码、二维码技术等，这种方式一般都是通过事先将信息保存起来，等待被直接读取。

2. 网络层

网络层的主要功能是传输信息，将感知层获得的数据传送至指定目的地。

网络层由各种私有网络、互联网、有线和无线通信网、网络管理系统等组成，在物联网中起到信息传输的作用，该层主要用于对感知层和平台层之间的数据进行传递，它是连接感知层和平台层的桥梁。

3. 平台层

物联网平台可为设备提供安全可靠的连接通信能力，向下连接海量设备，支撑数据上报至云端，向上提供云端 API，服务端通过调用云端 API 将指令下发至设备端，实现远程控制。

物联网平台主要包含设备接入、设备管理、安全管理、消息通信、监控运维以及数据应用等。

4. 应用层

应用层是物联网的最终目的，其主要是将设备端收集来的数据进行处理，从而给不同的行业提供智能服务。目前物联网涉及的行业众多，比如电力、物流、环保、农业、工业、城市管理、家居生活等。

通过这些层面，物联网具有了全面感知、可靠传输、智能处理三大特征。

三、物联网的关键技术

在物联网应用中有四项关键技术：

1. 传感器技术

传感器技术是计算机应用中的关键技术。目前，绝大部分计算机处理的都是数字信号。自从有计算机以来就需要传感器把模拟信号转换为数字信号进行处理。

传感器技术可以感知周围环境或者特殊物质，比如气体感知、光线感知、温湿度感知、人体感知等，把模拟信号转换为数字信号，给中央处理器处理。最终形成气体浓度参数、光线强度参数、范围内是否有人探测、温度湿度数据等显示出来。

2. 射频识别技术

射频识别技术（radio frequency identification，RFID）也是一种传感器技术，是自动识别技术的一种。物联网通过无线射频方式进行非接触双向数据通信，利用无线射频方式对记录媒体（电子标签或射频卡）进行读写，从而达到识别目标和数据交换的目的，RFID 射频识别技术被认为是 21 世纪最具发展潜力的信息技术之一。

RFID 技术是物联网中非常重要的组成部分。RFID 标签中存储着规范而具有互用性的信息，通过无线数据通信网络把它们自动采集到中央信息系统，实现物品（商品）的识别，进而通过开放性的计算机网络实现信息交换和共享，从而实现对物品的"透明"管理。和必须"看见"才能识读的条形码技术不同，RFID 技术的优点在于可以无接触的方式实现远距离、多标签甚至在快速移动的状态下自动识别。

3. 嵌入式系统技术

嵌入式系统技术是综合了计算机软硬件、传感器技术、集成电路技术、电子应用技术为一体的复杂技术。经过几十年的演变，以嵌入式系统为特征的智能终端产品随处可见：从日常生活中常用的冰箱、洗衣机、电风扇、空调到卫星系统，嵌入式系统正在改变着人们的生活，推动着工业生产以及国防工业的发展。

如果把物联网用人体做一个简单比喻，传感器相当于人的眼睛、鼻子、皮肤等感官，网络就是用来传递信息的神经系统，嵌入式系统则是人的大脑，对接收到的信息进行分类处理。这个例子很形象地描述了传感器、网络、嵌入式系统在物联网中的位置和作用。

4. IPv6 技术

传统的互联网采用的地址是 IPv4，使用 4 个字节共 32 个二进制位进行编址。IPv4 地址空间有限，对于未来物联网社会中大量智能设备对网络地址的需求，显得有些力不从心。同时，IPv4 还存在路由选择效率不高、自身缺乏安全机制，安全性差、服务质量不高等缺点。

与 IPv4 相比，IPv6 协议具有很多优点，主要如下：

（1）巨大的地址空间。IPv6 协议采用 128 位的地址，理论上地址数量可以达到 2^{128} 个，其地址数量远远大于 IPv4。

（2）全新的报头结构。IPv6 对报头做了简化，取消了原 IPv4 的部分报头字段，如选项字段，采用 40 字节的固定报头。不仅减小了报头长度，而且由于报头长度固定，在路由器上处理起来也更加便捷。另外，IPv6 还采用了扩展报头机制，更便于协议自身的功能扩展。

（3）地址自动配置。IPv6 采用无状态地址配置技术，由路由器进行地址的自动配置，最终用户无须手工配置地址。

（4）更好的安全性。IPSec 安全协议已经成为 IPv6 的一个必要组成，这样在 IPv6 中指定了对身份认证和加密的支持，增强了网络层数据安全性。

（5）更好的服务质量（QoS）支持。IPv6 报头中增加了流标签字段，使用流标签功能可以更好地实现 QoS 支持。数据发送者可以使用流标签对属于同一传输流的数据进行标记，在传输过程中可以根据流标签，对整个流提供相应的服务质量。

任务实现

子任务一：了解物联网典型应用场景

物联网的应用领域非常广泛，涉及社会生活的方方面面，下面介绍物联网应用的典型场景。

1. 智能物流

智能物流是新技术应用于物流行业的一种总称，它是指以物联网、大数据、人工智能等信息技术为支持，在物流运输、仓储、包装、装卸、配送等环节实现系统感知、分析和处理等功能。实现智能物流，可以大大降低各个行业的运输成本，提高运输效率，提升整个物流行业的智能化和自动化水平。物联网在物流行业的应用，主要体现在三个方面，即仓库管理、运输监控和智能快递柜。

2. 智能交通

在物联网中，交通系统被认为是最有前景的应用领域之一。智能交通是物联网的具体表现形式，它利用先进的信息技术、数据传输技术、计算机处理技术等，将人、车、路有机结合起来，实现人、车、路的紧密结合，改善交通运输环境、保障交通安全，提高资源利用率。智能运输包括智能公交车、共享单车、汽车联网、智能停车、智能交通灯等多种场景和领域。

3. 智能安防

智能安防系统主要包括门禁、报警和监控三大部分。安全是物联网应用的一个很大的市场，传统安全系统对人的依赖程度较高，而智能安防可以通过设备来实现智能判断。当前，智能安防最核心的部分是智能安防系统，它是将采集到的图像进行传输、存储、分析和处理。集成化的智能安全系统主要由三大部分组成：门禁、报警和监控，行业内主要以视频监控为主。

4. 智能能源

在能源领域，物联网可以用来实现水、电、气等仪表和路灯的遥控。智能能源是智慧城市的一个组成部分，目前，将物联网技术应用于能源领域，主要用于水、电、气等表中，根据外界气候条件对路灯的遥控控制等，以环境和设备为基础进行感知，通过监测，提高利用效率，减少能源损耗。

5. 智慧医疗

智慧医疗英文简称 WITMED，是最近兴起的专有医疗名词，通过打造健康档案区域医疗信息平台，利用最先进的物联网技术，实现患者与医务人员、医疗机构、医疗设备之间的互动，逐步达到信息化。智能化医疗主要应用领域有两个：穿戴式医疗和数字医院。

6. 智慧建筑

建筑领域中，物联网的应用主要体现在电力照明、消防监控、建筑物控制等方面。建筑物是城市的基石，科技的进步推动着智能建筑的发展，物联网技术的应用使建筑朝着智慧建筑方向迈进。智能建筑作为一种集感知、传输、记忆、判断、决策于一体的综合性智能解决方案，正日益受到重视。目前智慧建筑主要体现在电力照明、消防监控、楼宇控制等方面。

7. 智能生产

通过物联网技术，赋予制造业以数字化、智能化改造。制造业领域庞大的市场规模，是物联网的一个重要应用领域，它体现在数字化以及工厂智能化改造方面，包括工厂机械设备监测与工厂环境监测。通过增加物联网设备，使设备厂商可以随时随地远程监测、升级、维护等操作，加深对产品使用情况的理解，并对产品生命周期进行信息收集，对产品设计及售后服务进行指导；而工厂环境监测主要包括空气温度、湿度、感烟等。其核心特征是：产品的智能化、生产的自动化、信息流与物料流一体化。

8. 智能家居

智能家居（smart home，home automation）是以住宅为平台，利用综合布线技术、网络通信技术、安全防范技术、自动控制技术、音视频技术将家居生活有关的设施集成，构建高效的住宅设施与家庭日程事务的管理系统，提升家居安全性、便利性、舒适性、艺术性，并实现环保节能的居住环境。

智能家居包括智能家电控制、智能灯光控制、电动窗帘控制、防盗报警、门禁对讲、煤气泄漏等，同时还可以拓展诸如三表抄送、视频点播等服务增值功能。对很多个性化智能家居的控制方式很丰富多样，比如：本地控制、遥控控制、集中控制、手机远程控制、感应控制、网络控制、定时控制等。

9. 智慧零售

智慧零售是指运用互联网、物联网技术，感知消费习惯，预测消费趋势，引导生产制造，为消费者提供多样化、个性化的产品和服务。

24 小时不打烊的无人智能货柜，网上选品预订的品牌小程序，无须导购和收银员的无人售货超市，这些场景都是物联网技术在零售行业中的应用。

10. 智慧农业

智慧农业就是将物联网技术运用到传统农业中去，运用传感器和软件通过移动平台或者计算机平台对农业生产进行控制，使传统农业更具有"智慧"。除了精准感知、控制与决策管理外，从广泛意义上讲，智慧农业还包括农业电子商务、食品溯源防伪、农业休闲旅游、农业信息服务等方面的内容。"智慧农业"能够有效改善农业生态环境，彻底转变农业生产者、消费者观念和组织体系结构。

子任务二：寻找生活中的物联网应用场景

1. 通过网络检索

根据子任务一介绍的物联网典型应用场景，使用项目 4 中介绍的"网络检索方法"，检索物联网典型应用的案例，搜集相关视频、文本、图片信息，并进行整理。

2. 利用手机记录生活中的物联网应用场景

使用手机拍照和视频功能，记录生活中的物联网应用场景，比如校园门禁系统、无人超市、无人售货机、自动送货车、智慧公交、共享单车等场景。

测 评

1. 知识测评

1）填空题

（1）"物联网"的概念，即 internet of things，简称_____。

（2）物联网技术体系可以分成四层：_____、_____、_____和_____。

（3）传感器技术可以把_____信号转换为_____信号。

（4）射频识别技术也是一种传感器技术，是自动识别技术的一种，简称_____。

（5）IPv6 协议采用_____位的地址，其地址数量远远大于 IPv4。

（6）物联网主要解决_____（things to things，T2T）、_____（human to things，H2T）、_____（human to human，H2H）之间的互联。

（7）物联网的核心和基础仍然是_____。

（8）物联网具有_____、_____、_____三大特征。

2）简答题

简述物联网应用的典型场景。

2. 能力测评

按表 5-15 中所列的操作要求，对自己完成的任务进行检查，操作完成得满分，未完成或错误得 0 分。

表 5-15　能力测评表

序　号	操作要求（具体见任务实现）	分　值	完成情况	自　评　分
1	能使用手机采集物联网应用的典型场景	50		
2	能使用网络搜索物联网应用的典型场景	50		
总　分				

3. 素质测评

针对表 5-16 中所列出的素质与素养观察点，反思任务实现的过程，思考总结相关项目，做到即得分，未做到得 0 分。

表 5-16　素质测评表

序　号	素质与素养	分　值	总结与反思	得　分
1	信息意识——请通过网络搜索，检索我国物联网现阶段的发展现状	20		
2	数字化创新与发展——通过网络搜索物联网应用的典型案例	20		
3	信息社会责任——在物物相联的时代，请描述如何保护个人和他人隐私	20		
4	信息安全意识——请结合自己的生活经历，描述物联网发展对个人生活的影响	20		
5	树立建设创新型国家、制造强国、网络强国、数字中国、智慧社会的信心	20		
总　分				

拓展训练

完成对本任务搜集到的"生活中的物联网应用"文本、图片、视频等材料的整理，使用短视频制作工具——剪映，完成短视频的制作，具体要求如下：

（1）短视频时长为 2～3 min。

（2）可采用微电影、综合视频短片等形式，要求为 MP4 格式，分辨率为 1 920 像素 × 1 080 像素。

（3）必须原创，图像清晰稳定、构图合理、声音清晰，视频片头应写上标题、作者和班级。

技巧与提高

文心一言辅助生成 PPT

日常的工作已经很多，却还要分出时间去制作 PPT，而且排版、找素材、设计模板都太花费时间。文心一言通过自然语言处理技术，能够理解用户输入的意图，并根据输入的主题或内容生成相应的 PPT 大纲或直接生成 PPT 文件。假定我们需要制作一个以"生活中的物联网应用"为主题的 PPT，用户可以通过如下方法辅助完成。

方法一：使用百宝箱 PPT 大纲

（1）进入文心一言百宝箱功能，在搜索框中输入"PPT"进行指令的查询，使用该指令，如图 5-34 所示。

文心一言辅助生成PPT

图 5-34　文心一言百宝箱搜索界面

（2）生成的"PPT 大纲"指令模板明确了 AI 对象 PPT 制作的知识背景，也描述了大纲创作的任务细节，如图 5-35 所示。

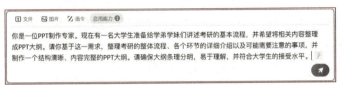

图 5-35　PPT 大纲指令模板

（3）基于模板指令进行修改，更新主题为"生活中的物联网应用"，以该主题进行大纲创作。发送指令，等待自动生成的脚本，如图 5-36 所示。

图 5-36　PPT 大纲指令修改内容

（4）自动生成的大纲包括 PPT 标题及每一页的内容，如果对大纲不满意，可以再次让文心一言进行调整；同时，也要注意，文心一言生成大纲后，我们在进行 PPT 制作前，也需要对大纲进行一个自我确认与推敲，使其更加符合我们的制作意图。已确定的大纲可利用自带功能进行分享或复制，如图 5-37 所示。

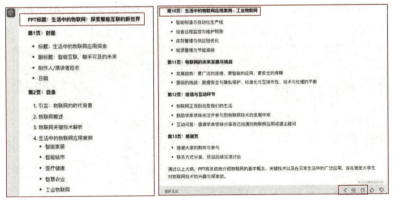

图 5-37　PPT 大纲结果窗口

方法二：使用智能体广场 -PPT 助手

（1）进入文心一言"智能体广场"，在"创作提效"模块中选择"PPT 助手"工具，如图 5-38 所示。

图 5-38　智能体广场 PPT 助手界面

（2）输入关键词"帮我写一份生活中的物联网应用 PPT"，生成的 PPT 可单击查看，如图 5-39 所示。

图 5-39　PPT 助手指令界面

（3）在打开的文库页面中，用户可以对 PPT 中的文本、图片、公示、流程图等内容进行修改或对整个模板进行更新，直至生成满意的效果。此外，在右侧的智能助手模块中还可以进一步发布指令，如输入"帮我生成演讲稿"，用户可以获得该 PPT 演讲的文字稿，为 PPT 展示做更加高效的准备，如图 5-40 所示。

图 5-40　PPT 内容文库界面

（4）在会员模式下，可以导出最终确定的 PPT。

项目 6
信息素养与社会责任

信息科学技术作为现代先进科学技术体系中的前导要素,它所引发的社会信息化迅速改变社会的面貌、改变人们的生产方式和生活方式,对社会生活产生巨大影响,信息素养与社会责任对个人在各自行业内的发展起着重要作用。

本项目以"我身边的信息新技术"主题短视频素材收集、制作、发布为例,寻找人工智能、物联网、区块链、量子科技、移动通信等信息新技术在生活中的应用,讲述主题短视频在素材收集、内容制作和成果发布过程中涉及的信息素养、剪映专业版软件应用及社会责任等内容。通过本项目的学习,提高剪映软件的应用能力,提升信息素养与社会责任。

知识目标

1. 了解信息素养的基本概念及主要要素;
2. 掌握信息伦理知识并能有效辨别虚假信息;
3. 了解信息社会相关法律和伦理道德,明确作为信息社会人的社会责任;
4. 了解信息安全相关知识,具备自我防护能力;
5. 掌握短视频素材收集、制作、发布的方法。

能力目标

1. 能清晰描述信息技术在各领域的典型应用,能认识信息伦理失范行为对信息社会的不良影响,并有效辨别虚假信息;
2. 能通过短视频制作与发布培养信息安全意识和信息社会责任;
3. 能按网络资源使用规则,合法使用资源。

素质目标

1. 培养良好的职业态度、秉承端正的职业操守、维护核心的商业利益、规避产生个人不良记录;
2. 培养信息安全意识、网络空间安全意识;
3. 遵守信息相关法律法规、信息伦理与职业行为自律的要求,明晰不同行业内职业发展的共性策略、途径和方法。

【强国视界】　　　　　　鸿蒙操作系统的自主创新之路

2019 年 8 月 9 日,华为在开发者大会上发布 EMUI 10 的同时宣告了 HarmonyOS 1.0 的诞生。鸿蒙诞生的背景是,美限制华为与谷歌以及其他美国科技公司开展业务。

之后,鸿蒙操作系统历经四代迭代、更新、积累,彻底斩断与安卓之间的联系,剔除 AOSP 代码,只支持鸿蒙内核和鸿蒙系统的应用。目前拥有鸿蒙系统的开发者数量 254 万,应用开发服务月调用次数 827 亿次。同时华为也完成了一项人类史上最大规模的 OTA 升级,目前共计上线 9 亿 + 台终端设备。

鸿蒙操作系统的自主创新之路

笔记栏

  在 2024 年 6 月 21 日-23 日的华为开发者大会上，新一代鸿蒙操作系统 HarmonyOS Next（"纯血鸿蒙"）发布，其不再兼容安卓应用。华为终端 BG 软件部总裁龚体在演讲中表示，鸿蒙内核已经超越了 Linux 内核，实现了更安全、更流畅的性能。鸿蒙内核的全面换新，用 10 年时间完成了欧美 30 年的发展历程，性能提升了 10.7%，这标志着操作系统软件不再被欧美垄断，实现了自主可控。

  曾经，"缺芯少魂"是中国信息产业之痛，"芯"指芯片，"魂"则是指操作系统。在关键技术上实现国产替代，已是中国科技企业的必经之路，开源、安全、可信，华为鸿蒙，正在书写中国数字经济的新篇章！

任务 1 "我身边的信息新技术"主题短视频素材收集 —— 信息素养

微课
信息素养与信息安全意识

  信息素养的内涵包括四个方面：信息意识、信息知识、信息能力和信息品质。信息意识是指人们对信息的敏感程度；信息知识是指与信息技术相关的常用术语和符号、与信息技术相关的文化及其符号、与信息获取和使用有关的法律规范；信息能力是指发现、评价、利用和交流信息的能力；信息品质是指积极生活和开拓创新精神、团队和协作精神、服务和社会责任心。

📖 任务描述

  本阶段的任务是：寻找人工智能、物联网、区块链、量子科技、移动通信等信息新技术在生活中的应用，利用网络检索和手机拍摄等方法收集信息新技术不同应用场景的文本、图片和视频资料。在信息收集的过程中了解相关法律法规与职业行为自律的有关要求，遵守信息伦理道德，有效辨别虚假信息，提升个人的信息意识、信息知识、信息能力和信息品质。

📖 知识准备

一、有效利用网络资源

  互联网让人们的生活空间更便利，能实现实时互动，能实现资源共享，能实现个性化应用，能实现公平性。但同时，网络是一把双刃剑，给人们带来方便的同时，其负面影响也是不容忽视的。

1. 让网络成为良师益友

  网络社会不同于真实社会，我们要以健康的心态使用网络。网络上有许多宝贵的数据可以使用，可以利用网络读书、看电影、听音乐，与兴趣爱好一致的朋友交流思想等，这些都有助于智能的累积与知识的增加，要通过网络提升自己的知识范围和认知水平。

2. 降低网络依赖

  要养成良好的上网习惯，比如给自己规定玩游戏、刷短视频的时间和条件。要通过各种外在或者内在的约束降低使用网络的时间和频率。

3. 学习网络礼仪

  网络就像一个小型的社会，要了解网络上的基本礼仪，包括不发表攻击性的言论，不滥发电子邮件，发表意见和文章时应注意礼貌等。要学会尊重别人，避免一些不必要的争端和冲突的发生。

二、提升信息安全意识

1. 了解信息安全威胁的途径

（1）假冒：是指不合法的用户侵入到系统，通过输入账号等信息冒充合法用户从而窃取信息的行为。

（2）身份窃取：是指合法用户在正常通信过程中被其他非法用户拦截。

（3）数据窃取：指非法用户截获通信网络的数据。

（4）否认：指通信方在参加某次活动后却不承认自己参与了。

（5）拒绝服务：指合法用户在提出正当的申请时，遭到了拒绝或者延迟服务。

（6）错误路由。

（7）非授权访问。

2. 掌握信息安全技术

1）数字签名以及生物识别技术

数字签名技术主要针对电子商务，该技术有效地保证了信息传播过程中的保密性以及安全性，同时也能够避免计算机受到恶意攻击或侵袭等问题发生。生物识别技术是指通过对人体的特征识别来决定是否给予应用权利，主要包括了指纹、视网膜、声音、人脸等方面。这种技术能够最大限度地保证计算机互联网信息的安全性，现在应用较为广泛的就是指纹识别和人脸识别技术。

2）信息加密处理与访问控制技术

信息加密技术是指用户可以对需要保护的文件进行加密处理，设置有一定难度的复杂密码，并牢记密码保证其有效性。此外，用户还应当对计算机设备进行定期的检修以及维护，加强网络安全保护，并对计算机系统进行实时监测，防范网络入侵与风险，进而保证计算机的安全稳定运行。访问控制技术是指通过用户的自定义对某些信息进行访问权限设置，或者利用控制功能实现访问限制，该技术能够使得用户信息被保护，也避免了非法访问此类情况的发生。

3）安全防护技术

包含网络防护技术（防火墙、UTM、入侵检测防御等）；应用防护技术（如应用程序接口安全技术等）；系统防护技术（如防篡改、系统备份与恢复技术等），防止外部网络用户以非法手段进入内部网络，访问内部资源，保护内部网络操作环境的相关技术。

4）身份认证技术

用来确定访问或介入信息系统用户或者设备身份的合法性的技术，典型的手段有用户名口令、身份识别、PKI证书和生物认证等。

3. 积极参与校园各类学习和实践活动，增强网络安全意识

1）积极参加网络安全主题的实践活动

为了提升大学生的网络安全意识，各级部门会组织以网络安全为主题的各项活动。大学生要积极参加网络安全主题的活动，在实践活动中更好地提升识别网络诈骗的能力，增强防范风险的意识。

2）积极接受学校的课堂教育

各高校会建立包括思政课程、大学生信息素养、大学计算机基础以及其他专业课程的立体化信息素养教育课程体系。通过思政课程和专业课程思政等形式，培养大学生在网络社会的公民意识、法治意识，引导学生在网络上形成正确的消费观、价值观，人生观和世界观。通过大学生信息素养、大学计算机基础课程等，帮助大学生掌握信息搜索、处理、应用方法，从方法论的层面保障大学生的信息素养。作为在校大学生，应该认真参加各类学习，提升个人的信息素养和信息社会责任感。

任务实现

子任务一：通过网络收集手机短视频制作素材

结合项目4对检索技术的介绍及项目5对人工智能、量子科技、移动通信、物联网技术、区块链技术的典型应用场景的介绍，通过网络检索了解信息新技术在生活中的应用，并收集相关素材，为制作"我身边的信息新技术"短视频做好素材收集和准备。

树立信息安全意识，做好相应防御手段后，收集过程中应做到如下几点：

（1）熟练地使用各种信息检索工具。

（2）根据自己的学习目标有效地收集各种学习资料与信息，运用阅读、访问、讨论、检索方法，完成素材采集。

（3）对收集到的信息进行归纳、分类、整理、鉴别、遴选等。

（4）能够自觉抵御和消除垃圾信息及有害信息的干扰和侵蚀，保持正确的人生观、价值观，以及自控、自律和自我调节能力。

素材收集流程包括：

1. 参考他人作品

在各类短视频平台如抖音、西瓜视频、秒拍、火山小视频、快手、美拍、小影等搜索相关主题视频，了解视频拍摄的思路和方法。

2. 设计脚本，完成短视频制作构思

根据之前收集的关于新技术的知识点，围绕"我身边的信息新技术"进行创新设计，设计生动、有趣、吸引人的短视频文案。

3. 收集相应的视频资源

（1）常规视频资源网站推荐：做视频网、VJ师、4K中国、爱给网、新CG儿、傲视网、V播网，可下载各类视频资源以及视频特效资源的视频素材网站。

（2）年轻群体视频资源网站推荐：A站、B站。

4. 短视频字体应用选择

字体都是有版权的，只不过有的授权免费使用。商业使用字体之前，要注意购买字体时的授权条例。非商业个人使用、Web字体、App嵌入、桌面出版、企业形象设计，会需要不同的授权。网上有不少免费资源可以下载，大家要擦亮双眼，小心辨别与查证。字体下载的网站有图翼网（TUYIYI.COM）、字体传奇网（ZITICQ）等。

最后，对收集到的字体、视频资源进行合理筛选，确定最后的资源应用。

子任务二：使用手机拍摄短视频制作素材

我们的生活中有很多信息新技术典型应用场景，例如：校园的门禁系统、车辆管理系统是人工智能在图像识别领域的应用；小爱同学、小度等语音助手是人工智能在语音识别领域的应用；校园的无人超市、自动送货车是 5G 的典型应用；公交车站管理公交车的"车来了"等 App 是物联网技术的典型应用；手机芯片、高德地图等是量子科技的典型应用；超市的食品溯源是区块链技术的典型应用。当然，信息新技术在生活中的应用还不止以上这些。

使用手机拍摄信息新技术在生活中的应用，完成图片、视频等素材的收集和整理工作。

测　评

1. 知识测评

（1）（单选）信息社会的特征是（　　）。
　　A．业务流的数字化和网络化　　B．以网络为平台的经济
　　C．利用信息和知识的经济　　　D．互联网是信息社会的一种基本形态信息意识

（2）（多选）正确安全地使用公共场合 Wi-Fi 的方法是（　　）。
　　A．手机或者计算机不要开着 Wi-Fi 自动连接功能
　　B．尽量选择政府或者餐厅、商场提供的免费 Wi-Fi
　　C．不要在公共网络环境中打开自己一些重要的账号
　　D．突然弹出网络广告或者其他不正常的页面，请谨记，千万不要点击

（3）信息素养的内涵包括：_____、_____、信息能力和_____。

（4）网络环境中的信息安全威胁包括：假冒、_____、_____、否认、拒绝服务、_____、非授权访问。

2. 能力测评

按表 6-1 中所列的操作要求，对自己完成的短视频素材收集过程进行检查，操作完成得满分，未完成或错误得 0 分。

表 6-1　能力测评表

序号	操作要求（具体见任务实现）	分值	完成情况	自评分
1	能使用网络进行"我身边的信息新技术"素材收集、整理、整合	25		
2	能使用手机进行"我身边的信息新技术"素材采集、编辑	25		
3	能形成"我身边的信息新技术"主体短视频的制作思路	25		
4	能采用合理的技术方法对计算机、手机进行安全防护	25		
总　分				

3. 素质测评

针对表 6-2 中所列出的素质与素养观察点，反思任务实现的过程，思考总结相关项目，做到即得分，未做到得 0 分。

表 6-2　素质测评表

序 号	素质与素养	分 值	总结与反思	得 分
1	信息素养——请回答素材下载过程中应注意的事项	25		
2	信息安全意识——请结合个人使用计算机和手机的经历，描述使用计算机和手机过程中应注意的安全事项	25		
3	信息伦理——请结合个人或周边人的经历，说明坚守健康的生活情趣、培养良好的职业态度、秉承端正的职业操守、维护核心的商业利益、规避产生个人不良记录的重要性	25		
4	社会责任感——请结合个人在网络交往过程中的经历，列举哪些网络行为是值得提倡的，哪些行为是应该规避的	25		
总　分				

拓展训练

本阶段要以小组为单位，确定本组"我身边的信息新技术"短视频主题，通过不同途径收集短视频制作所需的素材，构思本组短视频制作方案。具体要求如下：

1. 确定本组"我身边的信息新技术"短视频主题。
2. 完成小组成员分工。
3. 围绕主题，使用网络或手机完成素材的搜集、整理、整合。
4. 设计短视频短片制作方案。

技巧与提高

数字资源拓展

1. 短视频制作软件

1）蜜蜂剪辑

这是一款专门针对剪辑新手定制的短视频制作软件，功能全面，而且内含素材库，整体操作非常方便，字幕功能非常好用。

2）iMovie

苹果电脑上非常好用的短视频制作工具，完全免费，基础功能都有配备，主要是贴合苹果电脑硬件，剪辑流畅，功能齐全。

3）爱拍

国产好用的短视频制作工具，界面简洁易于上手，有完善的视频剪辑功能，其中录屏功能比较好用，适合录制剪辑短视频。

4）快剪辑

手机上快剪辑软件界面比较简单，有着时下流行的酷炫视频素材，而且 App 是完全免费的。

5）VUE Vlog

如果需要做 Vlog 类型短视频的话，VUE 非常适合。可以直接套模板输出优质视频，内置了 Vlog 社区。

2. 其他资源参考

视觉中国、千图网、包图网、千库网-视听库、觅知网、我图网、摄图网这些是集图片与视频素材为一身的素材网站。

任务 2　"我身边的信息新技术"主题短视频内容制作——视频剪辑工具应用

随着抖音、快手的兴起，短视频成了生活中不可缺少的一部分。很多企业、工作室或者个人通过发布短视频进行产品营销、品牌策划、活动发布等。短视频的制作能力已然成为当代大学生信息素养的重要组成部分。

任务描述

在完成短视频的主题确定、素材收集、方案设计之后，本阶段的任务是采用剪映软件完成"我身边的信息新技术"主题短视频内容制作。在本次任务中，需要掌握以下技能：
（1）利用剪映完成卡点视频制作。
（2）利用剪映完成曲线变速效果视频制作。

知识准备

一、剪映视频剪辑软件介绍

剪映（PC端）最新版是一款功能多样的视频制作工具，它支持多种格式的视频文件，拥有各类特效、滤镜、花字、转场等功能，用户可以一键轻松添加。还支持视频轨/音频轨编辑功能，还能识别语音生成字幕，满足用户不同的创作需求。

二、面板介绍

1. 登录

登录界面如图 6-1 所示。

图 6-1　登录界面

2. 音视频编辑界面

（1）在登录界面中单击"开始创作"按钮，进入音视频编辑界面，视频编辑界面分为"素材"面板、"播放器"面板、"时间线"面板、"功能"面板四个区域，如图6-2所示。

图6-2 音视频编辑界面

（2）在"素材面板"区域主要放置本地素材及软件自带的海量线上素材。在"素材"面板中导入一段素材，在"播放器"面板中可以预览该素材效果，如图6-3所示。

图6-3 "播放器"面板预览

（3）"时间线"面板可以对素材进行基础的编辑操作，如图6-4所示。

图6-4 "时间线"面板

从左到右（包括灰色未亮的选项）依次是：向后一步操作、向前一步操作、分割、删除、定格、倒放、镜像、旋转、裁剪、自动吸附、时间轴相对长度。

向后一步操作：撤销当前操作，回到上一步。

向前一步操作：只有执行向后一步操作之后，才能向前一步，返回到最新的操作。

分割（使用时需要选中素材）：在时间指针停留处将素材分割，然后自动选中前一段素材。

删除：删除所选素材。

定格：在执行"分割"操作之后，将前一个素材的最后一帧（也就是最后一个画面）延长一段时间，成为静止画面（默认为3 s）。

倒放：把选中的素材执行倒放，这个过程可能会占用较多的计算机内存，计算机可能会卡一点（卡的程度取决于要倒放的视频长度）。

镜像：对选择的素材画面执行镜面对称操作。

旋转：把选中的素材画面顺时针旋转90°。

裁剪：裁剪所选素材画面。

自动吸附：开启"自动吸附"，这意味着用户在拖动素材的时候（比如两端分开的音频素

项目 6　信息素养与社会责任

材），当它们距离很近时就会像磁铁一样头尾严丝合缝地"吸附"在一起，视频之间没有间隙，不会出现视频衔接不连续的情况。同样地，如果在开启"自动吸附"的情况下拖动时间指针，在视频的末尾可以发现时间指针变成了青色，这说明时间指针已经与视频末尾对齐，当前位置就是视频的最后一帧，如图 6-5 所示。

图 6-5　自动吸附

时间轴相对长度：如果视频素材过长，一直拖动时间轴并不方便，减小时间轴的相对长度会把素材的相对长度变短。当然，如果素材太短不便于编辑，可以适当调大时间轴相对长度。

（4）拖动"素材"面板中的素材导入到"时间线"面板中可对素材进行剪辑，比如拖动左右白色剪裁框，可以裁剪素材。拖动素材可以调整素材的位置及轨道。点亮素材，激活"功能"面板，如图 6-6 所示。

图 6-6　激活"功能"面板

（5）在"功能"面板中可对素材进行放大、缩小、移动和旋转，以及设置透明度等操作。

3. 导出视频

对素材编辑完成后，单击右上角的"导出"按钮即可。

任务实现

子任务一：文本图片卡点视频——信息新技术呈现

（1）制作视频前需要整理文字内容、准备快闪音乐，如图 6-7 所示。

（2）打开剪映，单击"开始创作"按钮，单击上方素材库选择黑场视频，添加到轨道；然后单击"导入"按钮后选择音乐导入音频，将添加的音频拖入轨道，如图 6-8 所示。

图 6-7　文字及音频素材

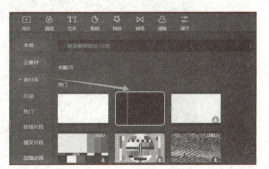

图 6-8　素材导入

6-9

（3）按住【Ctrl】键的同时滚动鼠标滚轮，可以放大或缩小指针的显示状态。标记音乐鼓点，单击音乐素材后单击"手动踩点"按钮，边听节奏边打上鼓点标记，如图6-9所示。

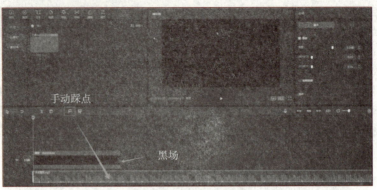

图6-9　手动踩点

操作技巧 删去踩好的点

首先选中已经踩好点的音频，拖动时间指针到想要删去的点，这个过程中点会变大，这时即可删除点。单击时间轴上方有减号的小旗子是仅删除当前选中点，有×号的小旗子表示把当前所选音频的所有点删除，如图6-10所示。

图6-10　删除踩点

（4）完成踩点后检查一遍，尽可能将踩点踩准以便后续的制作，单击"文本"→"新建文本"按钮，将默认文本添加到轨道，在播放器位置或"功能"面板中输入第一段文字"准备"，将文字移到左边，根据个人喜好调整字体和文字大小（12号）。选中轨道文本素材，拖动左右白色剪裁框，调整文本长度与黄色音乐卡点一致，如图6-11所示。

图6-11　文本输入

（5）移动指针到"准备"结束处，添加默认文本，输入"好了吗？"调整字体大小（14号），并移动至右上侧，同样调整时长与音乐卡点对齐。

> **注意：**
> 播放器窗口看不到文本时，可以调整指针到相应文本处。指针所在位置能对应播放文本、图片、音频等内容。

（6）单击"文本"→"新建文本"按钮，输入"接下来"，单击"样式"后选择"排列"下的"竖排"使文字竖向排列，以此让文字有变化，如图6-12所示。

图6-12　竖排文本设置

（7）重复上述步骤添加文字内容，调整输入"新一代"（12号，左上位置）、"信息技术"（12号，竖排文本，偏右位置）、"将登场…"（15号，居中）。在"将登场…"文字结束处选择黑场视频，单击"分割"按钮，单击"媒体"→"素材库"按钮，选择白场视频添加到轨道，如图6-13所示。

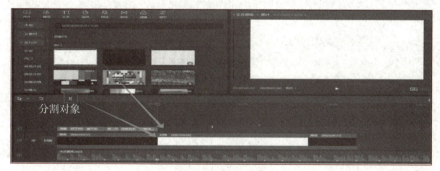

图6-13　添加白场

（8）单击"文字"→"新建文本"按钮，输入"大数据"，白色背景显示白色字体无法正常看到文字，可改变文字颜色，或者选择合适的样式字体，如图6-14所示。

图6-14　预设样式选择

（9）使用同样的方法输入"物联网""人工智能""VR/AR"，调整白场长短匹配文本长度，调整指针到白场及文本最后。在黑场位置添加"数字强国""制造强国"。

（10）为文字添加动画增加动感，选择第一个"准备"文字，单击"动画"→"入场"→"向下飞入"，时长为0.4 s，设置完成后，轨道上"准备"文字下方会出现横向箭头，如图6-15所示。

图6-15 添加动画

（11）重复上一步为文字添加动画的操作，可自行选择喜欢的动画效果。

（12）添加特效让视频视觉上更加酷炫丰富，单击"特效"→"动感"选项，选项"几何图形"，也可自行选择喜欢的特效。调整特效轨迹与文本统一，可统一添加一个特效也可根据内容选择不同的特效。本视频中选择了"几何图形""紫色负片""横波故障Ⅱ"，如图6-16所示。

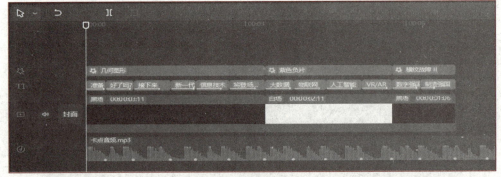

图6-16 添加特效

注 意：

有些特效无法显示，例如几何图形的特效下无法看见白场，可先将视频导出，重新单击"开始制作"按钮，导入视频后在白场处单击"特效"按钮，选择特效即可解决。

（13）单击"媒体"→"本地"按钮，导入信息新技术"门禁""自主超市""菜鸟智能快递"三张图片素材，添加至黑场轨道后面，调整图片的长短约00:02:20秒。移动指针至黑场最后，单击"转场"→"基础"→"翻篇"，添加至轨道。如若黑场与图片之间转换时间过短，可适当延长黑场长度，也可通过转场两边的白框调整转场效果长度，如图6-17所示。

（14）移动指针至"门禁"图片后，重复上一步添加转场的操作，可自行选择喜欢的转场效果。"分割"并删除多余的音乐素材，把最后一张图片对齐至结束。最终效果如图6-18所示。

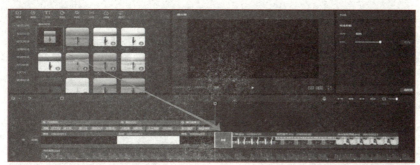

图 6-17　添加图片转场

图 6-18　最终细节调整

子任务二：曲线变速效果——新时代重走一大路

"我身边的信息新技术"可以通过收集的图片和文字制作卡点视频，也可以通过绿幕制作当下比较流行的 AR 效果视频。同样，可以将收集到的红色文化相关素材用现代化的方式呈现。借助新技术、新应用，以短视频的形式让红色故事活起来，让红色文化彰显新时代的光芒。

（1）准备几段视频，单击"开始创作"按钮，导入几段视频，"关掉"原音频，视频较长时可微调视频长度，也可按住【Ctrl】键的同时滚动鼠标滚轮调整视频显示大小，如图 6-19 所示。

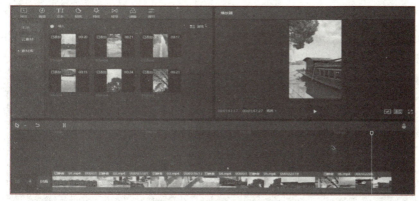

图 6-19　视频导入处理

（2）选中视频，单击"变速"→"曲线变速"按钮，其中有 6 个系统自带的预设，如图 6-20 所示。

（3）曲线中间有 1 倍速，上面和下面分别是 10、0.1 倍速，以中间正常速度为基准，曲线"向下"为减速,反之加速,如图 6-21 所示。

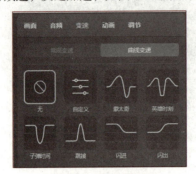

图 6-20 预设界面

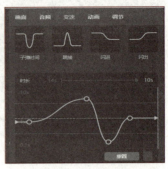

图 6-21 变速显示

(4)需要通过"点"来给视频加速和降速,"单击"点向上或向下拖动即可,不需要也可以把"点"删除,如图 6-22 所示。

(5)选中合适的位置后,单击"添加点"可以添加一个新的点,单击"重置"曲线可以返回原来的位置,如图 6-23 所示。

(6)分析曲线,一开始曲线是在 1 倍速的上面,说明是加速的,视频的中间曲线是在 1 倍速的下面,说明是减速,如图 6-24 所示。

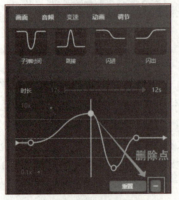

图 6-22 删除点处理

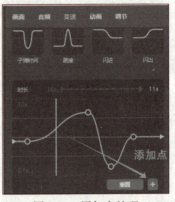

图 6-23 添加点处理

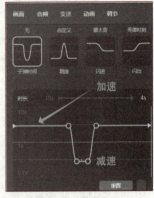

图 6-24 曲线界面

(7)单击"自定义",可以根据自己视频的需求做调整,也可基于自带的预设进一步调整。之后,添加背景音乐,背景音乐时间不足可重复拖动应用,如图 6-25 所示。

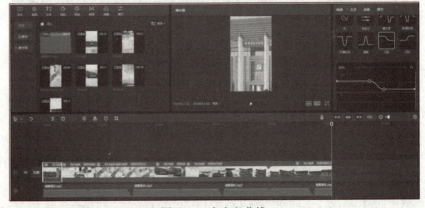

图 6-25 自定义曲线

测 评

1. 知识测评

（1）剪映专业版菜单栏主要由媒体、音频、文本、_____、_____、_____、滤镜、调节 8 大部分组成。

（2）变速功能是对视频的速度进行调整，通过调整倍数实现快镜头和慢镜头的效果。倍数越大，视频速度_____；倍数越小，视频速度_____。当视频的速度加快时，视频时长减少，当视频速度变慢时，视频时长增加。

（3）动画包含了入场动画、_____和_____。

（4）转场就是两个视频衔接地方的切换方式。剪映中自带了非常多且实用的转场，当选择好需要使用的转场之后，直接拖到两个视频衔接的地方即可，转场最长的时长是_____。

2. 能力测评

按表 6-3 中所列的操作要求，对自己完成的短视频进行检查，操作完成得满分，未完成或错误得 0 分。

表 6-3　能力测评表

序号	操作要求（具体见任务实现）	分值	完成情况	自评分
1	文字卡点视频制作	20		
2	文字动画制作	20		
3	文字特效制作	10		
4	图片转场制作	20		
5	曲线变速视频制作	10		
6	音频添加与调整	20		
总　分				

3. 素质测评

针对表 6-4 中所列出的素质与素养观察点，反思任务实现的过程，思考总结相关项目，做到即得分，未做到得 0 分。

表 6-4　素质测评表

序号	素质与素养	分值	总结与反思	得分
1	创新意识——根据提供的两个案例技术点，能发挥创造力完成其他方案的设计	25		
2	审美情趣——对于短视频中整体的画面布局和动效制作，能设计出符合大众审美的作品	25		
3	红船精神——通过新时代重走一大路的行程，能理解红船精神的内涵、要义	25		
4	工匠精神——对于音频的卡点，素材的应用，不断地磨合与调试，培养精益求精的工匠精神	25		
总　分				

笔记栏

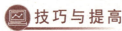拓展训练

本阶段主要通过剪映软件将收集好的素材进行短视频制作。通过文本、图片和视频动画设计及转场设置，掌握动画设计、特效及转场设置的基本方法，培养想象能力和创新能力。

本阶段的任务是完成"我身边的信息新技术"主题短视频内容制作，具体要求如下：
（1）根据主题与视频制作思路确定视频文案。
（2）围绕主题确定图片、音频和视频素材。
（3）视频制作体现技术应用的深度和广度。
（4）视频在内容设计、动画设计、转场设计等方面有创意和表达。

AI驱动虚拟数字人简介

剪映数字人

技巧与提高

数字人应用

剪映专业版在2023年9月14日发布的4.6.0版本中新增了数字人等三个新功能，这标志着剪映专业版正式引入了数字人形象功能。这一功能的引入，使得用户可以在剪映专业版中创建和编辑数字人形象，进一步丰富了视频编辑的可能性。数字人应用的方法为：

（1）先向轨道中添加文本，添加后可看到右侧参数面板有数字人模块，如图6-26所示。

图6-26　添加文本

（2）可以把事先准备好的内容复制粘贴到文本中，或者使用"智能文案"智能产生文本，如图6-27所示。

（3）采用智能文案的方式生成文本。可以根据提示输入关键词，如"帮我写一篇关于旅游的游记"，然后单击文案生成，如图6-28所示。

图6-27　文本输入方式

图6-28　智能文本生成

（4）可以在智能文案界面"下一个"和"上一个"功能中去选择合适的文案脚本，也可以自己手动修改具体内容。当前的文案内容修改为："8月初，我到了平遥古城。天空中下着

蒙蒙细雨,古城显得格外宁静"。

(5)在"数字人"→"形象"模块,单击某一个"数字人"进行下载,下载完成后右侧可预览数字人展示效果,如图6-29所示。

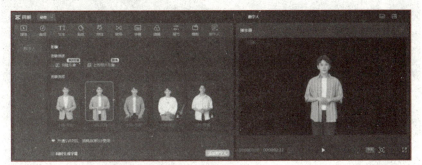

图6-29 数字人选择

(6)在"数字人"→"音色"模块,可先确定视频应用是否属于商用模式,在类别中选择合适的音频应用,如图6-30所示。

(7)"数字人"还可以选择"景别",有远景、中景、近景及特写,制作时可根据效果选择,如图6-31所示。

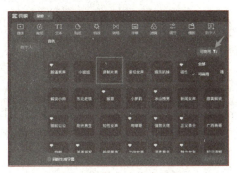

图6-30 数字人音色选择

图6-31 数字人景别选择

(8)在"数字人"→"背景"模块,默认显示为竖屏,如果想要生成PC端背景,可自行添加图片或视频。

(9)如果想让字幕显示出来,勾选"同时生成字幕"选项。

(10)单击"添加数字人",播放进行观看。添加过程中,如果授权成功,在试用阶段可减免360积分,如果不需要更改文案或者更换数字人的话,操作到此结束,如图6-32和图6-33所示。

图6-32 授权提示

图6-33 减免积分确认

(11)如果想更换数字人,调整字幕等其他操作,可以在右侧参数面板进行参数的进一步调整,如图6-34所示。

图 6-34 数字人参数调整设置

> **注意：**
> 用"数字人"生成的视频，在视频左上角有"AI生成"水印。

任务 3 "我身边的信息新技术"主题短视频成果发布——信息社会责任

信息技术已渗透人们的日常生活中，也深度融入国家治理、社会治理的过程中，对于提升国家治理能力，实现美好生活，促进社会道德进步起着越来越重要的作用。信息社会责任的形成需要我们直面问题，在思考、辨析、解决问题的过程中，逐渐形成正向、理性的信息社会责任感。

信息社会责任与信息伦理

任务描述

本阶段的任务为：
（1）了解短视频发布应注意的相关事项。
（2）使用抖音发布短视频。

知识准备

一、信息社会责任

信息社会责任是指信息社会中的个体在文化修养、道德规范和行为自律等方面应尽的责任。信息社会责任一般有两个含义：一方面是对信息技术负责，即负责任、合理、安全地使用技术；一方面是指对社会及他人负责任，即信息行为不能损害他人权利，要符合社会的法律法规、道德伦理等。

二、信息伦理与职业行为自律

信息伦理对每个社会成员的道德规范要求是相似的，在信息交往自由的同时，每个人都必须承担同等的伦理道德责任，共同维护信息伦理秩序，这也对我们今后形成良好的职业行为规范有积极的影响。

职业行为自律是一个行业自我规范、自我协调的行为机制，同时也是维护市场秩序、保持公平竞争、促进行业健康发展、维护行业利益的重要措施。在信息社会中，无论从事何种职业，都应当自觉遵守信息伦理。尤其是作为准职场人的大学生们，更应当从各个方面明晰职业发展的行为规范。

（1）坚守健康的生活情趣。我们应当坚守健康的生活情趣，静心抵制诱惑，保持积极向上的人生态度，严防侥幸和不劳而获的心理。

（2）培养良好的职业态度。职业态度是指个人对所从事职业的看法及在行为举止方面的倾向，积极的职业态度可促使人自觉学习职业知识，钻研职业技术和技能，并对本职工作表现出极高的认同感。

（3）秉承端正的职业操守。我们应当秉承端正的职业操守，遵守行业规章制度，坚持严于律己，不做损人利己的事，对工作单位的公私事务和信息数据守口如瓶。

（4）尊重他人的知识产权。知识产权是指智力劳动产生的成果所有权，它是依照各国法律赋予符合条件的著作者及发明者或成果拥有者在一定期限内享有的独占权利。

（5）规避产生个人不良记录。为规范行业行为，营造良好的行业环境，各行各业都在积极建立行业"黑名单"，"黑名单"用于记录企业或个人的不良行为。当代大学生在网络消费过程中，应该遵守法律法规，避免产生个人不良的消费记录。

三、视频发布注意事项

随着网络的普及，自媒体的兴起，现在很多人在网上发布短视频，但是如果因为短视频的内容不当可能会带来风险，那么网上发布短视频时有些什么注意事项呢？

（1）不要发布虐待珍稀野生动物的视频。不能为了博取眼球，提升流量，发布一些虐待动物的视频，不但违反公序良俗，还有可能违反野生动物保护法。

（2）不能发布侵害自己和他人隐私的视频。国家互联网信息办公室2019年发布的《网络音视频信息服务管理规定》中明确规定："不得制作、发布、传播侵害他人名誉权、肖像权、隐私权、知识产权和其他合法权益等法律法规禁止的信息内容。"如果因为有意或无意，发布的视频包含侵害自己和他人隐私的内容，有可能给自己的财产和人身安全带来风险，更有可能因为泄露他人隐私，给自己带来法律风险。

（3）不能发布低俗视频。《网络音视频信息服务管理规定》中要求，网络音视频信息服务提供者和使用者应当遵守宪法、法律和行政法规，坚持正确政治方向、舆论导向和价值取向，弘扬社会主义核心价值观，促进形成积极健康、向上向善的网络文化。

（4）不能发布有损国家安全和荣誉的视频。《网络音视频信息服务管理规定》第九条明确规定：任何组织和个人不得利用网络音视频信息服务以及相关信息技术从事危害国家安全、破坏社会稳定、扰乱社会秩序、侵犯他人合法权益等法律法规禁止的活动，不得制作、发布、传播煽动颠覆国家政权、危害政治安全和社会稳定、网络谣言、淫秽色情的信息内容。

（5）不能发布虚假消息。《网络音视频信息服务管理规定》第十三条明确规定："网络音视频信息服务提供者应当建立健全辟谣机制，发现网络音视频信息服务使用者利用基于深度学习、虚拟现实等的虚假图像、音视频生成技术制作、发布、传播谣言的，应当及时采取相应的辟谣措施，并将相关信息报网信、文化和旅游、广播电视等部门备案。"

任务实现

下面介绍抖音发布短视频的方法。

（1）剪映完成后单击"导出"按钮，导出完成后选择发布平台，选择抖音，进入图 6-35 所示视频发布界面。按照提示输入相关参数，即可完成发布。

图 6-35　抖音服务平台

（2）打开网页，登录抖音平台发布。

① 单击左侧"发布视频"按钮，在固定区域单击上传或将文件拖入，如图 6-36 所示。

图 6-36　抖音视频发布页面

② 添加视频后可在中间主页面添加话题、@好友、为视频设置封面、添加标签，完成视频发布。

测评

1. 知识测评

（1）（多选）作为准职场人的大学生们，应当从哪几个方面明晰职业发展的行为规范（　　）。

  A. 坚守健康的生活情趣　　　　　　B. 培养良好的职业态度
  C. 秉承端正的职业操守　　　　　　D. 尊重他人的知识产权
  E. 规避产生个人不良记录

（2）（单选）下列不是网上发布短视频时应该注意的事项是（　　）。
　　A．不要发布虐待珍稀野生动物的视频　　B．不能发布侵害他人隐私的视频
　　C．不能发布有损国家荣誉的视频　　D．可以发布邪教或者是封建迷信的视频
（3）（判断）编造、转发虚假信息是违法行为，到达一定数量，甚至会触犯刑法。（　　）

2．能力测评

按表 6-5 中所列的操作要求，对自己完成的短视频进行检查，操作完成得满分，未完成或错误得 0 分。

表 6-5　能力测评表

序号	操作要求（具体见任务实现）	分值	完成情况	自评分
1	了解信息社会责任	10		
2	了解信息伦理与职业行为自律	10		
3	掌握视频发布注意事项	20		
4	短视频发布设置	20		
5	短视频剪映导出发布	20		
6	抖音创作平台发布	20		
总分				

3．素质测评

针对表 6-6 中所列出的素质与素养观察点，反思任务实现的过程，思考总结相关项目，做到即得分，未做到得 0 分。

表 6-6　素质测评表

序号	素质与素养	分值	总结与反思	得分
1	信息社会责任——具备较高的信息安全意识与防护能力，能有效维护信息活动中个人、他人的合法权益和公共信息安全	25		
2	职业素养——能秉承端正的职业操守，培养良好的职业态度	25		
3	信息意识——能对信息的价值及其可能的影响进行判断，能规避信息发布带来的风险，具备信息安全意识和防护能力	25		
4	数字化创新与发展——能合理运用数字化资源与工具，养成数字化学习与实践创新的习惯	25		
总分				

拓展训练

选择感兴趣的主题完成其他短视频的制作与发布。可选主题包括：
（1）社会关注度高的主题。
（2）校园生活的主题。
（3）职业生涯规划的主题。
（4）其他个人感兴趣的主题等。

技巧与提高

云备份应用

剪映的"云端备份"功能可以完成 PC 端、iPad 端、手机端的数据同步共享,操作步骤如下:

(1)启动剪映,在首页会显示云备份草稿选项,在本地草稿界面中,单击要备份云端的视频右下角的三个点标志,在弹出的列表命令中执行备份至云端,如图 6-37 所示。

图 6-37 云备份界面

(2)单击"备份至"命令后可以选择备份至"我的云空间"。打开 iPad 和手机 App 登录后就可以在"云空间"查看备份好的草稿。

知识测评参考答案

项目1 文档处理

任务1 通知类短文档制作——WPS文字基础应用
略。

任务2 宣传海报制作——WPS文字图文混排
略。

任务3 成绩单批量文档制作——WPS文字邮件合并
1）填空题
（1）程序代码　　（2）【Ctrl+F9】　　（3）邮件合并　　（4）域结果

2）简答题（略）

任务4 毕业论文排版——WPS文字长文档排版
1）填空题
（1）样式　　（2）分节符　　（3）脚注、尾注　　（4）下方，上方
（5）交叉引用　　（6）书签　　（7）主题　　（8）批注、批注
（9）关闭，打开　　（10）内置，自定义，内置，自定义，自定义样式

2）简答题（略）

项目2 数据处理

任务1 房产销售基础数据表制作——WPS表格数据输入与格式设置
1）填空题
（1）数据有效性　　（2）文本　　（3）-，/　　（4）设置数据有效性，序列
（5）【Alt】,【Enter】　　（6）设置数据有效性，圈释　　（7）填充柄

2）简答题（略）

任务2 房产销售扩展数据表制作——WPS表格公式与函数
1）填空题
（1）算术运算符、比较运算符、文本运算符、引用运算符　　（2）&
（3）$　　（4）【F4】,$　　（5）=　　（6）4　　（7）B　　（8）条件格式

2）简答题（略）

任务3 房产销售汇总数据表制作——WPS表格数据分析与统计
1）填空题
（1）分类汇总　　（2）条件区域　　（3）或，高级　　（4）?，*，*，?
（5）数据透视表　　（6）按位置，按分类　　（7）单变量，规划

2）简答题（略）

A-1

项目 3 演示文稿制作

任务 1 演示文稿框架搭建——WPS 演示基础知识

1）填空题

（1）母版，第一张　　　　（2）标题，作者　　　　（3）目录页
（4）3，背景色，主题色，强调色　　　　（5）浏览
（6）多图拼接　　　　（7）版式

2）简答题（略）

任务 2 演示文稿内容页制作——WPS 演示进阶应用

略。

任务 3 演示文稿放映设置——WPS 演示动画设计与放映设置

1）填空题

（1）进入、强调、退出、动作路径、绘制自定义路径
（2）添加效果
（3）动画窗格
（4）单击鼠标换片，自动换片
（5）演讲者放映（手动放映），展台自动循环放映（自动放映），演讲者放映（手动放映），展台自动循环放映（自动放映）
（6）自动换片

2）简答题（略）

项目 4 信息检索

任务 1 笔记本计算机配置清单检索

1）填空题

（1）微处理器，控制器，运算器　　　　（2）水平方向像素，垂直方向像素
（3）点距，小　　　　（4）主板
（5）BIOS　　　　（6）随机读写存储器（RAM）

2）简答题（略）

任务 2 专利检索

1）填空题

（1）新颖性，创造性，实用性　　　　（2）20，10，15
（3）ZL（专利的首字母），申请号　　　　（4）中国
（5）发明专利申请，实用新型专利申请，外观设计专利申请，进入中国国家阶段的 PCT 发明专利申请，进入中国国家阶段的 PCT 实用新型专利申请

2）简答题（略）

任务 3 论文检索

1）填空题

（1）AND,OR,NOT　　　　（2）中国知网　　　　（3）?ware

2）简答题（略）

任务 4 商标检索

1）填空题

（1）45，34，11　　　　（2）注册商标，未注册商标

（3）文字商标、图形商标、字母商标、数字商标、三维标志商标、颜色组合商标、组合商标、声音商标

（4）检索文字商标、检索包含图像或符号的商标、相关的货品及服务

2）简答题（略）

项目5　信息新技术

任务1　信息技术发展史—推动人类文明进步的信息技术

1）填空题

（1）10万年前　　（2）象形文字　（3）印刷术，活字印刷　（4）电报

（5）WAN，LAN

2）简答题（略）

任务2　寻找生活中的移动通信——改变生活的移动通信

1）填空题

（1）双绞线，同轴电缆，光缆　　（2）蜂窝通信系统　　（3）第五代移动通信

（4）增强型移动宽带、低时延、高可靠通信、海量机器类通信　　（5）1~6，毫米波

（6）虚拟现实

2）简答题（略）

任务3　寻找生活中的区块链技术——打造信任共同体的区块链技术

1）填空题

（1）链式数据结构，分布式

（2）公有链、联盟链、私有链，公有链，联盟链

（3）端到端

2）简答题（略）

任务4　寻找生活中的人工智能——引领未来的人工智能

1）填空题

（1）AI　　　（2）1956　　（3）三　　　　（4）基础支撑层，技术层

（5）阿尔法围棋　（6）图像识别

2）简答题（略）

任务5　寻找生活中的量子科技——改变世界的量子科技

1）填空题

（1）20世纪初　　（2）离散变化的最小单位　　（3）原子钟

（4）量子通信、量子计算、量子测量　　（5）0，1，0和1的线性叠加

（6）京沪干线　　（7）墨子号　　　　（8）九章二号

2）简答题（略）

任务6　寻找生活中的物联网技术——万物相联的物联网

1）填空题

（1）IOT　（2）终端层、网络层、平台层、应用层　（3）模拟信号，数字信号

（4）RFID　（5）128　　（6）物品与物品，人与物品，人与人

（7）互联网　　　　（8）全面感知、可靠传输、智能处理

2）简答题（略）

项目 6　信息素养与社会责任

任务 1　"我身边的信息新技术"主题短视频素材收集——信息素养
（1）A　　（2）ABCD　　（3）信息意识、信息知识、信息能力、信息品质
（4）身份窃取、数据窃取、错误路由

任务 2　"我身边的信息新技术"主题短视频内容制作——视频剪辑工具应用
（1）贴纸、特效、转场　　（2）越快、越慢　　（3）出场动画、组合动画　　（4）5 s

任务 3　"我身边的信息新技术"主题短视频成果发布——信息社会责任
（1）ABCDE　　（2）D　　（3）对

参 考 文 献

[1]　孙霞，赵强，沈晓萍，等. 计算机基础项目化教程 [M]. 北京：中国铁道出版社有限公司，2019.
[2]　贾小军，童小素. WPS Office 办公软件高级应用与案例精选 [M]. 北京：中国铁道出版社有限公司，2022.
[3]　钱亮，方风波，董兵波. 信息技术基础实训与习题 [M]. 北京：中国铁道出版社有限公司，2021.